PANZERABWEHRKANONEN
1916 – 1945

Franz Kosar

Motor buch Verlag spezial

Einbandgestaltung: Frank Zähringer

Bildnachweis:
Die zur Illustration dieses Buches verwendeten Aufnahmen stammen – wenn nicht anderes vermerkt ist – vom Verfasser.

Umschlagbilder:
Vorderseite: Foto: Bundesarchiv Bild 101I-292-1283-03,Koll, © CC-BY-SA-3.0.
Rückseite: Fotos: Willi Ude, © CC-BY-3.0; Keating, Imperial War Museum, © PD; US Army, © PD.

ISBN: 978-3-613-04014-4

Spezialausgabe: 1. Auflage 2018

Sie finden uns im Internet unter www.motorbuch-verlag.de

Lektorat: Joachim Köster
Satz + Reproduktionen: Gold Rose Publishing Ltd., 70190 Stuttgart
Druck und Bindung: Conzella Verlagsbuchbinderei, 85609 Aschheim
Printed in Germany

Inhalt

Vorwort

Seit dem ersten Auftreten der Panzerkampfwagen im Jahre 1916 haben diese ihren Platz in der wehrtechnischen Literatur erhalten. In unzähligen Werken wurden Einzel- oder Gesamtdarstellungen gedruckt. Ihrer Bedeutung gemäß haben die gepanzerten Fahrzeuge also eine entsprechende Würdigung gefunden.
Demgegenüber hat man in der Literatur der Bekämpfung dieser Panzerkampfwagen nur wenig Beachtung geschenkt. Dies ist um so erstaunlicher, als die Panzerabwehr immer mehr zum Kernpunkt des infanteristischen Abwehrkampfes wurde. Während im Ersten Weltkrieg vielfach noch mit Behelfsmitteln eine gerade noch ausreichende Abwehr gefunden wurde, machte die weitere Entwicklung der Panzer die Konstruktion und Einführung spezieller Panzerabwehrkanonen erforderlich.
Damit stellte dann der Zweite Weltkrieg den Höhepunkt dieser Kanonen dar.
Selten konzentrierte sich die Entwicklung einer ganzen Waffenart auf einen so kurzen Zeitraum. Innerhalb von nur vierzig Jahren vollzog sich der Aufstieg und auch der Abstieg dieser Waffen. Die Leistung der Konstrukteure und der Industrie auf diesem Gebiet soll daher im vorliegenden Werk ihren Niederschlag finden. Die gesamte Entwicklung ist auf das Engste mit jener der Panzer verbunden. Die laufend vergrößerten Panzerstärken zwangen zu immer höheren Leistungen der Panzerabwehrkanonen. Schließlich erreichten diese einen Grenzwert, durch den vor allem das Gewicht derartige Ausmaße annahm, daß die Beweglichkeit des Geschützes den Anforderungen nicht mehr genügte. Neue Ideen und Waffenarten traten in der Folge an die Stelle der klassischen gezogenen Panzerabwehrkanone.

Die Beschaffung der erforderlichen Unterlagen stieß immer wieder auf außerordentliche Schwierigkeiten. Viele Archive weisen gerade auf dem Gebiet der Geschütze bedauerliche Lücken auf. Ebenso ist umfangreiches Material als Folge der beiden Weltkriege verlorengegangen. Dies trifft besonders auf die Sammlungen der Entwicklungsstellen und Herstellerwerke zu. Daher war es leider nicht möglich, alle Lücken zu schließen.
Zahlreiche Einzelpersonen und öffentliche Stellen haben mich bei dieser Arbeit unterstützt. Sie alle anzuführen, ist hier kaum möglich. Von den Herren, die Unterlagen beistellten, seien hier nur Dr. Josef Borus, Peter Chamberlain, Christopher F. Foss, Terry Gander, Ian V. Hogg, Dr. Walter Hummelberger, Dr. Nicola Pignato, Dr. Erwin Steinböck und Dr. Friedrich Wiener angeführt. Zu den staatlichen Stellen zählen das Heeresgeschichtliche Museum und das Kriegsarchiv in Wien, das Imperial War Museum in London, das Artilleriemuseum Woolwich, das Armeemuseum Prag, das Armeemuseum Brüssel, das Armeemuseum Bukarest, das Heeresmuseum und das Kriegsarchiv in Budapest. Nicht zu vergessen sei die Firma AB Bofors, die immer bereitwillig Material zur Verfügung stellte. Ihnen allen soll an dieser Stelle der Dank des Autors ausgedrückt werden.

Dipl.-Ing. Franz Kosar

Abkürzungen

·	Angabe nicht bekannt
–	nicht vorhanden
''	Zoll
°	Grad
Ausf.	Ausführung
Bez.	Bezeichnung
f	französisch
FlAMK	Fliegerabwehrmaschinenkanone
gp.	gepanzert
Kal.	Kaliber
kg	Kilogramm
km	Kilometer
L	Rohrlänge in Kalibern
LKW	Lastkraftwagen
l.M.W.	leichter Minenwerfer
m	Meter
M	Modell,Muster
Mk	Mark (Modell)
mm	Millimeter
mot.	motorisiert
m/sec	Meter pro Sekunde
n.A.	neuer Art
PAK	Panzerabwehrkanone
pr.	Pfünder
Q.F.	quick fire (Schnellfeuer)
r	russisch
Sd.Kfz.	Sonderkraftfahrzeug
t	tschechoslowakisch
TAK	Tankabwehrkanone
T.R.	tir rapide (Schnellfeuer)
VK	Versuchsfahrzeug
WAPA	Warschauer Pakt

Der Panzerdurchschlag

Schon bei den ersten Einsätzen von Panzerabwehrwaffen durch die deutschen Truppen im Ersten Weltkrieg wurden Klagen laut, daß die Wirkung im Felde nicht den bei der Lieferung angegebenen Werten entspräche. Obwohl die theoretische Durchschlagsleistung über den Panzerstärken der gegnerischen Tanks lag, wurde deren Panzerung in der Praxis nicht durchschlagen. Noch im Zweiten Weltkrieg mußte die Truppe immer wieder feststellen, daß die Wirkung hinter den Erwartungen zurückblieb.

Auch die Angaben über moderne panzerbrechende Waffen müssen in dieser Hinsicht mit Vorsicht betrachtet werden. Eine Beschreibung, daß eine bestimmte Waffe »jeden Panzer durchschlägt« oder »400 mm Panzerstahl durchschlägt«, führt landläufig zur Vorstellung, daß jede Panzerung sinnlos geworden sei, zumal nur wenige Panzerstärken über 150 mm zur Verwendung gelangten.

Das Durchschlagen der Panzerung hängt von zahlreichen Faktoren ab. Die wesentlichsten Einflüsse sollen daher im nachstehenden in kurzer Form dargestellt werden. Eine umfassende Bearbeitung, unter Berücksichtigung aller theoretischen und praktischen Forschungsergebnisse, kann schon aus räumlichen Gründen hier nicht erfolgen. Diesbezüglich wird auf die entsprechende Fachliteratur verwiesen. Es sollen lediglich die wichtigsten Faktoren, die den Panzerdurchschlag nachhaltig beeinflussen, erläutert werden.

DAS PANZERMATERIAL

Es leuchtet wohl allgemein ein, daß das Material, das für die Panzerung eines Fahrzeuges verwendet wird, maßgebend für den Widerstand gegenüber einem Geschoß ist. Die wichtigsten Kennwerte hierbei sind:

– die Bruchfestigkeit,
– die Streckgrenze und
– die Härte der Oberfläche.

Der Begriff der Bruchfestigkeit wird wohl allgemein bekannt sein. Es ist jener Wert, angegeben in kg/mm^2, bei dem das Material bricht. Bei den Panzerfahrzeugen sind hier Werte zwischen 90 und 140 kg/mm^2 üblich. Nun ist aber die Festigkeit bei den normalerweise für eine Panzerung in Frage kommenden Werkstoffen verkehrt proportional ihrer Zähigkeit. Das heißt, je fester das Material ist, desto spröder ist es auch. Im Panzerbau hat man daraus vielfach die Folgerung gezogen, indem man für die verschiedenen Teile der Wanne auch verschiedene Materialfestigkeiten wählt. Während man für die dem gegnerischen Beschuß ausgesetzten Teile Werkstoffe hoher Festigkeit verwendet, wird vielfach für den Boden, der weniger dem Beschuß als der Ansprengung durch Minen ausgesetzt ist, ein Material mit großer Zähigkeit, aber dafür geringerer Festigkeit verwendet.

Die Streckgrenze ist jener Wert, bei welchem ein Material eine bleibende Verformung erleidet. Wie wir später bei der Beschreibung der panzerbrechenden Geschosse sehen werden, hat dieser Wert besonders bei der Art der Durchdringung durch Wuchtgeschosse – in letzter Zeit vielfach auch als KE-Geschosse bezeichnet – Bedeutung.

Die Härte ist ein Maß für den Widerstand, den ein Körper dem Eindringen eines anderen entgegensetzt. Es gibt hier verschiedene Meßverfahren, von denen jene nach Brinell, Rockwell und Vickers am bekanntesten sind. Daß diese Werte beim Auftreffen eines Geschosses auf die Panzerung von wesentlichem Einfluß sind, liegt auf der Hand.

Als Material für Panzerungen haben sich bisher nur zwei Werkstoffe durchgesetzt:

- Stahl in der Form von Walz- oder Gußstahl und
- Leichtmetall in der Form verschiedener Aluminiumlegierungen.

Das Stahlblech ist noch immer der klassische Werkstoff für die Panzerung. Durch verschiedene Legierungszusätze kann seine Festigkeit in großen Grenzen variiert werden. Außerdem besteht die Möglichkeit, durch verschiedene Wärmebehandlungen die Härte der Oberfläche zu beeinflussen. So kann ohne weiteres eine Panzerplatte hergestellt werden, die eine sehr harte aber dafür spröde Oberfläche besitzt. Damit wird dem Geschoß ein großer Widerstand beim Eindringen entgegengesetzt oder dasselbe geht beim Auftreffen überhaupt zu Bruch. Andererseits kann die darauffolgende Schicht mit einer geringeren Festigkeit, aber dafür großer Zähigkeit ausgebildet werden. Dadurch wird verhindert, daß diese Platte durch die Wucht des Auftreffens zerspringt.

Gußpanzerungen gelangten erst in den dreißiger Jahren zur Verwendung. Es war vor allem ein technologisches Problem, verhältnismäßig große Wannen, die andererseits relativ geringe Wandstärken besaßen, zu gießen. Auch bestanden große Schwierigkeiten, hochlegierte Stähle, die zur Erzielung hoher Festigkeiten erforderlich sind, derart zu verarbeiten. Daher hatte man sich anfangs auch darauf beschränkt, vor allem die Türme von Panzern zu gießen. Gegenüber dem Walzstahl hat der Guß aber auch wieder gewisse Vorteile. Nur durch dieses Verfahren war es möglich, auch verhältnismäßig komplizierte Formen herzustellen. Die oben angeführte Möglichkeit, spröde und zähe Schichten zu kombinieren, ist hier von Natur aus gegeben. Die oberste Schicht eines Gusses, die Gußhaut, ist von vorneherein härter als der Kern einer solchen Platte.

Die Verwendung von Leichtmetall als Panzerwerkstoff blieb den letzten zwanzig Jahren vorbehalten. Erst zu diesem Zeitpunkt war die Technologie so weit fortgeschritten, um Leichtmetallegierungen herzustellen, die Festigkeitswerte aufwiesen, die in den Bereich jener des Stahls reichten. Auch die Verfahren zum Schweißen solcher Platten mußten erst entwickelt werden. Umgekehrt beträgt das spezifische Gewicht der Aluminiumlegierungen nur etwa ein Drittel jenes des Stahls. Das heißt aber, daß man bei gleichem Gewicht eine nahezu dreimal so starke Platte verwenden konnte. Zufolge der nunmehr erzielbaren Festigkeitswerte weist ein solcher Panzer aber eine höhere Beschußfestigkeit auf, als ein vergleichbarer mit einer Stahlpanzerung. Als einziger Nachteil ergibt sich aber noch immer der wesentlich höhere Preis des Materials. Die letzten Entwicklungen auf dem Gebiet des Panzerbaues, die immer stärker in den Vordergrund tretende Elektronik, verringern den Anteil dieser Materialkosten aber derart, daß Leichtmetall immer mehr, besonders für leichtgepanzerte Fahrzeuge, in den Vordergrund tritt.

DER AUFTREFFWINKEL

Dieser Faktor wurde am Beginn der Panzerentwicklung praktisch überhaupt nicht beachtet. Erst die Leistungssteigerung der Panzerabwehrkanonen zwang zur Anwendung neuer Konstruktionsprinzipien. Durch Verstärkung der Panzerplatten allein konnte ein »granatsicherer Panzerkampfwagen« nicht mehr geschaffen werden. Der erste auf dieser Basis gebaute Kampfpanzer, der sowjetische T-34, war daher eine mehr als unangenehme Überraschung für die Panzerabwehr. Der Einfluß der Schrägstellung der Panzerung und der daraus resultierenden Auftreffwinkel soll daher näher beleuchtet werden. Gerade im Gefecht sind ja nie ideale Verhältnisse zu finden und damit wird erklärlich, wieso die praktisch erzielten Durchschlagsleistungen immer weit hinter den rein theoretischen Werten zurückblieben.

Der Auftreffwinkel selbst setzt sich aber seinerseits wieder aus zahlreichen Faktoren zusammen. Daß die Neigung der Panzerplatte dafür maßgebend ist, leuchtet jedem Leser ein. Viel weniger hingegen wird meist an die Neigung der Flugbahn des Geschosses und noch weniger an die Neigung des Bodens, auf dem sich im Augenblick des Treffers das Fahrzeug befindet, gedacht. Außerdem wird ein Panzer nur in den seltensten Fällen genau in Richtung der Fahrzeugachse getroffen. Da aber der effektive Auftreffwinkel sich aus all diesen

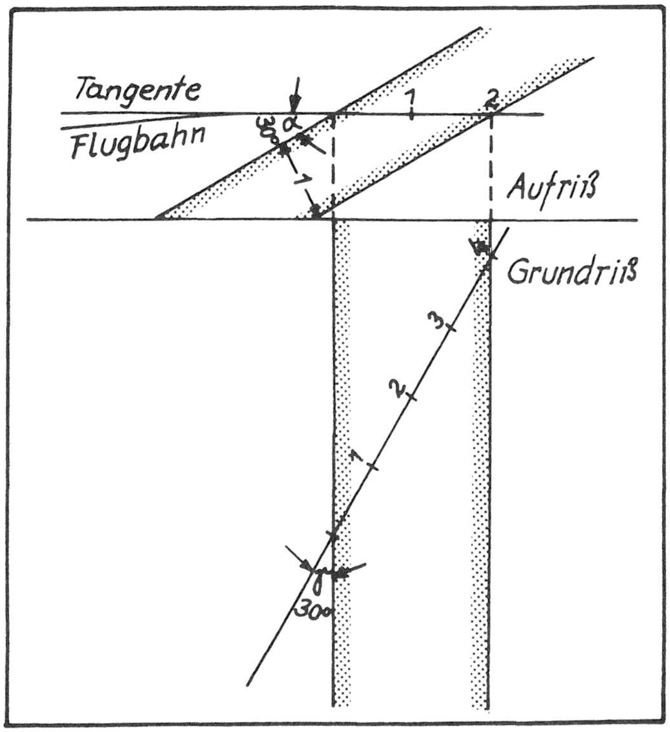

In Auf- und Grundriß zeigt die Skizze deutlich den Einfluß des Neigungswinkels α der Panzerung und des Schußwinkels γ.

Faktoren zusammensetzt, muß hier näher darauf eingegangen werden.

In den beigefügten Skizzen sind nun in vereinfachter Form die wesentlichen Faktoren und damit die Geschoßwirkung dargestellt. Zum leichteren Verständnis wird vorerst eine Flugbahn des Geschosses angenommen, deren Tangente im Auftreffpunkt horizontal liegt. Die Neigung der Panzerplatte zur Zielebene verändert den Aufschlagwinkel und damit die zu durchschlagende Strecke. Der Neigungswinkel α und die Durchschlagstrecke, die der wirksamen Plattenstärke gleichzusetzen ist, stehen zueinander in einem bestimmten Verhältnis, das in einer Formel ausgedrückt wie folgt lautet:

$$D_{wirksam} = \frac{D_{effektiv}}{\sin\alpha}$$

Je kleiner also der Neigungswinkel ist, um so größer ist die waagrechte Durchschlagstrecke. Dieser Verlängerungsfaktor beträgt z. B. bei:

Neigungswinkel der Platte	90°	1,0fache Plattenstärke
	70°	1,06fache Plattenstärke
	60°	1,15fache Plattenstärke
	50°	1,3fache Plattenstärke
	40°	1,55fache Plattenstärke
	30°	2,0fache Plattenstärke
	20°	2,95fache Plattenstärke

Das heißt aber, daß eine schräggestellte Frontpanzerung von 75 mm Stärke und einem Neigungswinkel von 30° gegen die Horizontale bereits einer wirksamen Plattenstärke von 150 mm entspricht.

Bei den Angaben über die Panzerung in der Fachliteratur und in den Firmenunterlagen muß man jedoch Vorsicht walten lassen. Vielfach wird nicht die effektive, sondern die wirksame Panzerstärke zugrunde gelegt. Auch bei den Neigungswinkeln der Panzerung muß darauf Obacht gegeben werden, ob diese aus dem deutschsprachigen oder dem anglikanischen Sprachraum stammen. Während in ersterem die Plattenneigung immer gegen die Horizontale angegeben wird, wird sie in letzterem auf die Vertikale bezogen. Einem Neigungswinkel von 90° in einer deutschen Publikation entspricht also ein solcher von 0° in einer englischen.

Die Wirksamkeit der Plattenneigung wird aber, wie bereits angedeutet, durch die Neigung des Bodens unter dem Fahrzeug beeinflußt. Je nach der Richtung der Neigung muß dieser Winkel zu jenem der Platte hinzugefügt oder von jenem abgezogen werden. Wenn man nun diesen Geländewinkel mit β bezeichnet, lautet die Formel

$$D_{wirksam} = \frac{D_{effektiv}}{\sin(\alpha \pm \beta)}$$

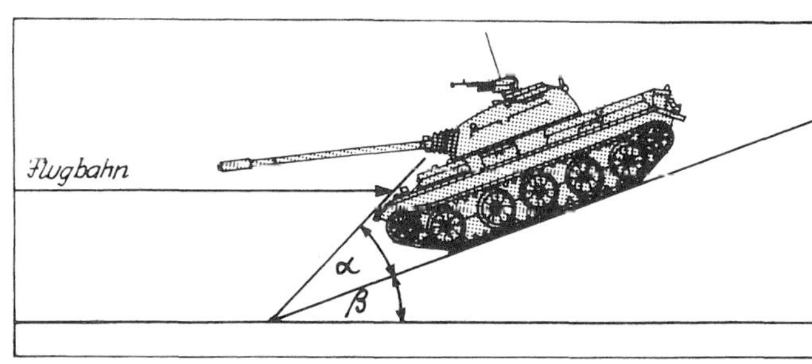

Durch das Befahren von Steigungen oder Gefällen durch den Panzer ergibt sich aus dem Geländewinkel β eine Veränderung in der Wirksamkeit der Panzerung.

Eine weitere Vergrößerung der erforderlichen Durchschlagstrecke kann sich bei gekrümmten Panzerungen ergeben. Der Auftreffwinkel ergibt sich hier zwischen den Tangenten an die Flugbahn und die Panzerung im Treffpunkt. Der Verlängerungsfaktor ist also der gleiche wie bereits angeführt. Hinzu kommt jedoch, bei entsprechender Krümmung, eine zusätzliche Verlängerung durch dieselbe.

Bisher wurde immer von einem Auftreffen senkrecht von vorne, also in Richtung der Fahrzeugachse, ausgegangen. In der Regel wird der Panzer auf dem Gefechtsfeld fast immer in der Schrägfahrt bekämpft. Dadurch entsteht ein weiterer Winkel, dieses Mal zwischen der Schußrichtung und der Fahrzeugachse. In der Folge soll dieser nun als »Schußwinkel γ« bezeichnet werden. Er kann aber auch schon durch die Formgebung des Panzers selbst gegeben sein. Hier sei nur an den Spitzbug des sowjetischen »Josef Stalin 3« oder den Rundbug des amerikanischen M-48 gedacht.

Wenn wir nun die Skizze betrachten sehen wir, daß dieser Schußwinkel in der gleichen Form wie die Plattenneigung die wirksame Plattenstärke vergrößert. Auch die Verlängerungsfaktoren bleiben die gleichen. In einer Formel ausgedrückt kommen wir zu dem Ergebnis

$$D_{\text{wirksam}} = \frac{D_{\text{effektiv}}}{\sin(\alpha \pm \beta) \cdot \sin\gamma}$$

Wenn man nun, wie in der Skizze angedeutet, eine Plattenneigung von 60° gegen die Vertikale annimmt, ergibt sich daraus ein Auftreffwinkel in der vertikalen Ebene von 30°. Der gleiche Winkel von 30° ergibt sich für einen Schußwinkel von 60°. Wenn nun beide Werte in die Gleichung eingeführt werden, ergibt sich damit

$$D_{\text{wirksam}} = \frac{D_{\text{effektiv}}}{0{,}5 \cdot 0{,}5} = 4 \cdot D_{\text{effektiv}}$$

Mit anderen Worten: Eine Platte von 100 mm Dicke erreicht unter diesen Bedingungen eine Wirksamkeit, die einer solchen von 400 mm Dicke entspricht. Dadurch erscheint die Durchschlagskraft der Geschosse bereits in einem ganz anderen Licht.

Damit sind aber noch immer nicht alle Einflüsse auf den Aufschlagwinkel erfaßt. Man denke nur an die Tatsache, daß sich die Mündung der Panzerabwehrwaffe und der Auftreffpunkt nicht immer auf der gleichen Höhe befinden, das Geschütz also z. B. aus einer überhöhten Stellung feuert. Des weiteren beschreibt das Geschoß auf seiner Flugbahn annähernd eine Parabel. Dadurch liegt die Tangente an diese Flugbahn im Auftreffpunkt gleichfalls nicht in der Horizontale.

Schon daraus ergibt sich, daß zahlreiche Winkel zu berücksichtigen sind, um echt den effektiven Auftreffwinkel und damit die wirksame Plattenstärke zu bestimmen. Wenn nun aber all diese Faktoren noch immer rechnerisch erfaßbar sind, so gibt es noch weitere Einflüsse, die nicht mehr in dieser Form erfaßbar sind.

Die Form der Geschoßspitze bei KE-Geschossen hat

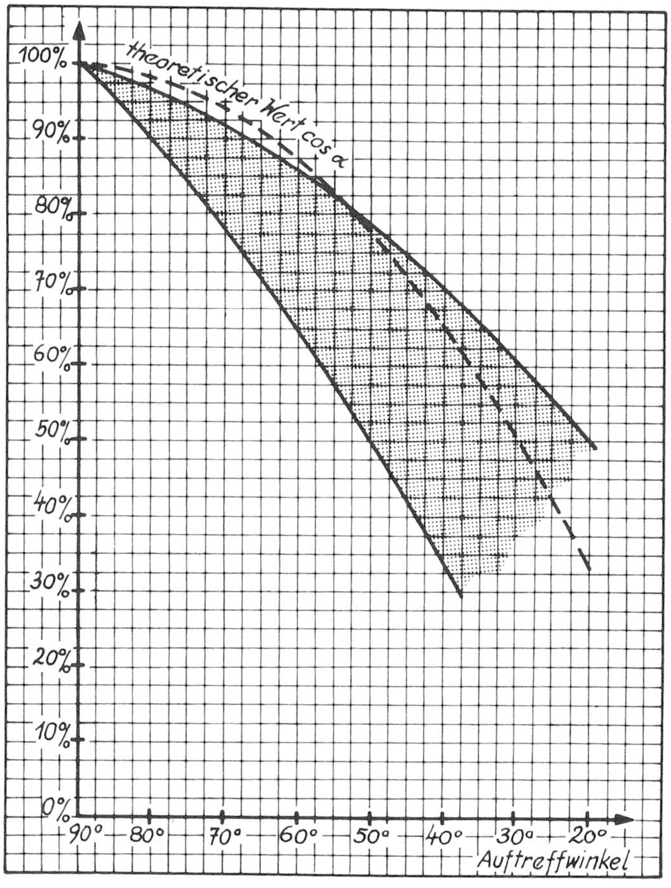

Der Abfall der Panzerdurchschlagsleistung in Abhängigkeit vom Auftreffwinkel zeigt eine große Streuung. Dem theoretischen Wert kommt die Hohlladung am nächsten.

wesentlichen Einfluß auf die Durchschlagsleistung. Eine stumpfe Geschoßspitze ist bei einem flachen Auftreffwinkel von Vorteil, da sie weniger zum Abgleiten neigt. Außerdem stellt sich ein solches Geschoß beim Eindringen in die Platte in Richtung der Plattennormale auf und sucht sich so einen kürzeren Weg durch die Panzerung. Umgekehrt ist eine schlanke Geschoßspitze vorteilhafter bei senkrechtem Auftreffen. Sie fördert das Ausweichen des Zielmaterials. Andererseits kann in der Platte jedoch eine Ablenkung in die Plattenebene hinein erfolgen, wodurch die erforderliche Durchschlagstrecke vergrößert wird.

Eine eindeutige Bestimmung der Durchschlagsleistung eines Geschosses auf eine geneigte Panzerplatte, wenn nur seine Wirkung gegen eine senkrechte Platte bekannt ist, ist daher nicht gegeben. In einer Skizze sind die Grenzen, innerhalb welcher der Durchschlag der Geschosse in Abhängigkeit vom Auftreffwinkel liegt, dargestellt. Die Grenzwerte wurden aufgrund der Auswertung bekannter Durchschlagsleistungen zahlreicher Geschosse bei verschiedenen Auftreffwinkeln erstellt. Sie zeigen eine überaus große Streuung. Bei einem Auftreffwinkel von 60° liegen sie zwischen 65 und 86 % des Wertes bei 90°. Der theoretische Wert würde

$$\frac{1}{\sin 60^\circ} = 0{,}866$$

entsprechen. Praktisch wird dieser Wert nur von den Hohlladungsgeschossen erreicht, deren Durchschlag aufgrund der Art ihrer Wirkung von verschiedenen Nebeneinflüssen unabhängiger ist.

Über die Art der Durchdringung der Panzerplatten durch die verschiedenen Geschoßarten wird an dieser Stelle nichts Näheres ausgeführt. Auf diesen Punkt wird bei den einzelnen Geschoßarten genauer eingegangen.

Die panzerbrechenden Geschosse

Bei der Betrachtung der panzerbrechenden Geschosse muß man diese von vorneherein in zwei große Gruppen unterteilen, da sie sich wesentlich hinsichtlich der Art der Durchdringung einer Panzerung unterscheiden. Es sind dies die

- *Wuchtgeschosse*, auch *KE-Geschosse* (KE = kinetische Energie) genannt und die
- *Geschosse, die durch die Form ihrer Sprengladung wirken*.

1. WUCHTGESCHOSSE

Der Durchdringungsvorgang solcher Geschosse kann auf verschiedene Art erfolgen:

- durch *Drücken*, wobei infolge zu großer Dehnung in der Platte ein Riß entsteht,
- durch *Dornen*, wobei das Material der Platte durch die Geschoßspitze zum seitlichen Ausweichen gezwungen wird und
- durch *Stanzen*, wobei das Geschoß eine kalibergleiche Scheibe aus der Platte herausdrückt.

In der Praxis wird jeder Durchschlag eine Kombination dieser drei Arten sein. Welche Komponente maßgebend ist, wird von verschiedenen Faktoren, wie der Auftreffgeschwindigkeit, der Plattendicke und dem Auftreffwinkel, abhängen. Auf den Einfluß der Geschoßform, insbesonders der Geschoßspitze, wurde bereits im Kapitel über den Panzerdurchschlag eingegangen.
Wie schon der Name besagt, hängt die Durchschlagsleistung dieser Geschosse im wesentlichen von ihrer kinetischen Energie ab. Diese errechnet sich aus

$$E = \frac{m \cdot v^2}{2} = \frac{G \cdot v^2}{2 \cdot g}$$

In diesen Formeln ist m die Masse und G das Gewicht des Geschosses, v die Auftreffgeschwindigkeit und g die Erdbeschleunigung von 9,81 m/sec^2. Daraus ersieht man, daß die Wirkung auf zwei Arten erhöht werden kann, durch die Vergrößerung des Geschoßgewichtes oder der Geschwindigkeit.
Der *Erhöhung des Geschoßgewichtes* sind jedoch enge Grenzen gesetzt. Da die Geschosse, abgesehen von einigen Neuentwicklungen der letzten Jahre, durchwegs aus Stahl gefertigt sind, dessen spezifisches Gewicht nicht zu vergrößern ist, bleibt nur der Weg einer Verlängerung. Aber auch diese läßt sich nicht unbegrenzt durchführen. Bekanntlich führen zu große Geschoßlängen zu Unstabilitäten des Geschosses im Flug. Dies bringt Überschläge und damit irreguläre Flugbahnen mit sich. Außerdem gingen bei den eingehenden Versuchen Geschosse mit Längen bis zum zehnfachen Geschoßdurchmesser beim Auftreffen zu Bruch. Die Ursache dafür liegt einfach in der Geschoßfestigkeit, da eine zu große Geschoßlänge und damit eine übermäßig hohe Querdichte, d. h. ein hohes Geschoßgewicht bezogen auf die Querschnittsfläche, einfach eine zu hohe Beanspruchung des Materials des Geschosses beim Aufschlag mit sich bringt. Der einzige hier beschreitbare Weg liegt im Unterkalibergeschoß, das später noch eingehend beschrieben werden soll. Die neueste Entwicklung auf diesem Gebiet wurde in den letzten Jahren in den Vereinigten Staaten aufgegriffen. Als Material für kleinkalibrige Maschinenwaffen und die Spitzen für Panzergeschosse größeren Kalibers wurde abgereichertes Uran verwendet, das heißt ein Abfallprodukt aus der Atomenergie. Durch das hohe spezifische Gewicht des Urans kann eine wesentlich höhere Querdichte als mit Stahl erreicht werden.

Die zweite Möglichkeit ist die *Erhöhung der Geschwindigkeit*. Sie wurde im Laufe der Entwicklung am meisten ausgenützt. Die Anfangsgeschwindigkeiten lagen im Ersten Weltkrieg etwa bei 450 m/sec. In der Zwischenkriegszeit stiegen sie auf Werte bis etwa 750 m/sec an. Die während des Zweiten Weltkrieges erreichten Spitzenwerte lagen bei etwa 1000 m/sec. Hierbei sind jedoch nur die Kalibergeschosse, das sind solche, bei denen das Geschoß mit seinem vollen Durchmesser die Panzerung durchschlägt, zugrunde gelegt. Unterkalibergeschosse und Geschosse, die aus Geschützen mit konischen Rohren verfeuert werden, weisen durchwegs höhere Werte auf. Seit dem Ende des Zweiten Weltkrieges wurden auch nur bei diesen Geschossen Leistungssteigerungen erzielt.
Wie die Formel zeigt, ergibt sich aus der Erhöhung der Geschwindigkeit eine wesentliche Steigerung der Energie, da diese vom Quadrat der Geschwindigkeit abhängig ist. Eine Verdopplung der Geschwindigkeit erhöht die Energie und damit die Durchschlagskraft auf das Vierfache! Diese Erhöhung konnte aber nur auf dem Wege der Verlängerung der Geschützrohre – also des Weges, auf welchem die Pulvergase auf das Geschoß einwirken – und der Vergrößerung der Treibladungen erzielt werden. Leider ist aber auch dieser Weg nicht ohne Nachteile. Durch die höheren Gasdrücke und Geschwindigkeiten ergeben sich bedeutend größere Rohrabnützungen. Damit sank aber die Lebensdauer der Geschützrohre von ursprünglich 6000 bis 10 000 Schuß auf nur 500 bis 1500 Schuß ab. Verbunden damit ist ein Ansteigen der Rohrgewichte und damit zwangsläufig eine Erhöhung des Waffengewichtes.
Als Verbindung beider Faktoren kann die *Vergrößerung des Kalibers* gewertet werden. Wie man sich leicht vorstellen kann, bringt ein größeres Kaliber bei gleicher relativer Geschoßlänge ein höheres Geschoßgewicht mit sich. Da das Geschoßgewicht mit der dritten Potenz des Kalibers anwächst, die Auftrefffläche jedoch nur mit dem Quadrat, ist leicht ersichtlich, daß damit die Durchschlagsleistung ansteigt. Es ist aber leicht verständlich, daß damit aber ein übermäßiger Anstieg der Waffengewichte verbunden ist. Die Entwicklung während des Zweiten Weltkrieges konzentrierte sich besonders auf dieses Gebiet. Das Anwachsen des Kalibers von rund 37 mm bis auf 128 mm brachte eine Erhöhung des Waffengewichtes von etwa 450 kg bis auf über 10 000 kg mit sich. Auf die praktische Auswirkung hinsichtlich der Beweglichkeit der Waffen braucht man nicht weiter hinzuweisen.
Eine rechnerische Ermittlung der Durchschlagsleistung aus den Geschoßdaten bzw. der kinetischen Energie ist nur näherungsweise möglich. Es ist eine ganze Reihe von Versuchen dieser Art bekannt. Die zahlreichen Einflüsse lassen sich jedoch nur schwer erfassen. In der Praxis hat sich nur die Panzerformel des französischen Marineingenieurs *De Marre* bewährt. Er geht im Prinzip davon aus, daß die Durchdringungsarbeit des Geschosses seiner Auftreffenergie gleichzusetzen ist. Sie lautet

$$s = \sqrt[0{,}7]{\frac{G^{0,5} \cdot v}{K \cdot d^{0,75}}}$$

Darin ist s die zu durchdringende Panzerstärke in dm, G das Geschoßgewicht in kg, v die Auftreffgeschwindigkeit in m/sec, d das Geschoßkaliber in dm und K ein empirischer Faktor. Letzterer ist abhängig vom Aufbau des Geschosses und dem Panzermaterial. Als Anhalt kann man für Vollgeschosse einen Wert zwischen 2000 und 2500, für Hartkerngeschosse einen solchen zwischen 1400 und 1800 annehmen. In der Praxis wird daher die Durchschlagsleistung immer durch praktische Beschußversuche bestimmt.
Allen Wuchtgeschossen ist aber gemeinsam, daß ihre Geschwindigkeit während des Fluges durch den Luftwiderstand abfällt und damit auch die Durchschlagskraft absinkt. Auch durchschlagen sie bei kleinen Auftreffwinkeln nicht mehr die Panzerung, sondern prallen oder gleiten ab. Der Grenzwert hierfür liegt bei den normalen Panzergeschossen bei etwa 25 bis 30°, bei den Unterkalibergeschossen schon bei etwa 35°. Hierin zeigt sich ein gewisser Nachteil der Unterkalibergeschosse, der den Vorteil der höheren Geschwindigkeit und damit der höheren Durchschlagsleistung wieder einschränkt.

1.1 KALIBERGLEICHE WUCHTGESCHOSSE

Wie bereits der Name besagt, handelt es sich um panzerbrechende Geschosse, die das Kaliber des Roh-

res besitzen und mit ihrem vollen Durchmesser auch die Panzerung durchschlagen.

1.1.1 Das *Panzervollgeschoß* (AP = Armor Piercing = panzerbrechend) stellt die einfachste Form dar. Es besitzt das Kaliber des Rohres und einen massiven Geschoßkörper mit gehärteter Spitze zum Durchschlagen der Panzerung. Der Kern besteht jedoch aus einer zähen Stahllegierung, um nicht beim Aufschlag zu zerbrechen.
Nach dem Durchschlagen der Panzerung bildet sich auf der Ausschußseite ein Kegel aus Fragmenten des Geschoß- und des Zielmaterials. Diese Teile wirken im Panzer aufgrund ihrer hohen Temperatur und der Restenergie.

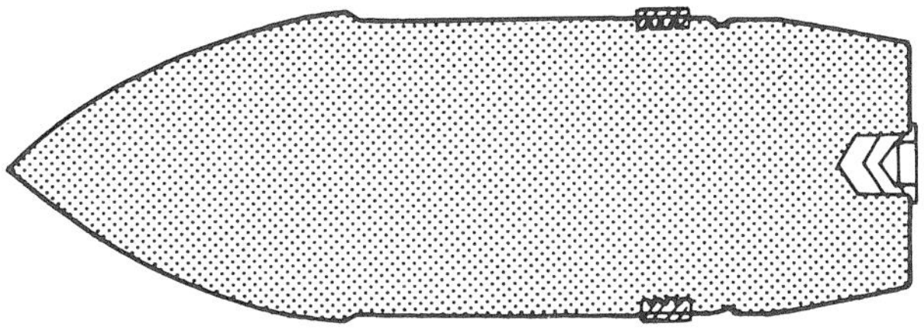

Um beim Aufschlag nicht abzubrechen, darf die Spitze des Geschosses keine zu schlanke Form besitzen. Da aber andererseits für die Flugbahn zur Verringerung des Luftwiderstandes eine günstige aerodynamische Form mit schlanker Spitze erforderlich ist, setzt man allgemein eine sogenannte »ballistische Haube« aus Blech auf. Sie wird beim Auftreffen zerquetscht und ist am Durchschlag nicht beteiligt. Zur besseren Beobachtung der Flugbahn haben nahezu alle Wuchtgeschosse eine Leuchtspur (AP-T = Armor Piercing-Tracer = panzerbrechend-Leuchtspur).
Aufgrund des großen Gewichtes und der günstigen Querschnittsbelastung haben diese Geschosse eine gute Flugeigenschaft und einen geringen Geschwindigkeitsverlust durch den Luftwiderstand. Gleichzeitig ist ihre Anfangsgeschwindigkeit dadurch aber auch beschränkt und liegt allgemein zwischen 700 und 900 m/sec.

1.1.2 Das *Panzervollgeschoß mit Kappe* (APC = Armor Piercing Capped = panzerbrechend mit Kappe). Wie bereits bei der Panzerung angeführt, werden die Platten vielfach oberflächengehärtet. Damit ergibt sich aber für das normale Panzervollgeschoß die Gefahr, daß es beim Auftreffen zerbricht. Um dies zu vermeiden, wird auf das Geschoß eine oberflächengehärtete Kappe aufgesetzt, damit die harte Außenschicht der Panzerplatte durchschlagen wird. Die Innenschicht der Kappe besteht hingegen aus weichem Material, um die auftre-

tretenden Spannungen auf eine größere Fläche des Geschoßkopfes zu verteilen und ein Abbrechen der Spitze zu vermeiden. Auch diese Geschoßart ist meist mit einer ballistischen Haube versehen (britische Bezeichnung: APCBC = Armour Piercing Capped Ballistic Capped = panzerbrechend mit Kappe und ballistischer Haube). Die Wirkung hinter der Panzerplatte ist

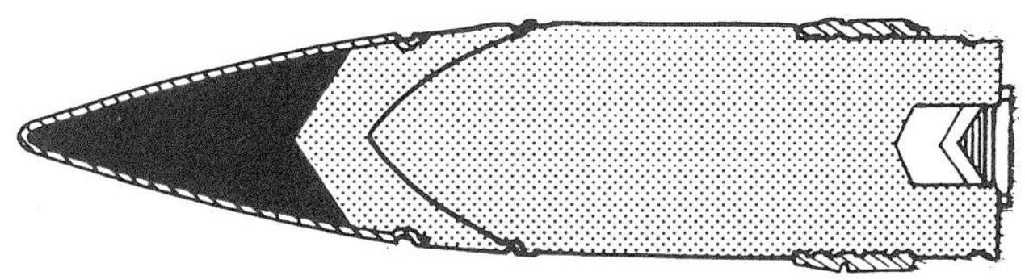

ähnlich jener des Panzervollgeschosses und beschränkt sich daher auf die Zerstörung einzelner in der Flugbahn liegender Geräte bzw. auf die Verletzung eines getroffenen Besatzungsmitgliedes.

1.1.3 Das *Panzersprenggeschoß* (APHE = Armor Piercing High Explosive = panzerbrechend mit Sprengladung oder auch APCHE mit Kappe) stellt die bis heute wohl wirksamste Form des panzerbrechenden Geschosses dar. In seinem Aufbau entspricht es den Panzervollgeschossen, nur ist im rückwärtigen Teil ein kleiner Hohlraum mit einer Sprengladung vorgesehen, die über einen Bodenzünder initiiert wird. Da diese das Geschoß erst nach dem Durchschlagen der Panzerung zerlegen soll, wirkt der Zünder mit Verzögerung. Im allgemeinen werden auch diese Geschosse mit Kappe und ballistischer Haube gebaut und besitzen in der Regel eine Leuchtspur (APHE-T). Zufolge des Hohlraumes und des geringeren spezifischen Gewichtes der

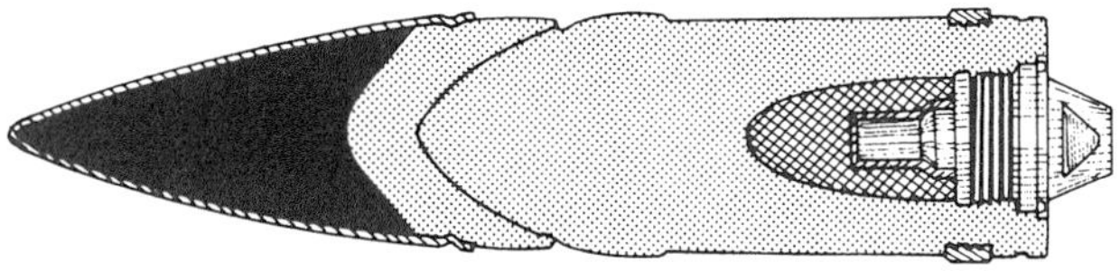

Sprengladung gegenüber dem Stahl, ist das Gewicht des Geschosses etwas geringer als das des Panzervollgeschosses und erreicht damit auch bei gleicher Treibladung eine höhere Anfangsgeschwindigkeit.

1.1.4 Das *Hartkerngeschoß* (amerikanische Bezeichnung: HVAP = Hyper Velocity Armor Piercing = überschnelles panzerbrechendes Geschoß; britische Bezeichnung: APCR = Armour Piercing Composite Rigid Shot = panzerbrechendes zusammengesetztes Hartgeschoß). Es stellt bereits eine Zwischenstufe zum modernen unterkalibrigen Treibkäfiggeschoß dar. Diese Geschoßart wurde während des Zweiten Weltkrieges im Deutschen Reich als Panzergranate 40 bezeichnet. Bei ihm ruht ein aus Hartmetall, meist Wolframkarbid, bestehender Wirkkörper von hoher Dichte und Härte in einem Mantel aus Leichtmetall. Der

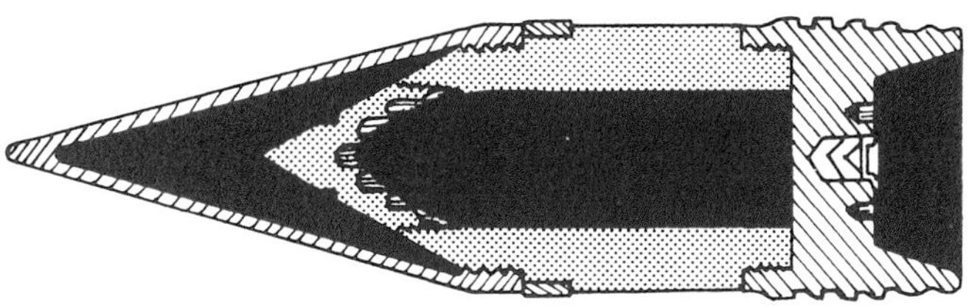

Durchmesser dieses Kernes liegt bei etwa 30 bis 50 % des Rohrkalibers. Das Gesamtgewicht des Geschosses entspricht etwa 50 bis 70 % des Gewichtes eines kalibergleichen Panzervollgeschosses.
Durch das geringere Gewicht erhält es bei gleicher Treibladung eine höhere Anfangsgeschwindigkeit, da die kinetische Energie die gleiche bleibt. Diese Anfangsgeschwindigkeit geht allerdings rasch verloren, da das Geschoß infolge der geringeren Querschnittsbelastung (geringeres Gewicht bei gleichem Kaliber) durch den Luftwiderstand stärker abgebremst wird. Damit besitzt es nur auf geringere Kampfentfernungen eine höhere Durchschlagskraft als das Panzervollgeschoß. Beim Auftreffen auf die Panzerplatte wird der Mantel abgestreift und nur der Wirkkern schlägt durch.

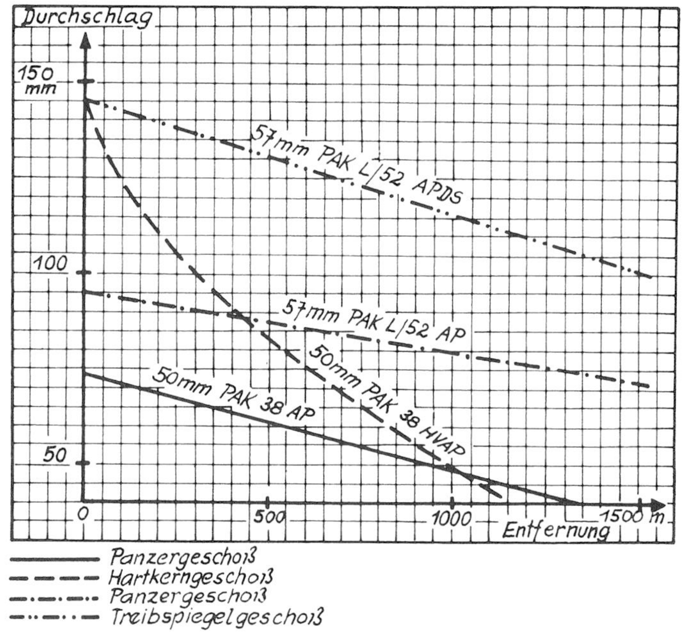

Die Kurven stellen den Abfall der Panzerdurchschlagsleistung zweier Panzerabwehrkanonen bei einem Auftreffwinkel von 60° in Abhängigkeit von der Entfernung dar. Es zeigt sich vor allem der rasche Abfall beim Hartkerngeschoß und der wesentlich günstigere Verlauf beim Treibspiegelgeschoß.

Durch das hohe spezifische Gewicht des Kernes ist der Durchschlag bei gleicher Auftreffgeschwindigkeit ebenfalls höher als beim Vollgeschoß. Die Wirkung hinter der Platte beruht auf dem Zerlegen des Kernes zufolge der Spannungsunterschiede nach Durchdringen der Panzerung. Als Nachteile sind, wie bereits früher erwähnt, die höhere Rohrabnützung und die Abprallempfindlichkeit bei kleineren Auftreffwinkeln anzuführen.
Die Anfangsgeschwindigkeiten solcher Hartkerngeschosse liegen im allgemeinen zwischen 1000 und 1250 m/sec. In den letzten Jahren werden sie nur mehr selten verwendet, da sie technisch durch die Unterkalibergeschosse ersetzt wurden.

1.1.5 Das *Kerngeschoß mit Sprengladung* (APHEC = Armor Piercing High Explosive Core = panzer-

brechend mit Sprengladung und Kern) ist bisher nur in der Sowjetunion aufgetreten. Es wurde dort für die 152 mm Kanonen-Haubitze entwickelt. Damit sollte dem Geschoß trotz seiner relativ geringen Anfangsgeschwindigkeit eine größere Durchschlagskraft gegeben werden. Im Prinzip handelt es sich um ein Hartkerngeschoß, dessen Wirkung hinter der Platte durch eine Sprengladung erhöht wird. Es wirkt hier ähnlich wie die Panzersprenggranate.

1.2 UNTERKALIBRIGE WUCHTGESCHOSSE

Bei diesen Geschossen ändert sich der Geschoßdurchmesser entweder im Rohr oder nach Verlassen des Rohres. Er ist also während des Fluges kleiner als das Kaliber des Rohres. Zur Führung im Rohr sind eigene Führungselemente erforderlich, die auch zur Übertragung der Gaskräfte auf das Geschoß dienen.

1.2.1 Das *Treibspiegelgeschoß*, neuerdings auch als *Treibkäfiggeschoß* bezeichnet (amerikanische Bezeichnung: HVAP-DS = Hyper Velocity Armor Piercing-Discarding Sabot = überschnelles panzerbrechendes Geschoß mit abwerfbarem Treibspiegel; britische Bezeichnung: APDS = Armour Piercing Discarding Sabot = panzerbrechendes Geschoß mit abwerfbarem Treibspiegel oder auch APSVDS = Armour Piercing Supervelocity Discarding Sabot = panzerbrechendes überschnelles Geschoß mit abwerfbarem Treibspiegel). Die ersten derartigen Geschosse wurden gegen Ende des Zweiten Weltkrieges durch die britische Armee zum Einsatz gebracht, um die Durchschlagsleistung der Panzer- und Panzerabwehrkanonen zu steigern.

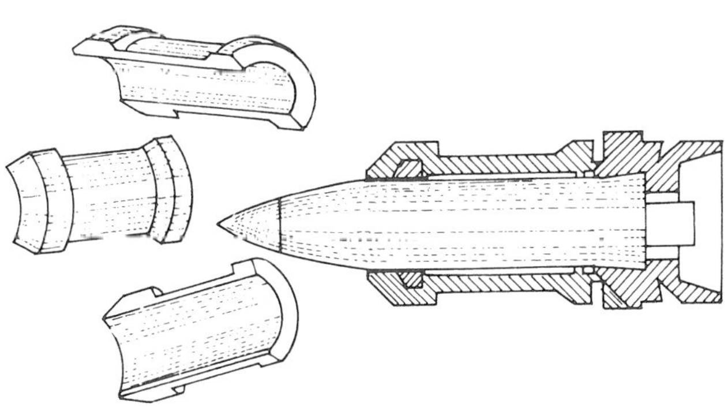

Diese Geschosse entsprechen in ihrem Aufbau den Hartkerngeschossen. Der Unterschied liegt darin, daß der Mantel, der dort mit dem Kern bis ins Ziel gelangt, hier kurz nach dem Verlassen des Rohres abgeworfen wird. Damit beschreibt nur der Kern eine ballistische Flugbahn. Zufolge der hohen Querdichte ist der Geschwindigkeitsabfall durch den Luftwiderstand wesentlich geringer, während alle Vorteile des Hartkerngeschosses, wie die höhere Anfangsgeschwindigkeit und hohe Durchschlagsleistung, beibehalten werden. Diese unterkalibrigen Wuchtgeschosse sind die modernsten Hochleistungsgeschosse, die der Forderung nach hoher Anfangsgeschwindigkeit, hoher Durchschlagsleistung, gestreckter Flugbahn und großer Reichweite entsprechen.
Die Herstellung solcher Geschosse ist sehr schwierig und entsprechend aufwendig. Der Kern und der Treibspiegel oder Mantel müssen stets einen einwandfreien Kontakt miteinander haben. Dies ist insbesonders bei Berücksichtigung der unterschiedlichen Ausdehnungskoeffizienten der Werkstoffe von Kern und Mantel schwer zu erreichen. Außerdem soll der Mantel dem Kern beim Ablösen keinen Impuls mitteilen, da sonst das Geschoß von seiner vorgezeichneten Bahn abweichen kann und damit die Treffsicherheit abfällt. Die Führungen werden je nach ihrer Bauart als Treibkäfig, Treibspiegel, Treibkolben, Treibscheibe oder Treibring bezeichnet. Die Führungselemente sollen möglichst leicht sein, um dem Beschleunigungsvorgang im Rohr keine zu hohe Masse entgegenzusetzen und auch den Ablösevorgang nicht durch zu große Trägheit zu hemmen. Sie sind daher allgemein aus Leichtmetall- oder Magnesiumlegierungen gefertigt. Bei kleinen Kalibern kommen auch Kunststoffe zur Verwendung.
Als weiterer Nachteil muß vermerkt werden, daß diese Geschosse praktisch nur vor den eigenen Linien zum Einsatz gebracht werden können. Durch die sich ablösenden Bestandteile des Mantels werden ansonsten die eigenen Truppen gefährdet.
Die neueste Bauform der Treibkäfiggeschosse ist jene mit Leitwerkstabilisierung (HVAPDSFS = Hypervelocity Armor Piercing Discarding Sabot Fin Stabilized = überschnelles panzerbrechendes Geschoß mit abwerfbarem Treibspiegel und Leitwerkstabilisierung). Durch diese Bauart können längere Geschosse verfeu-

ert und damit höhere Durchschlagsleistungen erzielt werden. Ursprünglich waren solche Geschosse nur für glatte Rohre gebaut worden. Durch die Verwendung von durchrutschenden Führungsringen können sie auch aus gezogenen Rohren verfeuert werden.

1.2.2 Das *Flanschgeschoß für konische Rohre* fand nur während des Zweiten Weltkrieges Verwendung. Es besaß stulpenartige Führungsflansche am Heck und am vorderen Geschoßmantel, die die Geschoßführung beim ursprünglichen größeren Rohrdurchmesser sowie die Abdichtung gegenüber den Pulvergasen übernahmen. Beim Durchgang durch das Rohr wurden sie

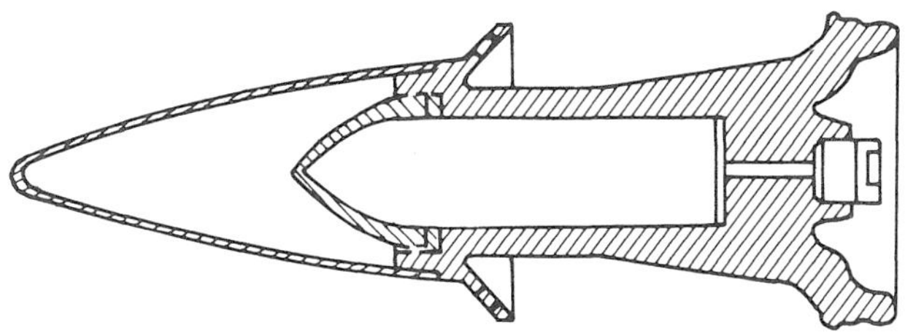

in Ausnehmungen des Geschoßkörpers gepreßt, wobei Bohrungen im vorderen Flansch ein Entweichen der zwischen den beiden Flanschen befindlichen Luft ermöglichten. Das Verhältnis zwischen dem Anfangs- und Enddurchmesser des Rohres lag durchschnittlich bei 70 %. Die ballistischen Eigenschaften der Geschosse näherten sich jenen der modernen Treibkäfiggeschosse. Der hohe Rohrverschleiß und die Kosten der Rohrfertigung verhinderten jedoch eine Einführung solcher Waffen in großem Umfang.

2. GESCHOSSE, DIE DURCH DIE FORM IHRER SPRENGLADUNG WIRKEN

Das Charakteristische dieser Geschosse ist, daß ihre Durchschlagsleistung von der Auftreffgeschwindigkeit und damit von der Kampfentfernung unabhängig ist. Ein weiterer Vorteil liegt darin, daß sie noch bei Auftreffwinkeln von nur 10° wirken.

2.1 Das *Hohlladungsgeschoß* (amerikanische Bezeichnung: HEAT = High Explosive Anti Tank = Sprenggeschoß zur Panzerabwehr; die nur wenig verwendete britische Bezeichnung HE/HC = High Explosive/Hollow Charge = Sprenggeschoß/Hohlladung). Das Prinzip der Hohlladung war schon im vergangenen Jahrhundert bekannt, nicht aber seine exakte physikalische Ursache. Bereits 1888 fand Monroe den nach ihm benannten Effekt, daß die Wirkung einer senkrecht gegen eine Stahlplatte detonierenden zylindrischen Sprengladung wesentlich stärker ist, wenn diese Ladung an der der Stahlplatte zugewandten Stirnseite eine kegelförmige Ausnehmung hat. Später wurde dann der Einfluß der Auskleidung des konischen Hohlraumes entdeckt.

Die praktische Auswertung für die Panzerabwehr gelangte jedoch erst während des Zweiten Weltkrieges zur Einführung. Die Zündung des Sprengstoffes erfolgt an der dem Kegel abgewandten Seite. Die Detonation pflanzt sich mit der Detonationsgeschwindigkeit in Richtung auf den Kegel fort. Das Material der Einlage wird, beginnend an der Kegelspitze, zu einem massiven Stößel zusammengedrückt. Die in der Mitte der Ladung zusammenschlagenden Einlageelemente teilen sich nun auf in einen Stachel, der mit einer Geschwindigkeit von etwa 10 000 m/sec aus dem Ladungshohlraum austritt und einen Stößel, dessen Geschwindigkeit nur einige 100 m/sec beträgt. Die panzerbrechende Wirkung wird praktisch nur vom Stachel ausgeübt. Auch ein dem Stachel voreilender Frontstrahl mit etwa 20 000 m/sec bleibt zufolge seiner geringen Dichte ohne Einfluß.

Der panzerbrechende Stachel besitzt einen geringen Durchmesser, ist aber praktisch der Träger der Energie des Sprengstoffes. Er spült aus dem Panzermaterial ein Loch heraus. Am Kraterboden expandiert er und strömt zurück, wodurch das Loch aufgeweitet wird. Die Durchschlagskraft ist durch die Stabilität des Stachels bestimmt. Sie ist im wesentlichen durch die Formgebung der Ladung und das Material der Einlage gegeben. Theoretisch lassen sich Durchschlagsleistungen bis etwa zum zehnfachen Durchmesser der Ladung erzielen. In der Praxis wurden Werte bis zum fünffachen Kaliber erreicht.

Die Schwierigkeit bei diesen Geschossen liegt im Heranbringen an das Ziel, welches stets mit einem wesentlichen Leistungsverlust verbunden ist. Das normale Geschütz verfeuert drallstabilisierte Geschosse. Der Drall verringert jedoch die Wirkung der Hohlladung. Dies kann einfach so erklärt werden, daß durch die Zentrifugalkraft der Durchmesser des Stachels vergrößert wird, dadurch verringert sich seine Dichte, der Durchmesser des Kraters steigt, zugleich sinkt natürlich seine Tiefe. Daher lagen im Zweiten Weltkrieg die Anfangsgeschwindigkeiten der Hohlladungsgeschosse nur bei etwa 450 bis 550 m/sec. Das wesentliche Problem liegt in der Senkung der durch den Drall hervorgerufenen Umdrehungsgeschwindigkeit des Geschosses ohne Verlust an Treffwahrscheinlichkeit. Die Art der Stabilisierung der Hohlladungsgeschosse im Flug bildet deshalb auch die Grundlage für ihre Einteilung.

Bevor hier jedoch auf die einzelnen Arten eingegangen wird, soll noch die Wirkung hinter der Platte besprochen werden. Wie bereits oben angeführt, durchdringt der Stachel die Platte. Es tritt daher hinter ihr ein teils gasförmiger, teils flüssiger panzerbrechender Strahl und ein massiver Stößel aus. Der Durchmesser ist um so geringer, je stärker die zu durchschlagende Panzerplatte ist. Nach dem Durchtritt weitet er sich kegelförmig aus. Die Wirkung dieses Strahles im Panzer ist relativ gering. Lediglich die in seinem Bereich liegenden Teile können vernichtet werden. Wirkung ist somit gegen die Besatzung und die Munition zu erzielen. Man kann sie daher mit der eines Vollgeschosses kleinen Kalibers vergleichen.

2.1.1 Das *drallstabilisierte Hohlladungsgeschoß* (HEAT). Wie bereits angeführt, sinkt seine Durchschlagskraft mit steigendem Drall. Daher müssen solche Geschosse mit einer kleineren Anfangsgeschwindigkeit als andere Geschosse verfeuert werden. Durch die gekrümmte Flugbahn leidet natürlich die Treffwahrscheinlichkeit, und auch die Einsatzschußweite ist begrenzt.

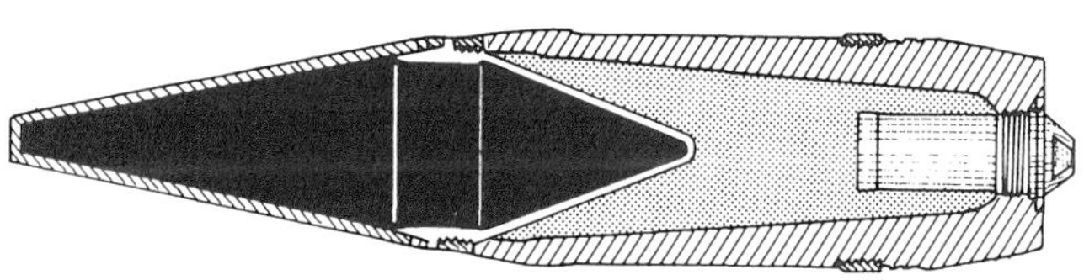

2.1.2 Das *flügelstabilisierte Hohlladungsgeschoß* (HEAT-FS). Die Herstellung dieser Geschosse ist relativ billig. Durch den Wegfall des Dralls kommt die Hohlladung voll zur Wirkung, so daß Durchschlagsleistungen vom 4,5fachen Kaliber die Regel sind. Aber auch dieses Geschoß besitzt seine Nachteile. Zum Verfeuern benötigt man besondere Rohre ohne Drall, also glatte Rohre, oder solche mit einem Drall von höchstens 1°. Aus herkömmlichen Rohren lassen sie sich nur verfeuern, wenn besondere durchrutschende Führungsringe verwendet werden. Diese Geschosse finden daher vor allem in Verbindung mit Niederdruckgeschützen Verwendung. Eine gewisse Begrenzung der Wirkung ist durch die geringe Sprengstoffmenge gegeben, die aus der Bauart des Geschosses herrührt. Sie sind allgemein bedeutend leichter als normale, drallstabilisierte Geschosse des gleichen Kalibers.

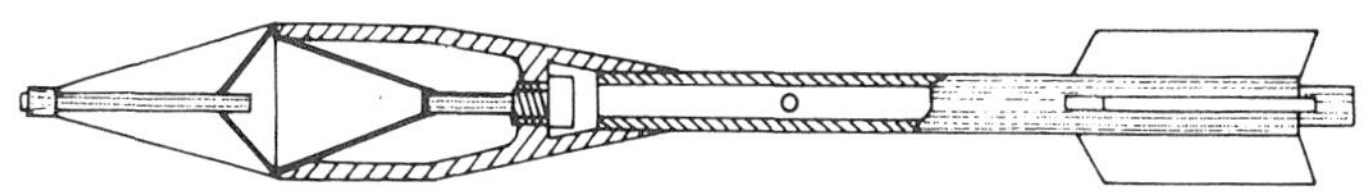

2.1.3 Das *drallmantelstabilisierte Hohlladungsgeschoß* ist in seiner Wirkung vielleicht das vollkommenste Hohlladungsgeschoß. Der Drall des normalen Geschützrohres wird hier lediglich dem äußeren Mantel mitgeteilt. Die Sprengladung ist in einem inneren Mantel untergebracht und mittels Rollen- oder Nadellagern im Außenmantel gelagert. Die Ladung erhält damit nur jenen geringfügigen Drall, der durch die Reibung der Lager mitgeteilt wird. Als Nachteil sind lediglich die hohen Fertigungskosten anzuführen. Bei den bekanntgewordenen Ausführungen sind Anfangsgeschwindigkeiten bis 1000 m/sec und Durchschlagsleistungen in Höhe des 4fachen Kalibers erzielt worden.

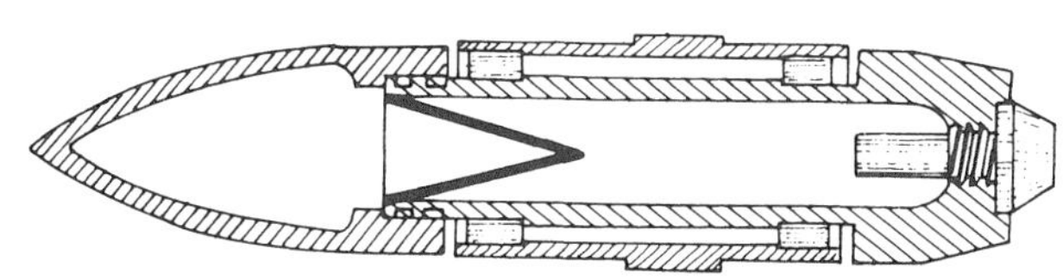

2.2 Das *Quetschkopfgeschoß* (amerikanische Bezeichnung: HEP = High Explosive Plastic = Sprenggeschoß mit plastischem Sprengstoff; britische Bezeichnung: HESH = High Explosive Squash Head = Sprenggeschoß mit Quetschkopf). Diese Entwicklung wurde in Großbritannien während des Zweiten Weltkrieges für die Munition rückstoßloser Geschütze in Angriff genommen. Seine Wirkung beruht auf dem sogenannten Hopkinson-Effekt. Er kann so erklärt werden, daß bei der Detonation von Sprengstoff auf einer Panzerplatte eine intensive Stoßwelle in dieselbe eingeleitet wird, bei deren Reflexion an der inneren Oberfläche sich Teile des Panzermaterials ablösen und in den Kampfraum fliegen.

Das Geschoß selbst besteht aus einer dünnwandigen Geschoßhülle mit einer Ladung aus plastisch verformbarem, hochbrisantem Sprengstoff. Beim Auftreffen auf eine Panzerplatte bietet die Hülle nur einen geringen Verformungswiderstand. Der plastische Sprengstoff wird durch die Wucht des Aufpralls fest auf die Panzerung gedrückt und legt sich fladenförmig an. Die Zündung erfolgt nun mit Verzögerung mittels eines Bodenzünders. Die auf der Innenseite abplatzenden Teile haben eine beträchtliche Energie und wirken ihrerseits wie Geschosse. Außerdem können durch die Erschütterungen stoßempfindliche Teile beschädigt werden.

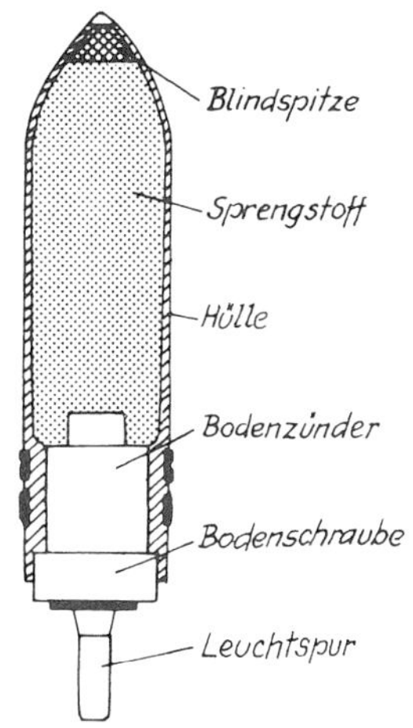

Auch hier besteht der Nachteil einer verhältnismäßig geringen Anfangsgeschwindigkeit, da aufgrund der dünnen Geschoßhülle keine hohe Belastung beim Abschuß möglich ist. Zufolge der großen Sprengstoffmenge, die in diesen Geschossen untergebracht werden kann, werden sie auch anstelle von normalen Sprenggeschossen gegen ungepanzerte Ziele eingesetzt.

Zusammenfassung

Im Vorstehenden wurden alle bekannten panzerbrechenden Geschoßarten beschrieben. Nicht alle von ihnen werden tatsächlich aus Panzerabwehrkanonen verfeuert. Insbesonders die neuesten Arten kommen nicht zum Einsatz, da die Entwicklung der Panzerabwehrkanonen nach dem Zweiten Weltkrieg stagnierte. Die bei den einzelnen Geschoßarten angeführten Vor- und Nachteile lassen jedoch erkennen, daß entsprechend den Kampfentfernungen und den zu bekämpfenden Zielen verschiedene Geschosse erforderlich sind. Nur so besteht im Einzelfall die Möglichkeit, die jeweils meistversprechende Munition zu wählen.

Die Entwicklung der Panzerabwehrwaffen

Jede Waffe kann immer nur in Verbindung mit ihrem Ziel bzw. ihrem Gegner betrachtet werden. So kann auch die Entwicklung der Panzerabwehrwaffen nur bei gleichzeitiger Gegenüberstellung der jeweiligen Panzerfahrzeuge ein klares Bild abgeben. Wie man in der Folge leicht sehen kann, bestimmten immer die Panzerkampfwagen, oder wie sie ursprünglich genannt wurden, die Tanks, die technische Entwicklung. Während der mehr als sechzigjährigen Geschichte waren sie der Abwehr immer um mindestens einen Schritt voraus. Abgesehen von der Überraschung ihres ersten Auftretens konnte es auch in der Folge dazu kommen, daß die wichtigste Panzerabwehrwaffe einer Armee durch den Fortschritt der Panzerentwicklung plötzlich zum »Heeresanklopfgerät« wurde.

Der erste Einsatz der neugeschaffenen britischen Panzerwaffe am 15. September 1916 wirkte wie ein Schock auf die deutsche Infanterie. Er traf sie völlig unvorbereitet. In diesem Fall war es den Briten gelungen, eine neue Waffe zu entwickeln, ohne daß der Gegner auch nur den leisesten Verdacht geschöpft hatte. Daher stand auch keine planmäßige Verteidigung zur Verfügung. So konnte dieser Angriff, obwohl er nach späteren Begriffen falsch angesetzt worden war, einen Erfolg zeitigen. Als größter Feind des damaligen Tanks muß seine technische Unzulänglichkeit gewertet werden. So sollten an diesem ersten Angriff 49 Tanks teilnehmen. Davon gelangten jedoch nur 32 in die Ausgangsstellung, wo neun wegen Maschinenschäden liegenblieben. Weitere neun konnten erst verspätet anfahren. So verblieben nur 14 Fahrzeuge für diesen Einsatz. Noch dazu wurden sie nicht geschlossen, sondern verzettelt eingesetzt, indem sie auf die gesamte Front einer Armee mit drei Armeekorps verteilt wurden.

So erhielt die deutsche Abwehr eine Chance. Vor allem die Feldartillerie bewährte sich hierbei. Die deutsche Führung zog aus diesem Ereignis nicht die notwendigen Folgerungen. Selbst bis zum Ende des Ersten Weltkrieges brachte die deutsche Oberste Heeresleitung keinen Panzerabwehrplan zustande. Dies überrascht um so mehr, als bereits im Februar 1917 ein französischer Verteidigungsplan erbeutet wurde, der Weisungen für den Fall eines Angriffs durch deutsche Tanks enthielt. So begnügte man sich vorerst mit Behelfsmaßnahmen. Man hatte den Ernst der Situation noch nicht erfaßt und dachte mit einigen Notmaßnahmen der Gefahr zu begegnen. Dazu

- zog die Artillerie einzelne Feldkanonen vor,
- feuerte die Infanterie mit Gewehren und Maschinengewehren auf die Sehschlitze der Tanks und
- warfen Stoßtrupps und Pioniere geballte Ladungen vor die Ketten der Tanks.

Die Wirksamkeit der Geschütze wurde durch die Einführung einer besonderen Panzergranate (K.Gr. 15 m.P.) für die Feldkanone, die Infanteriegeschütze und die Nahkampfgeschütze erhöht. Dieses Geschoß sollte hinter der Panzerung zur Explosion kommen und im Inneren des Tanks Besatzung und Einrichtung vernichten. Für die ganze lange Front wurden 50 Nahkampfbatterien aufgestellt. Es handelte sich dabei um abgeänderte Feldkanonen. All diese Maßnahmen konnten nur so lange einen Erfolg zeitigen, als die feindlichen Tanks vereinzelt auftraten. Praktisch blieb aber die Infanterie sich selbst überlassen. Dies um so mehr, als die Wirkung der 7,9 mm S.m.K.-Patrone (d. h. S-Geschoß mit Kern), die aus den Handfeuerwaffen verschossen wurde, nicht den erwarteten Erfolg zeitigte.

Den großen Umschwung brachte die Tankschlacht von

Einzelne vorgezogene Feldkanonen stellten die wichtigste deutsche Panzerabwehrwaffe des Ersten Weltkrieges dar.

Cambrai vom 20. November 1917. Nicht weniger als 378 schwere englische Tanks griffen auf einer Frontbreite von rund 10 km an. Die deutsche Front wurde eingedrückt und nur glückliche Umstände sowie die technische Unzulänglichkeit und der geringe Fahrbereich der Tanks verhinderten den Durchbruch. Im Hochgefühl des Abwehrerfolges glaubte die deutsche Oberste Heeresleitung noch immer ohne besondere Vorkehrungen auszukommen. Die Infanterie wurde zu standhaftem Ausharren ermahnt und man gab ihr »Merkblätter über das Verhalten bei feindlichem Tank-Angriff«.

Anfang Oktober 1917 erhielt schließlich die Gewehr-Prüfungs-Kommission (G.P.K.) den Auftrag, ein großkalibriges Maschinengewehr zur Bekämpfung von Tanks und Fliegern zu schaffen. Dieses »TuF-MG« sollte bereits im Sommer 1918 an die Front kommen. Die Schaffung einer solchen Neukonstruktion in der verhältnismäßig kurzen Zeit gelang jedoch nicht. Sozusagen als »Nebenprodukt« bei diesen Arbeiten entstand das 13 mm Tankgewehr 18. Bis zum Kriegsende sollen von dieser Waffe angeblich mehr als 10 000 Stück gefertigt worden sein, wovon einzelne auch zum Einsatz gelangten. Auf 100 m Entfernung wurden bei senkrechtem Auftreffen 22 mm Panzer durchschlagen. Wie die Tabelle 1 zeigt, hätte dies theoretisch gegen alle zu diesem Zeitpunkt verwendeten alliierten Tanks genügt. Die Front beklagte sich jedoch, daß dieser Wert nicht stimmen könne, da zahlreiche feindliche Kampfwagen nicht durchschlagen wurden. Hier zeigte sich der im Kapitel »der Panzerdurchschlag« erläuterte Einfluß des Auftreffwinkels.

Mit dieser Waffe war eine Entwicklung eingeleitet worden, die für die nächsten 25 Jahre fortgeführt wurde. Bis in den Zweiten Weltkrieg hinein wurden von den verschiedensten Ländern *Panzerbüchsen* entwikkelt. Ihr Kaliber lag allgemein zwischen 7,9 und 20 mm. Man dachte mit diesen Ein- oder Zweimannwaffen der Infanterie eine geeignete Panzerabwehrwaffe zu geben. In der Praxis hat sie sich nicht bewährt. Schon die kleineren Kaliber waren durch ihre Länge von mehr als 1,5 m zu unhandlich, die größeren Kaliber durch Gewichte von über 40 kg zu schwer. Die erzielbaren Durchschlagsleistungen von 20 bis 30 mm auf eine Entfernung von 100 m und das geringe Geschoßge-

Panzerabwehrwaffen der Infanterie aus beiden Weltkriegen. Von oben nach unten das deutsche 13 mm Tankgewehr 18, das britische 13,9 mm »Boys« Tankgewehr, das im Zweiten Weltkrieg in großer Stückzahl verwendet wurde, und die amerikanische »Bazooka« des Jahres 1942.

wicht reichten jedoch nicht aus, um eine nachhaltige Wirkung gegen Panzer zu erreichen. So verschwanden sie bald nach dem Beginn des Zweiten Weltkrieges aus der Ausstattung der meisten Armeen. Lediglich die Sowjetunion behielt sie längere Zeit bei.

Auch das deutsche TuF-MG fand seine Nachfolger. *Maschinengewehre mit Kalibern von 12,7 bis 13,2 mm* wurden in den zwanziger Jahren von mehreren Staaten entwickelt und eingeführt. Aber auch sie erfüllten nicht die in sie gesetzten Erwartungen. Die ungenügende Durchschlagsleistung und das zu hohe Gewicht führten dazu, daß diese Maschinengewehre bald von der Panzerabwehr zur Fliegerabwehr überwechselten, wo sie zum Teil noch heute Verwendung finden.

Noch eine weitere deutsche Entwicklung des Ersten Weltkrieges sollte seine Fortsetzung finden, die *kleinkalibrige Maschinenkanone.* Die ursprünglich als Fliegerabwehrkanone bzw. Flugzeugkanone entwickelten 20 mm Kanonen von Ehrhardt und Becker wurden nach Versuchen für die Tankabwehr hergerichtet. Sie wurden hierzu auf Dreibeinlafetten gesetzt. Von den insgesamt 900 bestellten Waffen sind noch 200 an die Front gelangt. Auch hier wurden ähnliche Maschinenkanonen von anderen Ländern in den zwanziger Jahren erprobt und teilweise eingeführt. Obwohl auf kurze Entfernungen Durchschlagsleistungen bis 40 mm erzielt wurden, stellten auch sie keinen ernstzunehmenden Gegner für die Panzerkampfwagen der folgenden Jahre dar. Ihr Gewicht machte sie für den Einsatz in der vordersten Linie zu unhandlich und ihre Größe verhinderte einen entsprechenden Einsatz. Sie lebten jedoch fort in der leichten Fliegerabwehrkanone, die im Zweiten Weltkrieg sekundär gegen leichtgepanzerte Fahrzeuge Verwendung fand.

Die *Feldkanone* war auf deutscher Seite im Ersten Weltkrieg die brauchbarste und erfolgreichste Panzerabwehrwaffe gewesen. Sie allein war imstande, auch auf größere Entfernungen die feindlichen Tanks zu

Typisch für den ersten Teil der Zwischenkriegszeit war der Versuch, die Panzerabwehr mittels kleinkalibriger Maschinenkanonen zu lösen. Das Bild zeigt die 20 mm Maschinenkanone der niederländischen Firma H. I. H.

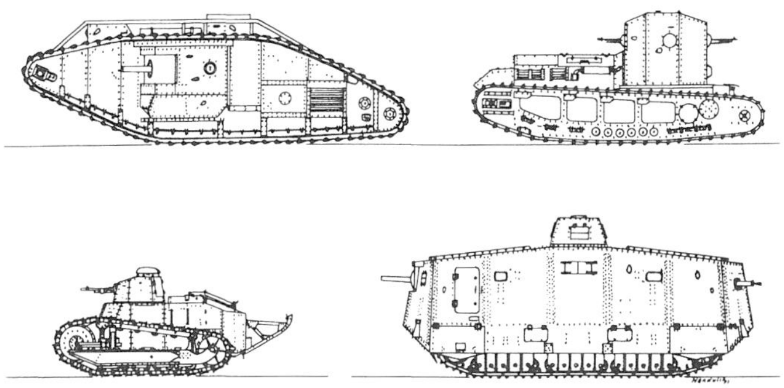

Tabelle 1:

Panzerstärke der Tanks 1916–1918

Herstellerland	Großbritannien	Großbritannien	Frankreich	Deutsches Reich
Typ	Tank, Mark V	Tank, Medium, Mark A	Renault F. T.	A7V
Front mm	16	14	16	30
Seite mm	12	9	8	20

Tanks des Ersten Weltkrieges. Oben links der britische Mark V, rechts der britische Medium Mark A; unten links der französische Renault F. T. und rechts der deutsche A7V.

bekämpfen. Allerdings mußte sie zu diesem Zweck, meist in der Form von Einzelgeschützen, aus der normalen Artilleriestellung nach vorne gezogen werden, um ein entsprechendes Schußfeld zu besitzen. Mit ihrer Panzergranate konnte sie selbst auf Entfernungen von über 2000 m durch einen Volltreffer jeden Tank zerstören. Die meisten Abschüsse in den Kämpfen von 1916/1918 gingen daher auf ihr Konto. Leider verleitete dies zu der Annahme, daß auch in Hinkunft mit der Feldkanone ein entsprechender Schutz gegen den Panzerfeind gegeben sei. Man hatte hier die technische Entwicklung unterschätzt. Es darf nicht vergessen werden, daß die Höchstgeschwindigkeit der Tanks des Ersten Weltkrieges nur etwa 6 bis 9 km/h betrug. Hierfür reichte der geringe Seitenrichtbereich der Feldkanone mit Kastenlafette aus. Durch die spätere Steigerung der Höchstgeschwindigkeit der Panzerkampfwagen auf vorerst 20 bis 30, bis zum Beginn des Zweiten Weltkrieges auf über 40 km/h, reichte ein Seitenrichtbereich von nur 4° bis 8° nicht mehr aus. Hinzu kam, daß das Gewicht der Feldkanone von über 1000 kg die Beweglichkeit der Waffe auf dem Gefechtsfeld stark einschränkte. Schließlich darf nicht vergessen werden, daß auch die Größe des Geschützes von Nachteil war. Die Tarnung stellte ein großes Problem dar. Der Gegner hatte schließlich bald gelernt, wer der größte Feind seiner Tanks war, und versuchte diesen vor dem Panzerangriff durch seine eigene Artillerie niederzukämpfen. Trotzdem ist bis heute die Artillerie aus der Reihe der Panzerabwehrwaffen nicht wegzudenken. Besonders die Rote Armee war ein Meister im Einsatz ihrer Feldkanonen gegen die deutschen Panzer. Noch immer stellen die sowjetischen Feldkanonen als Mehrzweckwaffen einen der Kernpunkte im Panzerabwehrplan dar.

Auf seiten der Panzer waren die zwanziger Jahre durch laufende Verbesserungen gekennzeichnet. Vor allem die Erhöhung der Geschwindigkeit und der mechanischen Zuverlässigkeit ist hier anzuführen. Hingegen blieb die Panzerstärke nahezu unverändert. Dieser Umstand wurde durch mehrere Faktoren noch verstärkt. Einerseits ging man von den großen unbeweglichen Tanks des Ersten Weltkrieges zu kleineren, beweglicheren Panzern über. Man glaubte, durch die Masse allein den Erfolg erzwingen zu können. Dies führte zur Entwicklung von Kleinpanzern, die bei einer Besatzung von zwei Mann meist nur mit einem Maschinengewehr bewaffnet waren. Damit sollte gleichzeitig die Wirkung der Artillerie vermindert werden, in dem

Eine der wenigen in den dreißiger Jahren eingeführten Feldkanonen war die sowjetische 76 mm Divisions-Kanone 36. Von der Deutschen Wehrmacht im Zweiten Weltkrieg erbeutete Geschütze wurden zu Panzerabwehrkanonen umgebaut.

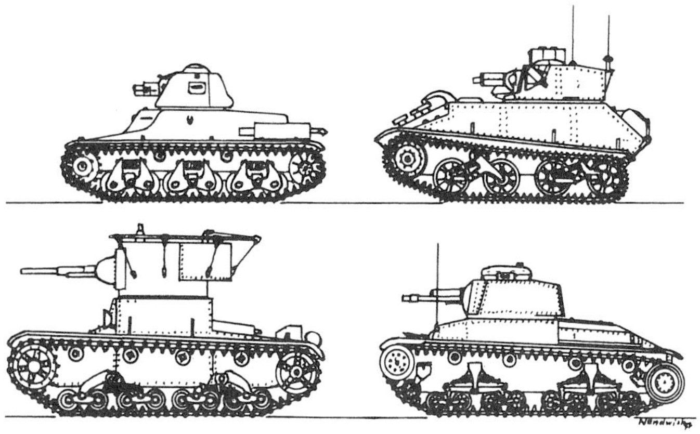

Tabelle 2:
Panzerstärke der Kampfpanzer 1930–1935

Herstellerland		Frankreich	Großbritannien	Sowjetunion	Tschechoslowakei
Typ		H 35	Tank, Light, Mk. IV	T-26 A/B	LT-35
Wanne					
Front	mm	22–34	12	15	25
Seite	mm	34	12	15	16
Turm					
Front	mm	45	15	15	25
Seite	mm	40	12	15	16

Kampfpanzer 1930–1935. Oben links der französische H 35, rechts der britische leichte Mk. IV; unten links der sowjetische T 26A/B und rechts der tschechoslowakische LT 35.

eine große Zahl kleiner und damit schwer zu treffender Ziele geschaffen wurde. Durch die erhöhte Geschwindigkeit sollte auch der Richtvorgang der unbeweglichen Geschütze erschwert werden. So beherrschten für nahezu zehn Jahre diese »Tanketts« das Panzerbild. Einige wenige schwere »Durchbruchswagen« mit starker Panzerung und Kanonenbewaffnung sollten vor allem Sonderaufgaben dienen.

Zu Beginn der dreißiger Jahre setzte allmählich ein gewisser Umschwung ein. Langsam wurde der nur mit Maschinengewehren bewaffnete Kleinpanzer durch größere Typen mit Kanonenbewaffnung ersetzt. Damit sollte er befähigt werden, gegen seine Artgenossen zu wirken. Vor allem die Sowjetunion war hier richtungsweisend. Sie baute als erstes Land in großer Zahl schnelle Panzerkampfwagen mit Panzerkanonen großer Rohrlänge. Demgegenüber hielt Großbritannien lange an seinen nur mit Maschinengewehren bestückten leichten Panzern fest. Frankreich bezog eine Sonderstellung, indem es zwei verschiedene Bauarten entwickelte. Für die Kavallerie als Aufklärungsfahrzeuge wurden schnelle, leichtgepanzerte Fahrzeuge gefertigt, für die Infanterieunterstützung langsame, aber dafür besser gepanzerte Fahrzeuge. Beiden war lange Zeit gemeinsam, daß sie meist nur kurzläufige Panzerkanonen in ihren Drehtürmen besaßen.

Erst um die Mitte der dreißiger Jahre setzte auch in den anderen Ländern die Entwicklung von Panzerkampfwagen mit einer wirkungsvollen Kanonenbewaffnung ein. Noch immer blieb jedoch eine verhältnismäßig dünne Panzerung vorherrschend. Der Beweglichkeit wurde der Vorrang gegeben. Zum Teil begründet sich diese Bauform auf den zu diesem Zeitpunkt vorhandenen Panzerabwehrwaffen. Diese setzten sich vorwiegend aus den bereits angeführten großkalibrigen Maschinengewehren und den Feldkanonen zusammen. Gegen erstere reichte die vorhandene Panzerung aus, gegen letztere sollte die Geschwindigkeit schützen. Nur die französischen Panzer für die Infanterieunterstützung wiesen stärkere Panzerungen auf, wie die Tabelle 2 zeigt. Die Panzerabwehrkanonen befanden sich zum Teil noch in Entwicklung oder gerade im Stadium der Einführung. Daher waren sie für die Konzeption der Panzer noch gar nicht richtig in Betracht gezogen worden.

Die zweite Hälfte der dreißiger Jahre kann als der vielleicht einzige Zeitabschnitt bezeichnet werden, in dem die Panzerabwehr den Panzern überlegen war. Die Großmächte führten nunmehr in großer Zahl leichte Panzerabwehrkanonen ein. Die kleineren Staaten folgten entsprechend ihren finanziellen Mitteln. Diese Waffen hatten allgemein ein Kaliber zwischen 37 und 47 mm und durchschlugen auf eine Entfernung von 500 m um 40 mm Panzerung. Demgegenüber war der Panzerschutz der Kampfwagen kaum stärker als in den Jahren vorher. Dies zeigt am besten die Tabelle 3. Durch den Einsatz einer großen Anzahl von leichten Panzerabwehrkanonen – eine deutsche Infanterie-Division besaß

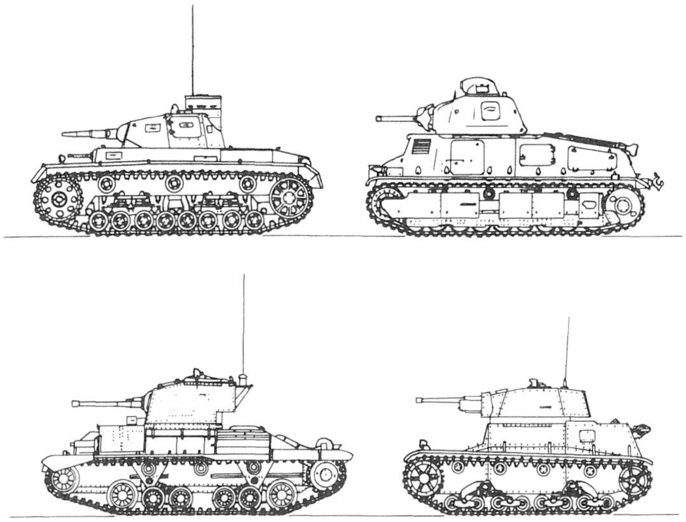

Tabelle 3:

Panzerstärke der Kampfpanzer 1939

Herstellerland	Deutsches Reich	Frankreich	Großbritannien	Polen	Sowjetunion
Typ	PzKpfw III B	Somua S-35	Tank, Cruiser, Mark I (A 9)	7 TP	BT-7
Wanne					
Front mm	14,5	35	10–14	17	22
Seite mm	14,5	40	16	13	13
Turm					
Front mm	14,5	55	16,5	13	15
Seite mm	14,5	45	15	10	15

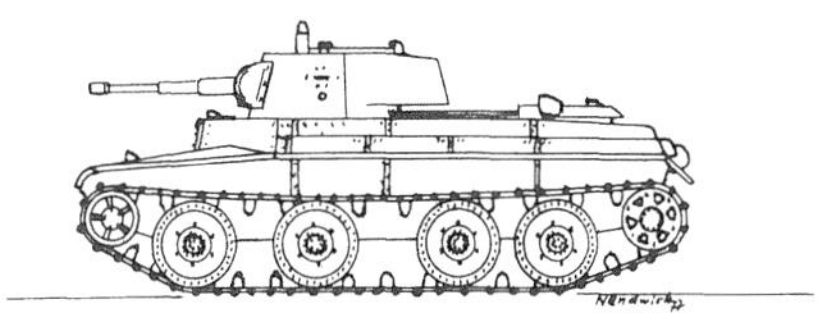

Kampfpanzer 1939. Oben links der deutsche PzKpfw IIIB, rechts der französische Somua S 35; Mitte links der britische Cruiser Mark I, rechts der polnische 7 TP und unten der sowjetische BT 7.

deren 75 Stück – glaubte man der Panzergefahr wirksam begegnen zu können. Der spanische Bürgerkrieg schien diese Ansicht zu untermauern. Man vergaß jedoch dabei, daß in diesem Konflikt nur eine beschränkte Zahl von Panzern zum Einsatz kam.

Mit diesen 1935 bis 1939 eingeführten Panzerabwehrwaffen traten die Armeen in den Zweiten Weltkrieg ein. Die ersten Feldzüge schienen die bisherigen Ansichten zu bestätigen: Die Panzerabwehrkanonen erfüllten die ihnen gestellten Aufgaben. Lediglich die Panzerbüchsen erwiesen sich bereits zu diesem Zeitpunkt als von zweifelhaftem Wert. Eine erste Warnung hätte jedoch der Einsatz stärker gepanzerter französischer Kampfwagen sein müssen. Gegen sie erwiesen sich die deutschen Panzerabwehrkanonen vielfach als wirkungslos. Nur die später berühmt gewordene deutsche 8,8 cm Fliegerabwehrkanone war gegen sie erfolgreich.

Die große Wende brachte der Rußlandfeldzug durch das Auftreten des sowjetischen T-34. Die deutsche Panzerabwehr stand ihm praktisch hilflos gegenüber. Als einziges Land hatte die Sowjetunion, aufbauend auf den Erfahrungen in Spanien, bereits 1937 den ersten stark gepanzerten Kampfwagen geschaffen, der auf alle Entfernungen gegen die Geschosse der 37 mm Panzerabwehrkanonen und auf Entfernungen von mehr als 1000 m auch gegen Geschosse des Kalibers 76 mm immun war. Damit war der Übergang vom bisherigen »kugelsicheren« Panzer zum »granatensicheren« Pan-

Schwere Fliegerabwehrkanonen wurden immer wieder zur Panzerabwehr herangezogen. Hier eine tschechoslowakische Bedienungsmannschaft an der sowjetischen 85 mm Fliegerabwehrkanone 44.

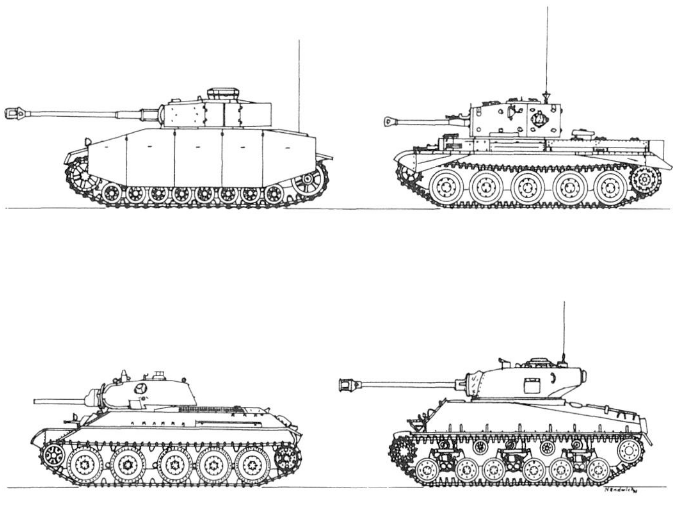

Tabelle 4:

Stärke und Neigung der Panzerung mittlerer Kampfpanzer 1942/43

Herstellerland		Deutsches Reich	Großbritannien	Sowjetunion	Vereinigte Staaten
Typ		PzKpfw IV H	Tank, Cruiser, »Cromwell«, Mark IV	T-34/76 A	Tank, Medium, M-4A3 »Sherman«
Wanne					
Bug	mm/°	85/78	57/75	45/30	64/gewölbt
Fahrerfront	mm/°	85/80	63/90	45/30	64/43
Seite	mm/°	30/90	32/90	45/50–90	38/90
Turm					
Front	mm/°	50/79	76/88	65/gewölbt	65/.
Seite	mm/°	30/64	63/90	45/60	65/.

Kampfpanzer 1942/43. Oben links der deutsche PzKpfw IVH, rechts der britische »Cromwell« Mark IV; unten links der sowjetische T-34/76A und rechts der amerikanische »Sherman« M-4A3.

zer erfolgt. Durch die Schrägstellung der Panzerplatten wurde die Wirkung der ohnehin verstärkten Panzerung noch vergrößert. Abermals erwies sich auf deutscher Seite die 8,8 cm Fliegerabwehrkanone als letzter Retter in der Not.

An dieser Stelle sei vermerkt, daß schon in den Abwehrkämpfen des Ersten Weltkrieges die deutsche FlAK vielfach zur Panzerbekämpfung eingesetzt wurde. Sie war dazu durch ihre hohe Anfangsgeschwindigkeit und damit rasante Flugbahn bestens geeignet. Außerdem besaß sie den Vorteil eines unbeschränkten Seitenrichtfeldes, ebenfalls einen Wunschtraum der Panzerabwehr. Bis zum Ende des Zweiten Weltkrieges war die 8,8 cm FlAK immer wieder eine der Stützen des deutschen Heeres gegen die feindlichen Panzer. Die ersten Erfahrungen auf diesem Gebiet waren bereits in Spanien gesammelt worden. Vor allem die britische Armee blickte immer wieder mit Neid auf dieses Geschütz. Dies zeigte sich vor allem bei den Kämpfen auf dem nordafrikanischen Kriegsschauplatz. Die vorhandenen Panzerabwehrwaffen zeitigten nicht genügend Wirkung und waren auch nicht in der erforderlichen Anzahl vorhanden. Großbritannien besaß zwar in seiner 94 mm-FlAK eine ähnliche Waffe. Sie war jedoch nicht in ausreichender Zahl vorhanden und hatte auch keinen hinreichenden negativen Höhenrichtbereich für diese Aufgabe.

Nunmehr hatte der Wettlauf zwischen der Panzerung und den Panzerabwehrwaffen in vollem Umfang eingesetzt. Die Zeit bis zum Ende des Zweiten Weltkrieges war gekennzeichnet von dieser Entwicklung. Die Frontpanzerungen stiegen schließlich bis auf 250 mm an. Dem standen Panzerabwehrwaffen mit Kalibern bis 128 mm gegenüber. Damit hatte aber die Panzerabwehrkanone endgültig die früher geforderte Beweglichkeit verloren. Mit dem Mannschaftszug konnte sie nicht mehr bewegt werden. Ohne Zugmaschine war sie verloren. Den besten Überblick über die Panzerstärken dieses Zeitraumes geben wohl die Tabellen 4 und 5.

Das Problem, die Panzerabwehrkanone wieder beweglicher zu machen, wurde vordringlich. Die Idee, die Kanone als *Selbstfahrlafette* auszubilden, war nicht neu. Schon im Ersten Weltkrieg wurden Feldkanonen und Behelfs-Panzerabwehrkanonen auf Lastkraftwagen aufgebaut, um ihnen so die Möglichkeit zu geben, eine aktive Panzerabwehr durchzuführen. Mit den gezogenen Kanonen konnte immer nur eine Abwehrfront oder eine Lauerstellung bezogen werden. Erst die Form der Selbstfahrlafette ermöglichte eine rasche Verschiebung. Nur so konnte einem Angreifer in kurzer

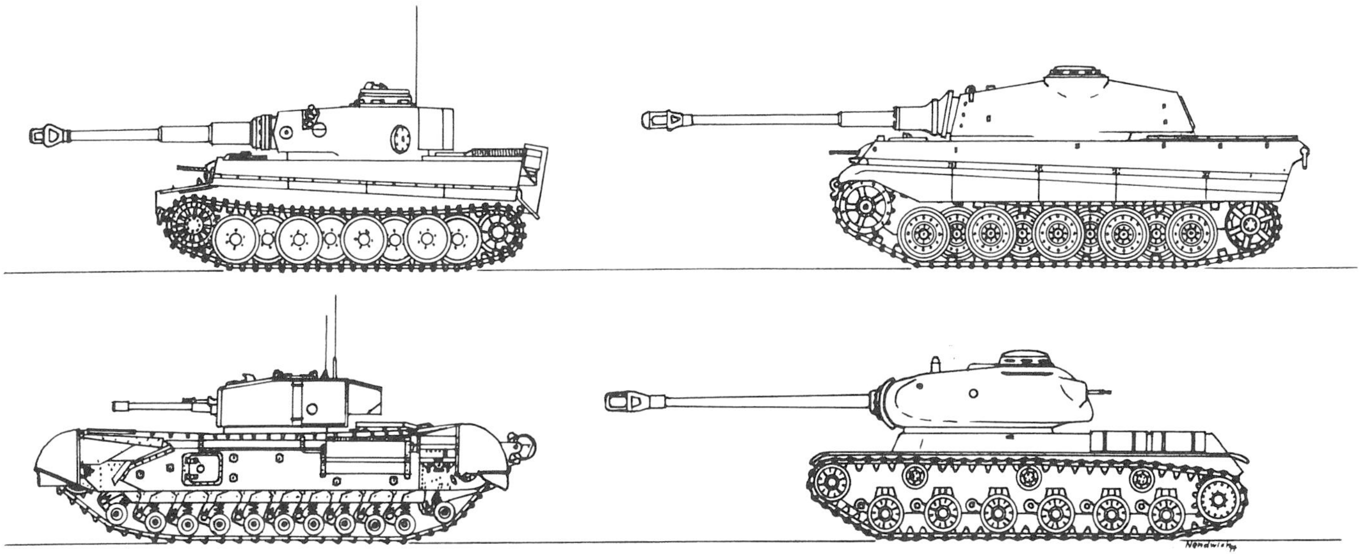

Schwere Kampfpanzer 1942–1945. In der oberen Reihe die deutschen PzKpfw VI »Tiger I« und »Tiger II«, in der unteren Reihe der britische Infanteriepanzer »Churchill III« und der sowjetische »Josef Stalin« JS-1B.

Tabelle 5: **Stärke und Neigung der Panzerung schwerer Kampfpanzer 1942–1945**

Herstellerland		Deutsches Reich	Deutsches Reich	Großbritannien	Sowjetunion
Typ		PzKpfw VI »Tiger I«	PzKpfw VI »Tiger II«	Tank, Infantry, »Churchill III«	»Josef Stalin« JS-1B
Wanne					
Bug	mm/°	100/65	100/40	88/70	95/60
Fahrerfront	mm/°	100/81	150/40	88/90	75–105/16–60
Seite	mm/°	80/90	80/65	76/90	90–95/60–90
Turm					
Front	mm/°	100/80	180/80	89/90	100/gewölbt
Seite	mm/°	80/90	80/70	76/90	95/70

Zeit ein Riegel vorgelegt werden. Auch in der Zeit vor dem Zweiten Weltkrieg waren bereits Versuche in dieser Richtung unternommen worden. Sie blieben jedoch meist im Entwurf oder im Stadium des Prototyps stecken. In großer Stückzahl sind sie nie zur Truppe gelangt. Man muß auch berücksichtigen, daß dieser Typ seine Nachteile besaß. Bereits an anderer Stelle wurde darauf hingewiesen, daß vor und während des Panzerangriffs die eigene Artillerie versucht, die gegnerische Panzerabwehr auszuschalten. Die ungepanzerte Selbstfahrlafette mit ihrem hohen Aufzug bot ein zu großes Ziel. Schon durch Splitter konnte das Fahrzeug so beschädigt werden, daß es ausfiel. Damit war aber auch die Waffe verloren.

Die logische Weiterentwicklung führte zur *gepanzerten Selbstfahrlafette.* Entsprechende Vorarbeiten hatten schon in den zwanziger Jahren begonnen. Trotzdem blieb es einem kleineren Staat, nämlich Belgien, vorbehalten mit serienmäßig gebauten Panzerabwehr-Selbstfahrlafetten in den Zweiten Weltkrieg einzutreten. Während des Krieges selbst wurden zahlreiche derartige Fahrzeuge gefertigt. Teilweise handelte es sich um Improvisationen durch Feldwerkstätten, teilweise um echte Neukonstruktionen. Die Basis bildeten in den meisten Fällen veraltete oder auch erbeutete Kampfpanzer. Dadurch, daß die Waffe in einen meist oben und rückwärts offenen Kampfraum gesetzt wurde, war es möglich, eine wesentlich schwerere Kanone aufzubauen, als sie der ursprüngliche Panzer besessen hatte. Besonders die deutsche und die sowjetische Armee machten von solchen gepanzerten Selbstfahrlafetten ausgiebig Gebrauch. Die britische Armee setzte derartige Fahrzeuge vor allem in Nord-Afrika ein. Zum Unterschied von den beiden erstgenannten Staaten

Die Deutsche Wehrmacht verwendete im Zweiten Weltkrieg zahlreiche gepanzerte Selbstfahrlafetten. Das Bild zeigt die tschechoslowakische 47 mm Panzerabwehrkanone M 38 auf dem Fahrgestell des deutschen PzKpfw I.

wurden hier weniger Kettenfahrgestelle als Radfahrgestelle verwendet. Abgesehen von überpanzerten Lastkraftwagen, die Firmenentwicklungen darstellten, wurden zahlreiche Fahrgestelle von Radspähpanzern durch Aufsetzen von Panzerabwehrkanonen zu Panzerjägern umgewandelt. Natürlich konnten diese Selbstfahrlafetten den Feindpanzern nicht im offenen Gelände entgegentreten. Die Panzerung war dazu zu schwach.

Der deutsche Jagdpanzer »Hetzer« kam ab 1944 zum Einsatz. Bei ihm wurde das Fahrgestell des tschechoslowakischen Panzers 38 verwendet.

Zwangsläufig führte nun der Wunsch, den Feindpanzer auch im offenen Gelände bekämpfen zu können, zum *Jagdpanzer*. Er wies im Vergleich zum Kampfpanzer die gleiche Beweglichkeit auf dem Gefechtsfeld auf, war ihm aber in der Bewaffnung und teilweise auch in der Panzerung überlegen. Letzteres vor allem beim Jagdpanzer in Sturmgeschützform, bei dem die Waffe in der Front mit beschränktem Seitenrichtbereich eingebaut war. Durch den Wegfall des Drehturmes wurde es möglich, eine Waffe vorzusehen, die meist um ein Kaliber größer war. Die beiden Staaten, die diese Bauart bevorzugten, das Deutsche Reich und die Sowjetunion, bieten hier die besten Beispiele. Während der deutsche »Panther« eine 7,5 cm Panzerkanone L/70 trug, war der auf dem gleichen Fahrgestell laufende »Jagdpanther« mit einer 8,8 cm L/71 bewaffnet. Dem sowjetischen T-34 mit seiner 75 mm L/30 bzw. L/41 entsprach der SU-85 mit seiner 85 mm L/53, dem T-34/85 mit seiner 85 mm L/51 der SU-100 mit der 100 mm L/54.
Eine vollkommen anders geartete Linie schlugen die Vereinigten Staaten ein. Bei ihnen hatte der Jagdpanzer nie die Bedeutung wie in den beiden oben angeführten Staaten erreicht. Dank ihrer hohen Fertigungszahlen an Kampfpanzern hatte dieser die Bekämpfung der Feindpanzer zu übernehmen. Die wenigen tatsächlich gebauten Jagdpanzer waren mit Drehtürmen versehen. Durch Verringerung der Panzerstärke wurde es möglich, anstelle einer 75 mm L/40 eine 90 mm L/50 einzubauen. Nach dem Ende des Zweiten Weltkrieges verloren die Jagdpanzer mit Kanonenbewaffnung weitgehend ihre Bedeutung. Die Verstärkung der Geschützbewaffnung der Kampfpanzer hatte den Vorteil des Jagdpanzers überholt. Kanonenjagdpanzer in Sturmgeschützform hat seither nur die Bundesrepublik Deutschland gefertigt. Einen anderen Weg wählte Frankreich. Durch die Entwicklung einer »Oszillations«-Lafette, bei der die Kanone im Oberteil des Turmes fest eingebaut ist, gelang es, eine Waffe die in ihrer Leistung der des deutschen »Panther« entspricht, in ein Fahrzeug von nur 14,5 t unterzubringen. Österreich folgte mit seinem Jagdpanzer »Kürassier« diesem Vorbild. Auch Schweden führte vor kurzem einen Jagdpanzer mit Drehturm ein. Die beiden sowjetischen Nachkriegsentwicklungen müssen als Sonderentwicklungen gewertet werden.

Beide sind ausschließlich für die Verwendung im Rahmen von Luftlandeverbänden vorgesehen, wobei der ASU-57 eher als Selbstfahrlafette zu werten ist. Zwei leichte Jagdpanzer, die mit rückstoßlosen Geschützen bewaffnet wurden, der japanische SS-4 und der amerikanische M-50 »Ontos«, sind eher als Infanterieunterstützungsfahrzeuge einzustufen.
Die Unbeweglichkeit der großkalibrigen Panzerabwehrkanonen zwang zur Suche nach neuen Wegen. Zwei davon wurden im Zweiten Weltkrieg beschritten. Einer davon ist der des *Hoch-Niederdruck-Systems.* Dabei werden flügelstabilisierte Hohlladungsgeschosse aus glatten Rohren verschossen. Die Kartuschhülse ist nach vorne durch eine Platte mit Düsen abgeschlossen. Nach der Zündung der Treibladung baut sich in der Kartusche ein hoher Druck auf, der durch die Düsen zu einem Niederdruck im Rohr abgesenkt wird. Damit können verhältnismäßig leichte Rohre und Geschütze gebaut werden. Das Deutsche Reich hatte diese Entwicklung eingeleitet. Nach dem Zweiten Weltkrieg wurde diese Bauart nur von der Schweiz für Panzerabwehrkanonen weiterentwickelt.
Der zweite Weg ist der des *rückstoßlosen Geschützes.* Eine solche Waffe war schon lange der Traum der Konstrukteure. Nur so konnte die aufwendige und schwere Lafette vermieden werden. Die ersten derartigen Waffen wurden im Ersten Weltkrieg als Flugzeugkanonen gebaut. Dabei wurde in entgegengesetzter Richtung zum Geschoß ein gleich schwerer Körper ausgestoßen. Damit wurde das Prinzip von Aktion und Reaktion erfüllt und die Waffenlagerung von Rückstoßkräften befreit. Knapp vor Beginn des Zweiten Weltkrieges griffen das Deutsche Reich und die Sowjetunion diese Idee wieder auf. Die Bauart wurde jedoch dahingehend abgeändert, daß die geringe Masse der mit hoher Geschwindigkeit nach rückwärts ausströmenden Gase den Impuls des das Rohr nach vorne verlassenden Geschosses aufheben. Während das sowjetische Modell bald verschwand, gelangten die entsprechenden deutschen Waffen in größerem Umfang als Unterstützungswaffen der Fallschirmjäger zum Einsatz. Sie waren jedoch nicht als Panzerabwehrwaffen, sondern als Artilleriewaffen gedacht. Erst gegen Ende des Krieges wurden Prototypen zur Panzerbekämpfung entwickelt. Der deutsche Einsatz auf Kreta förderte die

Im Gegensatz zum Deutschen Reich und der Sowjetunion verwendete die amerikanische Armee Jagdpanzer mit einem Drehturm. Als Beispiel der M-10 mit einer 76 mm Kanone und dem Laufwerk der »Sherman«-Baureihe.

Arbeiten in Großbritannien. Die Kaliber reichten hier von 88 bis 203 mm. Die Mehrzahl war als Feldgeschütz vorgesehen, zwei davon aber auch als Panzerabwehrgeschütze. Wenn sie auch nicht über das Stadium des Truppenversuches hinausgelangten, bildeten sie doch die Grundlage für die Nachkriegsentwicklung, wo sie seit 1954 zur Ausstattung der Panzerabwehr des britischen Heeres gehören. In den Vereinigten Staaten entstanden die ersten Prototypen in Anlehnung an deutsche Beutestücke. Bald ging man jedoch an die Entwicklung leichter Infanteriewaffen für die Panzerabwehr, die in ihrer derzeitigen Form die Standardausstat-

Ab 1954 stellte die 120 mm BAT die Standardpanzerabwehrwaffe der britischen Armee dar. Auch die meisten anderen Staaten setzten um diese Zeit rückstoßlose Geschütze für diese Aufgabe ein.

tung nahezu aller westlichen Armeen bilden. Eine ähnliche weite Verbreitung im Osten erlangten die sowjetischen Nachkriegsentwicklungen.

Die rückstoßfreien Panzerabwehrkanonen haben nicht alle Erwartungen erfüllt, die ursprünglich in sie gesetzt wurden. Nachteilig wirkt sich vor allem der Feuerstrahl aus, der beim Abschuß hinter dem Geschütz entsteht. Er verrät die Stellung und zwingt zum raschen Stellungswechsel. Auch als Selbstfahrlafette auf einem leichten Lastkraftwagen ist dieses Geschütz nur begrenzt verwendbar. Die Bedienung und das Fahrzeug sind der feindlichen Waffenwirkung zu stark ausgesetzt. Zur Hauptwaffe der Panzerabwehr kann sich die rückstoßfreie Panzerabwehrkanone auch in Zukunft nicht entwickeln. In Verbindung mit anderen Waffen wird sie jedoch ihren Platz behaupten.

Die gesamte bisher beschriebene Entwicklung zeigt jedoch immer wieder das gleiche Bild. Die Waffen wurden schwerer und schwerer, sie waren letztlich keine Panzerabwehrwaffe der Infanterie mehr. Von einem Begleiten der Infanterieeinheiten durch ihre Panzerabwehrwaffen konnte nicht mehr die Rede sein. Wie bereits im Ersten Weltkrieg wurde wieder an den Heldenmut des einzelnen Soldaten appelliert, in der Stellung auszuharren und den feindlichen Panzern mit allen ihm zur Verfügung stehenden Waffen zu begegnen. Besonders im Deutschen Reich und in der Sowjetunion wurden dann solche Helden gefeiert. Welche Mittel standen nun wirklich zur Verfügung? Genau besehen nur sehr wenige, und diese zum Einsatz zu bringen, entsprach einem Todeskommando. Auf deutscher Seite war es wie im Ersten Weltkrieg die geballte Ladung, ein Bündel von Stielhandgranaten, die vor die Ketten des Panzers geworfen wurde und die Hafthohlladung. Letztere mußte vom Soldaten direkt am Panzer angebracht werden, wo sie durch Magnete an der Stahlwand festhielt. Welchen Mut und Geschick es erforderte, um an einen fahrenden Panzer derart heranzukommen, kann man sich leicht vorstellen. Noch primitiver war zum Teil die sowjetische Methode. Der »Molotow-Cocktail«, eine mit brennbarer Flüssigkeit gefüllte Flasche samt einem einfachen Zünder, sollte vor allem auf die Motorabdeckung des Panzers geworfen werden und durch die Öffnungen in den Motorraum gelangen, um so den Panzer außer Gefecht zu setzen.

Ebenfalls keine grundlegende Besserung der Situation konnte durch die *Hohlladungs-Gewehrgranate* erreicht werden. Bei der Deutschen Wehrmacht kam sie ab 1942 zum Einsatz. Mittels eines Schießbechers, der auf das Gewehr aufgesetzt wurde, wurde sie auf Entfernungen bis maximal 75 m verfeuert. Obwohl sie Panzerungen von mehr als 80 mm Stärke durchschlug, war ihre Wirkung im Panzer zufolge des geringen Gewichtes von 0,38 kg nur dann von Bedeutung, wenn der Feuerstrahl lebenswichtige Teile traf. Ähnliche Gewehrgranaten wurden von den meisten kriegführenden Staaten verwendet. Eine sowjetische Eigenheit war die *Hohlladungs-Handgranate*. Ihre Wirkung entsprach etwa der der Gewehrgranate.

Einen Umschwung brachte erst das Jahr 1942 mit sich. Die einschlägige Entwicklung ist so kurios, daß sie hier näher beschrieben werden soll. Ein einzelner Amerikaner hatte seit den dreißiger Jahren auf eigene Kosten mit Raketen experimentiert. Ein junger Schweizer machte 1940 das Ordnance Corps auf die Hohlladung aufmerksam. Daraufhin wurde eine Art Gewehrgranate im Gewicht von rund 1,3 kg entwickelt. Die Durchschlagsleistung beeindruckte derart, daß unverzüglich Tausende dieser Granaten bestellt wurden. Erst dann stellte man fest, daß der Rückstoß beim Abfeuern so stark war, daß ein Schießen von der Schulter unmöglich war, beim Abstützen am Boden die Gewehrschäfte brachen und bei der Benützung von Maschinengewehren die Lafetten beschädigt wurden. Die Entwicklung eines geschützähnlichen Gerätes erwies sich wegen des zu hohen Gewichtes und des Rückstoßes als undurchführbar. Nunmehr fügte man an das Geschoß einen kleinen Raketenmotor hinzu. Als Starter sollte das aufgepflanzte Bajonett dienen. Daneben suchte man nach weiteren Möglichkeiten. Der clevere Amerikaner fügte nun an das Geschoß seinen eigenen Raketenmotor hinzu, baute mit Hilfe zweier Freunde ein einfaches Abschußrohr und wartete auf seine Chance. Diese kam, als auf einem Versuchsgelände andere Waffen für die Granate vorgeführt wurden. Unbemerkt stellte er sich an das Ende der Reihe. Seine beiden ersten Schüsse waren Treffer. Als die anwesenden Offiziere mit den restlichen vorhandenen, in Heimarbeit gefertigten, Geschossen ähnliche Erfolge erzielten, war die neue Waffe geboren. Bereits am 19. Mai 1942

Die deutsche 8,8 cm Raketen-Panzerbüchse 44, besser bekannt unter dem Namen »Panzerschreck«.

erteilte die amerikanische Armee einer Firma den Auftrag zur Fertigung von 5000 *»Bazookas«*, die innerhalb von 30 Tagen geliefert werden mußten. Die meisten Waffen der ersten Serie wurden direkt von der Fabrik auf die Transportschiffe gebracht, mit denen die amerikanischen Truppen zur Landung in Nordafrika befördert wurden.
Auch die deutsche Industrie arbeitete seit Anfang 1943 an *Raketenwaffen für die Panzerbekämpfung.* Durch die Erbeutung der amerikanischen Bazookas erhielt diese Entwicklung neue Impulse. Bereits im Herbst 1943 wurde die 8,8 cm Raketen-Panzerbüchse 44, besser bekannt unter den Namen »Panzerschreck« oder »Ofenrohr«, an die Truppe ausgegeben. Mit diesen Waffen hatte erstmals seit langem die Infanterie wieder eine ihr gehörige wirksame Panzerabwehrwaffe erhalten. Mit Einsatzschußweiten von 200 m und Durchschlagsleistungen von etwa 150 mm konnten selbst schwere Panzer mit Erfolg bekämpft werden.
Derartige Raketen-Panzerabwehrwaffen wurden auch nach dem Kriegsende systematisch weiterentwickelt. Man konzentrierte sich dabei vor allem auf die Erhöhung der Einsatzschußweite und der Panzerdurchschlagsleistung. Bei den neuesten Entwicklungen liegen diese Werte bei etwa 400 m bzw. 400 mm. Welche Verbreitung diese Waffen erfuhren, zeigt am besten die amerikanische Infanteriedivision des Jahres 1956, die nicht weniger als 569 solcher Panzerabwehrrohre besaß. Natürlich sind auch diese Waffen keine Universallösung. Sie können nur dem Infanteristen zur Eigenverteidigung dienen. Den falschen Einsatz zeigt hingegen die deutsche Volksgrenadier-Division 1944. Im Grenadier-Regiment besaß sie an Stelle einer Panzerjäger-Kompanie – 1940 war die Panzerabwehrtruppe in Panzerjägertruppe umbenannt worden – eine Panzer-Zerstörer-Kompanie mit insgesamt 72 Raketen-Panzerbüchsen.
Parallel zu den bisher beschriebenen Waffen zur Panzernahbekämpfung, die zwei Mann zu ihrer Bedienung erforderten, lief im Deutschen Reich die Fertigung einer Ein-Mann-Waffe an. Ab Sommer 1944 kam sie als »Panzerfaust« an die Front. Es handelte sich um eine auf dem Prinzip des rückstoßlosen Geschützes arbeitende Nahbekämpfungswaffe. Das Geschoß war auf ein Rohr aufgesteckt, das nach dem Schuß weggeworfen wurde. Je nach dem Modell betrug die Einsatzschußweite 30 oder 60 m, die Durchschlagsleistung 140 oder 200 mm. Auch diese Waffenart wurde nach dem Kriege weiterentwickelt, wobei sowohl die Schußweite als auch die Durchschlagsleistung ständig erhöht wurden.
Die letzte Entwicklung auf dem Gebiet der Panzernahbekämpfungswaffen sind leichte rückstoßlose Geschütze. Sie werden von der Schulter aus abgefeuert. Am bekanntesten ist wohl die schwedische »Carl Gustav«, die bei zahlreichen Staaten in Verwendung steht. Bei einem Kaliber von 84 mm besitzt sie in ihrer neuesten Form eine Einsatzschußweite von 500 m und durchschlägt 400 mm Stahl.
Die Ziele der Panzerabwehr befinden sich meist in Bewegung. Selbst bei kurzen Geschoßflugzeiten können sie daher Strecken zurücklegen, die den Richtvorgang der Abwehrwaffe erheblich erschweren. Die Wahl des richtigen Vorhaltemaßes, die von der Geschwindigkeit des Panzers und seiner Entfernung abhängen, sind daher die Grundlage für das Erzielen eines Treffers. Ein Geschoß mit Fernlenkung war daher von Anfang an ein erstrebenswertes Ziel. Da das Problem mit einer Granate nicht lösbar war, kam hierfür nur ein *Flugkörper mit Raketenantrieb* in Frage. Die Schaffung eines solchen Flugkörpers war jedoch erst durch die Fortschritte in

der Raketentechnik während des Zweiten Weltkrieges möglich. Diese Voraussetzung und die Erfordernisse des Abwehrkampfes der zweiten Kriegshälfte, lassen es nicht verwunderlich erscheinen, daß abermals im Deutschen Reich an die Entwicklung einer solchen Waffe geschritten wurde. Vorerst hatte man an einem kleinen Flugkörper gearbeitet, der von Flugzeugen aus zur Panzerbekämpfung eingesetzt werden sollte. Später wurde er für den Erdeinsatz abgeändert. Diese erste Panzerabwehrlenkwaffe trug die Tarnbezeichnung X-7 »Rotkäppchen«. Nach unbestätigten Meldungen soll sie noch bei der Verteidigung der Stadt Breslau zum Einsatz gekommen sein. Der Flugkörper bestand im wesentlichen aus dem Gefechtskopf mit der Hohlladung, einem Feststofftriebwerk, der Batterie mit der Steueranlage, den Spulen für die Übertragung der Lenkkommandos und Flügeln aus Sperrholz. Bei einer Länge von 75 cm und einer Spannweite von 85 cm wog er 9 kg. Die Fluggeschwindigkeit lag bei 100 m/sec, die Einsatzreichweite bei etwa 1000 m. Er wurde von einem leichten Startgestell auf einem Dreibein abgefeuert. Der Lenkschütze mußte mit seinem Steuergerät, von dem die Lenksignale mittels Drähten zum Flugkörper geleitet wurden, diesen mit dem Ziel zur Deckung bringen. Damit war das Prinzip, nach welchem noch heute zahlreiche Modelle arbeiten, geboren.

Die sowjetische Panzerabwehrlenkwaffe »SAGGER« auf Erdlafette. Die Sowjetunion führte derartige Waffen erst verhältnismäßig spät ein.

Nach Kriegsende war es vor allem Frankreich, das intensiv an der Entwicklung von Panzerabwehrlenkwaffen arbeitete. Bereits von 1952 ab wurde dort die SS-10 – SS ist die Abkürzung für Sol-à-Sol, d.h. Boden-Boden – in großer Stückzahl gefertigt. Zahlreiche Länder, darunter die Vereinigten Staaten, führten sie ein. Der erste Kampfeinsatz erfolgte 1956 im zweiten Krieg im Vorderen Orient durch die Israelis. Im Gegensatz zum deutschen Vorläufer wies diese Lenkwaffe bereits alle Merkmale der modernen Panzerabwehr-Flugkörper auf. Dies ist ein zylindrischer Körper und eine im Verhältnis zur Länge geringere Flügelspannweite. Die Hohlladung war inzwischen derart verbessert worden, daß sie Panzerstärken bis 400 mm durchschlug.

In rascher Folge entstanden in vielen Staaten zahlreiche weitere Modelle. Selbst kleinere Länder, wie die Schweiz und Schweden, entwickelten solche Panzerabwehr-Lenkwaffen. Die Deutsche Bundeswehr nennt sie »Panzer-Abwehr-Raketen-Systeme« kurz PARS, in Österreich und in der Schweiz werden sie als »Panzer-Abwehr-Lenkwaffen« kurz PAL bezeichnet. In der ostdeutschen Nationalen Volksarmee tragen sie nach sowjetischem Vorbild die Bezeichnung »Panzer-Abwehr-Lenk-Raketen« kurz PALR. Bald kristallisierten sich zwei verschiedene Baureihen heraus, die auch heute noch gebräuchlich sind:

- die leichte Panzerabwehrlenkwaffe mit einem Startgewicht von weniger als 15 kg, die durch einen einzelnen Schützen oder einen Trupp zu Fuß eingesetzt wird, und
- die schwere Panzerabwehrlenkwaffe mit einem Startgewicht zwischen 25 und 125 kg für die Verwendung von Fahrzeugen aus.

Während der leichte Typ maximale Einsatzreichweiten von 1500 bis 2000 m aufweist, werden mit dem schweren solche bis 4000 m erzielt. Dank der Verbesserung der Hohlladung werden derzeit Durchschlagsleistungen bis 650 mm Stahl erreicht.

Der große Nachteil der Panzerabwehrlenkwaffen der sogenannten »ersten Generation« lag darin, daß der Lenkschütze den Flugkörper nach dem Start erst einfangen mußte. Daraus ergab sich eine verhältnismäßig große Mindesteinsatzentfernung. Erst auf größere Entfernungen konnte ein entsprechender Seitenrichtbereich erzielt werden. Mittels eines Steuergerätes mit einem kleinen Lenkknüppel gab der Schütze die Lenkkommandos, die, wie beim deutschen Vorläufer, durch Drähte an den Flugkörper weitergegeben wurden. Der Lenkvorgang war schwer zu erlernen und erforderte ein laufendes aufwendiges Training. Dieses erfolgte sowohl am Schießkino als auch im praktischen Schuß mit besonderen Übungsflugkörpern ohne Gefechtskopf.

Auch die Weiterentwicklung zur sogenannten »zweiten Generation« ging von Frankreich aus. Die Drahtlenkung wurde hierbei beibehalten. Der wesentliche Unterschied lag in der halbautomatischen Lenkung. Dabei braucht der Lenkschütze das Ziel nur mehr im Fadenkreuz seines Visiers zu halten. Ein auf Infrarotbasis arbeitender Goniometer mißt laufend die Ablage des Flugkörpers von der Visierlinie zum Panzerziel. Ein Computer wertet diese Messungen aus und ermittelt daraus die entsprechenden Lenkkommandos an den Flugkörper. Außerdem werden für den Abschuß nunmehr meist Rohre verwendet, die leicht in die Zielrichtung gebracht werden können. Damit sind geringe Mindestreichweiten erzielbar. Sie konnten von 300 bis 500 m bei der ersten Generation zum Teil bis auf unter 100 m gesenkt werden.

Die zukünftige Entwicklung ist vor allem auf die Erhöhung der Trefferwahrscheinlichkeit ausgerichtet. Dabei wird das Schwergewicht auf eine hohe Fluggeschwindigkeit gelegt. Damit soll dem Feindpanzer die Möglichkeit genommen werden, bei einem allfälligen Erkennen des Abschusses einer Lenkwaffe, dieser durch Ausweichen in eine Deckung zu entgehen. Diese Taktik wurde nach den Erfahrungen des vierten Krieges im Vorderen Orient neu herausgebracht, als vor allem die ägyptische Armee durch den überraschenden Masseneinsatz von Panzerabwehrlenkwaffen den israelischen Panzerverbänden empfindliche Verluste zufügte.

Derzeit wird in mehreren Staaten an einer »dritten Generation« von Panzerabwehrlenkwaffen gearbeitet. Sie ist gekennzeichnet durch die Selbststeuerung des Flugkörpers, zumindest für die Endphase des Fluges. Hierbei sind zwei Möglichkeiten offen. Entweder eine automatische Zielansteuerung auf Infrarotbasis, wobei die Wärmeabstrahlung des Motors bzw. der Abgase das Ziel bildet, oder die Beleuchtung des Panzers mittels eines Laserstrahles vom Boden oder Hubschrauber aus, wobei der Flugkörper einfach in Richtung des

Der deutsche Jagdpanzer Rakete wird derzeit von der französischen Panzerabwehrlenkwaffe SS-11B1 auf die in deutsch-französischer Zusammenarbeit entwickelte »HOT« umgerüstet.

Panzers gestartet wird und mit seinen Sensoren das Echo des Zieles aufnimmt.

Jedenfalls haben sich die Panzerabwehrlenkwaffen in den letzten zwanzig Jahren zur wichtigsten Panzerabwehrwaffe der Landstreitkräfte entwickelt. Ohne sie ist auf absehbare Zeit keine Verteidigung mehr denkbar. Besonders auf mittlere und größere Entfernungen steht derzeit keine andere Waffe gegen Feindpanzer zur Verfügung, die auch nur annähernd die gleiche Trefferwahrscheinlichkeit und Reichweite besitzt.

Es ist interessant zu vermerken, daß die Panzerabwehrlenkwaffen in einer Hinsicht den gleichen Weg wie die Panzerabwehrkanonen gegangen sind. Auch hier wurde mit Flugkörpern begonnen, die aus Startbehältern abgefeuert wurden, die entweder auf dem Rücken der Schützen oder auf leichten, händisch gezogenen Karren befördert wurden. Damit mangelte es an Beweglichkeit. Da man aber auf den bei den Kanonen gemachten Erfahrungen aufbauen konnte, schritt die weitere Entwicklung rasch vorwärts. Bald nach ihrem Auftreten wurde die Lenkwaffe bereits auf ungepanzerte Fahrzeuge, meist Jeeps, aufgesetzt. Dies entsprach der früheren ungepanzerten Selbstfahrlafette. Natürlich hatte diese Lösung die gleichen Nachteile der Vernichtung durch feindliche Handfeuerwaffen und die Artillerie. Daher wurden innerhalb kürzester Zeit gepanzerte Fahrzeuge als Träger für diese Waffensysteme verwendet. Abermals war Frankreich in Führung gegangen, als es seinen leichten Jagdpanzer mit einer Zusatzbewaffnung in der Form von vier Lenkwaffen SS-11 versah. Bald wurden aber echte Raketenjagdpanzer geschaffen, bei denen die Flugkörper die Hauptwaffe bildeten. Als Fahrgestelle wurden und werden noch die von Schützenpanzern oder Mannschaftstransportwagen sowie Radspähpanzern verwendet. Eine Startanlage für zwei bis sechs, und ein Gesamtvorrat bis zu 30 Flugkörpern, kennzeichnen diese Jagdpanzer. Sie sind derzeit das wirkungsvollste Kampfmittel jeder modernen Panzerabwehr. In den Panzerverbänden haben sie außerdem jene Überwachungsaufgaben, also den Kampf auf große Entfernungen, übernommen, zu dem früher die schweren Kampfpanzer eingesetzt wurden.

Eine weitere Neuentwicklung ging von der Sowjetunion aus. Ihr modernster Kampfschützenpanzer, der BMP, erhielt auf dem Geschützrohr eine Startanlage für eine Panzerabwehrlenkwaffe. Diesem Beispiel ist bisher nur Jugoslawien gefolgt. Viele andere Staaten scheuen vor einer solchen Doppelbewaffnung zurück, da angenommen wird, daß dadurch keine der beiden Waffen voll eingesetzt werden kann. Auch ist die offen geführte Lenkwaffe der Beschädigung durch feindliches Feuer zu sehr ausgesetzt.

Nachdem bisher die aktiven Panzerabwehrwaffen behandelt wurden, dürfen die passiven Abwehrmittel nicht vergessen werden. Hierzu ist vor allem die *Panzermine* zu rechnen. Durch die Anlage von Minenfeldern kann der feindliche Panzerangriff entweder kanalisiert oder auf ein Gebiet umgeleitet werden, das für den Angriff ungünstig ist oder durch einen Panzerabwehrriegel der verschiedensten Panzerabwehrwaffen verteidigt wird. Solche Minenfelder fanden in großem Umfang während des Zweiten Weltkrieges in Nordafrika Verwendung. Um ihre Aufgabe erfüllen zu können, müssen solche Minenfelder überwacht werden, um ihre Räumung zu verhindern. Die Wirksamkeit im Zweiten Weltkrieg wurde noch dadurch erhöht, daß erst gegen Ende desselben spezielle Panzerfahrzeuge oder Zusatzgeräte zum Räumen der Minen geschaffen wurden. Heute gehören Minenräumpanzer und Pionierpanzer zur Ausstattung aller modernen Armeen. Der hierfür erforderliche Aufwand geht aber wieder zu Lasten der Fertigungskapazität für Kampfpanzer.

Künstliche und natürliche Hindernisse dienen schon seit dem ersten Auftreten der Tanks zu ihrer Abwehr. Die Trichterfelder des Stellungskrieges des Ersten Weltkrieges stoppten manchen Tank. Zu den natürlichen Hindernissen muß auch das Gelände selbst gezählt werden. Sumpfgebiete, Wälder und Berge stellen oft eine natürliche Barriere dar. Wie ein Minenfeld können sie den Panzerangriff in eine bestimmte Richtung zwingen. Von den künstlichen Hindernissen sind eigentlich nur Schiffahrtskanäle und Panzergräben wirksam. Die vor allem vor dem Zweiten Weltkrieg häufig im Bild gezeigten Beton- oder Stahlhindernisse zeitigen gegenüber den modernen Panzern nahezu keine Wirkung. Sie treten auch kaum mehr in Erscheinung.

Einer der ärgsten Feinde des Panzers kommt aber aus der dritten Dimension. Schon im Ersten Weltkrieg wirkte das *Flugzeug* an der Panzerabwehr mit. Es hat mehrere Vorteile aufzuweisen, die keiner anderen Waffe zu eigen sind. Wohl der größte ist seine Geschwindigkeit. Damit ist es nicht nur in der Lage, jeweils die günstigste Angriffsposition zu suchen, sondern kann auch über weite Räume wirken. War es im Ersten Weltkrieg innerhalb von Stunden, so ist es heute innerhalb von Minuten möglich, Ziele zu bekämpfen, die Hunderte von Kilometern auseinander liegen. Auch die Bauweise des Panzers kommt ihm entgegen. Es ist technisch nicht möglich, alle Teile des Panzers gleich stark zu panzern. Die schwächste Panzerung ist immer am Heck und auf der Decke zu finden. Praktisch hat nur das Flugzeug die Möglichkeit, eine solche Angriffsposition zu wählen, daß es gegen diese Teile wirken kann.

Im Ersten Weltkrieg griffen die deutschen Jagdflugzeuge vielfach im Sturzflug mit ihren Maschinengewehren die alliierten Tanks an. Der Erfolg basierte nicht nur auf der schwachen Panzerung der Decke, sondern auch auf dem ballistischen Vorteil, den die nach unten gerichtete Geschoßflugbahn mit sich brachte.

Im Zweiten Weltkrieg entstanden dem Panzer verschiedene Feinde aus der Luft. Die einfachste Lösung, die die geringste Zielgenauigkeit erforderte, war der Hochangriff mittlerer oder schwerer Bomber gegen Panzerbereitstellungen oder Panzerkonzentrationen. Selbst Nahtreffer mittlerer und schwerer Bomben konnten zur

Zerstörung von Panzern führen, indem diese einfach umgeworfen wurden oder ihnen der Turm abgerissen wurde. Zusätzlich konnten durch derartige Bombardements künstliche Hindernisse geschaffen werden, wenn Verkehrswege und Brücken zerstört wurden. Über den Einfluß eines Trichterfeldes wurde bereits bei den Hindernissen berichtet.

Der nächste Luftfeind war das Sturzkampfflugzeug. Durch seine Angriffsart konnte es nicht nur Flächenziele wie der Hochbomber, sondern auch Punktziele angreifen. Die zusätzliche Abwurfgeschwindigkeit der Bomben verstärkte noch ihre Wirkung gegen die Panzerung. Während Hochbomber vor allem von den Alliierten in Massen zum Legen ganzer Bombenteppiche eingesetzt wurden, verwendete das Deutsche Reich mit seiner beschränkten Flugzeugzahl mehr den Sturzbomber zur Panzerbekämpfung.

Ab 1942 kamen *Schlacht- oder Erdkampfflugzeuge* zum Einsatz. Mit ihren Bordwaffen, vorerst meist 20 mm Kanonen, wirkten sie gegen die schwachgepanzerten Teile der Panzerkampfwagen. Die immer stärker werdende Panzerung zwang jedoch bald zur Vergrößerung des Kalibers. In Nordafrika setzten die britischen Streitkräfte für diese Aufgabe Jagdflugzeuge ein, die mit zwei 40 mm Maschinenkanonen bewaffnet waren. Auf deutscher Seite wurde die mit zwei abgeänderten 37 mm Panzerabwehrkanonen bestückte Ju-87 am bekanntesten. An der Ostfront wurde sie der Schrecken der sowjetischen Panzer. Daneben wurden aber auch spezielle Schlachtflugzeuge entwickelt. Sie erhielten Kanonen mit Kalibern bis zu 75 mm. Zahlreiche Waffen auf der Basis von Geschützen, Raketen und Bomben standen bei Kriegsende im Deutschen Reich in Entwicklung. Zum Einsatz kamen sie aber nicht mehr. In der Sowjetunion wurde ebenfalls ein spezielles gepanzertes Flugzeug, die Il-2 und ihre Weiterentwicklung, die Il-10, gebaut. Mit Bordwaffen des Kalibers 23 oder 37 mm sowie Raketengeschossen zeigte es seine Wirksamkeit im Erdkampf. Wie allgemein üblich, stagnierte die Entwicklung nach dem Kriegsende. Erst die Kolonialkriege brachten neue Impulse. Waren es vorerst mit Raketen bewaffnete Schul- und Leichtflugzeuge, folgten später Sonderkonstruktionen für diese Aufgabe. So wurde in den Vereinigten Staaten speziell für die Aufgaben eines »Buschkrieges« die OV-10 »Bronco« gebaut. Auf diese leichte Propellermaschine folgte inzwischen ein schweres düsengetriebenes Erdkampfflugzeug. Seine maximale Bombenlast beträgt nahezu 8400 kg. Alternativ können verschiedene Abwurflenkwaffen mitgeführt werden. Noch interessanter an dieser Maschine ist die Rückkehr zur Maschinenkanone. Eine Revolver-Kanone mit sieben Läufen ermöglicht eine Feuergeschwindigkeit bis zu 4200 S/min bei einer Anfangsgeschwindigkeit von rund 1050 m/sec. In Verbindung mit einer panzerbrechenden Spezialmunition entstand damit dem Panzer ein gefährlicher Gegner. Eines ist aber allen Erdkampfflugzeugen gemeinsam – ihr Einsatz ist nur im Falle der absoluten Luftherrschaft oder zumindest mit starkem Jagdschutz möglich. So groß ihre Wirkung gegen Erdziele auch ist und wie groß auch ihr Schutz gegen leichte Fliegerabwehrwaffen zufolge ihrer Panzerung, feindlichen Jägern sind sie ziemlich wehrlos ausgeliefert. Dies hat schon der Zweite Weltkrieg gezeigt. Sonderkonstruktionen werden daher derzeit nur von den Vereinigten Staaten gebaut. Alle anderen Länder beschränken sich darauf, solche Aufgaben den Schulflugzeugen als sekundäre Verwendung zuzuteilen. Teilweise werden auch Abarten der Schulflugzeuge als leichte Erdkampfflugzeuge gebaut.

Die mit zwei 37 mm Kanonen bewaffnete deutsche Ju-87 war an der Ostfront der Schrecken der sowjetischen Panzer.

Ein neuer Feind des Panzers wurde in der zweiten Hälfte des letzten Weltkrieges auf britischer und amerikanischer Seite geboren. Der *Jagdbomber* übernahm die

Rolle des Schlachtflugzeuges. Diesem gegenüber besaß er eine überlegene Geschwindigkeit und damit die Möglichkeit, nach Abwurf der Außenlasten den Luftkampf mit feindlichen Jägern aufzunehmen oder zu entkommen. Die mit Maschinenkanonen und Raketen bewaffneten alliierten Jagdbomber wurden zum Todfeind der deutschen Panzer an der Westfront. In Verbindung mit der absoluten Luftherrschaft kontrollierten sie das Gefechtsfeld. Der Einsatz von Panzern war praktisch nur mehr bei starkem Fliegerabwehrschutz oder einer Wetterlage möglich, die den Einsatz der Jagdbomber verbot. Die weitere Entwicklung nach dem Kriege bewegte sich in dieser Richtung weiter. Waren es vorerst ältere Düsenjäger, die zufolge zu geringer Geschwindigkeit für den Luftkampf nicht mehr geeignet waren, folgten bald spezielle Abarten der Jagdflugzeuge, die besonders für diese Aufgabe ausgerüstet wurden. Dazu gehören vor allem entsprechende Visiere für die Bordwaffen und die Abwurfwaffen. Überdies ist bei solchen Typen nicht mehr eine große Gipfelhöhe erforderlich, dagegen eine hohe Manövrierfähigkeit und Flugstrecke in Bodennähe. Bekanntlich ist gerade letzteres schwierig, da die Strahltriebwerke in großen Höhen am wirtschaftlichsten arbeiten. Daher wurden vielfach für diese Verwendung eigene Triebwerke entwickelt. Moderne Jagdbomber weisen daher heute Geschwindigkeiten auf, die nur wenig unter jener der Jäger liegen. Im Durchschnitt können sie Abwurfwaffen und Raketen im Gewicht zwischen 3500 und 7500 kg mitführen. Einzelne Typen kommen jedoch auf Werte bis nahe 14 000 kg. Die Wirkung des Einsatzes solcher Maschinen kann man sich leicht vorstellen. Daher wird ihre Verwendung auch im Kampf gegen Feindpanzer immer von größter Bedeutung sein.

Der modernste Panzerfeind, der aber derzeit am meisten gefürchtet wird, ist der *bewaffnete Hubschrauber oder Kampfhubschrauber.* Die Anfänge dieser Entwicklung reichen in den Algerien-Krieg Frankreichs zurück. Damals wurden die ersten Versuche unternommen, den Hubschrauber durch den Einbau von Maschinengewehren oder Maschinenkanonen für den Erdeinsatz zu adaptieren. Bald ging man jedoch dazu über, diese Rohrwaffen vorerst durch ungelenkte Raketen, später aber durch Panzerabwehrlenkwaffen zu ergänzen. Der Vorteil des Hubschraubers gegenüber dem Schlachtflugzeug oder Jagdbomber ist beträchtlich. Einerseits benötigt er keine kilometerlange Startbahnen, sondern kann nahe der Front stationiert werden. Andererseits ist seine bis auf Null veränderliche Geschwindigkeit von Vorteil. Bei den beiden anderen Bauarten besteht die große Schwierigkeit immer in der rechtzeitigen Auffas-

Ein typischer Vertreter der modernen Jagdbomber ist die amerikanische »Phantom II«. Auf dem Bild sind die verschiedenen Waffen abgebildet, die sie zum Einsatz bringen kann.

1 Starthilfe, 2 Spezialbombe, 3 Zusatzkraftstoffbehälter, 4 Zusatzkraftstoffbehälter, 5 340 kg Allzweckbomben, 6 chemische Bomben, 7 Flugblattbomben, 8 Napalmbomben, 9 Raketenwerfer, 10 Luft-Boden-Lenkwaffen »Bullpup«, 11 Napalmbomben, 12 Luft-Luft-Lenkwaffen »Sparrow«, 13 Raketenwerfer, 14 Luft-Luft-Lenkwaffen »Sidewinder«, 15 Abwurfwaffe CBU-1A, 16 454 kg Allzweckbomben, 17 227 kg Allzweckbomben, 18 Landminen, 19 113 kg Allzweckbomben

sung des Zieles. Es stehen oft nur Sekunden hierfür zur Verfügung. Der Einsatz muß daher genau vorgeplant werden. Überraschend auftauchende Ziele können kaum bekämpft werden. Ganz anders ist die Lage für den Hubschrauber. Er kann knapp hinter der Kampflinie warten und erst bei Anlaufen des feindlichen Angriffes starten. Waren es vorerst bewaffnete Hubschrauber, d. h. normale Modelle, die ursprünglich meist für Beobachtungs- oder Verbindungsaufgaben gebaut waren, an denen Außenstationen für die verschiedenen Waffen angebracht wurden, so steht derzeit der echte Kampfhubschrauber, der von vorneherein dafür ausgelegt wurde, im Vordergrund. Die neueste Stufe stellt direkt der *Panzerabwehrhubschrauber* dar. Mit seinen vier bis sechs Flugkörpern ist er ein gefährlicher Gegner des Panzers. Stabilisierte Visiere, um Erschütterungen des Hubschraubers auszugleichen, und auch die Entwicklung der Panzerabwehrlenkwaffen der zweiten Generation erhöhten seine Wirksamkeit. Er ist damit imstande, noch auf etwa 4000 m Panzer zu bekämpfen. Auf diese Entfernungen ist er vielfach auch außerhalb der Abwehrwaffen der gegnerischen Panzerverbände. Nur mittelkalibrige Maschinenkanonen und Fliegerabwehrlenkwaffen können ihn gefährden. Umgekehrt kann er jedoch überraschend auftauchen und seine Lenkwaffen abfeuern. Für zehn bis zwanzig Sekunden muß nun der Lenkschütze das Ziel im Fadenkreuz seines Visiers halten. Dann kann der Hubschrauber in Deckung gehen. Nur dieser geringe Zeitraum steht der Abwehr zur Verfügung. Umgekehrt versucht man, den gleichen Zeitraum durch die Erhöhung der Marschgeschwindigkeit der Flugkörper weiter zu senken. Die weitere Entwicklung verläuft nun auch hier in der Richtung auf Flugkörper, die nach dem Start auf ein Ziel festgelegt werden und dieses dann selbsttätig ansteuern. Probeschüsse mit solchen Waffen wurden bereits in den Vereinigten Staaten durchgeführt. Mit ihrer Einführung ist daher in naher Zukunft zu rechnen.

Die Zusammenstellung der verschiedenen Panzerabwehrwaffen auf den vorhergehenden Seiten zeigt, wie vielfältig diese sein können. In der Praxis wird nun nie eine Waffe allein die Aufgabe der Panzerbekämpfung übernehmen können. Nur ein Panzerabwehrplan unter Einbeziehung aller verwendbaren Waffen verspricht einen Erfolg. Keine Waffe kann Schutz auf alle Entfernungen bieten. Gerade hier ist eine entsprechende Überdeckung der Einsatzschußweiten erforderlich.

Die französische »Alouette III« mit vier Panzerabwehrlenkwaffen SS-11 war einer der ersten Hubschrauber, der mit solchen Waffen ausgestattet wurde.

Vielfach wurde bis 1945 nicht klar erkannt, daß das Schwergewicht des modernen Infanteriekampfes auf der Panzerabwehr liegt. Die Abwehr der feindlichen Schützen war auf die zweite Stelle zurückgefallen. Daher muß auch die Stellung nach den Erfordernissen der Panzerabwehr festgelegt werden.

Abschließend soll hier eine deutsche Untersuchung des Zweiten Weltkrieges zitiert werden. Der Generalinspekteur der deutschen Panzertruppen hat zahlreiche Gefechtsberichte auswerten lassen. Bei den Panzerabwehrwaffen wurde hierbei folgende Reihenfolge ihrer Gefährlichkeit für den Kampfpanzer ermittelt:

- Jagdbomber mit Raketen,
- zusammengefaßte Bombenangriffe starker Verbände,
- Panzerabwehrkanonen,
- Feindpanzer und
- Minen.

Diese Wertung kann sicher auch heute noch der Beurteilung zugrundegelegt werden. Man muß hier nur die Panzerabwehrlenkwaffen und die Panzerabwehrhubschrauber einstufen, um zu einer neuzeitlichen Bewertung zu gelangen.

Die Entwicklung der Panzerabwehrkanonen

Bei der Beschreibung der Panzerabwehrkanonen soll nicht nur die Waffe selbst behandelt werden, sondern auch auf ihren Einsatz eingegangen werden. Die Gliederung der Panzerabwehrverbände, ihre Zuteilung zu den verschiedenen Divisionsarten, muß in gleicher Weise beachtet werden, um ein richtiges Bild der Panzerabwehr zu vermitteln. Es zeigt sich vielfach, daß die Kanonen selbst in gewissen Zeitabschnitten in allen Staaten sehr ähnlich sind. Der große Unterschied liegt aber in der Art des Einsatzes. Während in einzelnen Ländern die Panzerabwehrkanonen zugsweise auf die Infanterieeinheiten verzettelt wurden, haben andere Staaten immer auf eine Konzentration hingearbeitet, in dem sie die Waffe in großen Verbänden zusammenfaßten.
Der gegebene Raum verbietet es auf alle Staaten der Welt einzugehen. Die Darstellung konzentriert sich daher in erster Linie auf die Armeen Europas und der beiden außereuropäischen Großmächte, Japan und die Vereinigten Staaten. Diese Einschränkung kann ohne große Abstriche getroffen werden. Die technische Entwicklung wurde nur in wenigen Staaten vorangetrieben. Die Einstellung zum Panzerabwehrproblem und damit zur Fertigung von Panzerabwehrkanonen war immer von verschiedenen Faktoren abhängig. Für viele Länder war das ganze Problem überhaupt nicht existent. Man denke hier nur an die Länder Afrikas, Mittel- und Südamerikas und den größten Teil des asiatischen Raumes. Maßgebend hierfür waren teils geographische, teils finanzielle Gründe. Unter ersteren ist zu verstehen, daß in manchen Gebieten auf Grund der landschaftlichen Gegebenheiten ein Einsatz von Panzerverbänden erst gar nicht möglich war. Es sei hier nur auf die Gebirgsgegenden Südamerikas, die Wüstengebiete Afrikas oder die Urwälder der tropischen Länder verwiesen. Welchen Zweck hätten hier also Panzerabwehrwaffen gehabt? Auf der finanziellen Seite muß man bedenken, daß viele der außereuropäischen Länder zu jenen gehörten, die man heute als Entwicklungsländer bezeichnet. Damit entfielen aber von vorneherein die Möglichkeiten der Ausstattung der Armee mit Kampfpanzern und in der Folge die Erfordernisse einer Panzerabwehr. Noch eine weitere Tatsache darf nicht vergessen werden. Wenn man eine Weltkarte betrachtet wird man zahlreiche Staaten vorfinden. Geht man jedoch dreißig Jahre zurück, so schrumpft diese Zahl beträchtlich zusammen. Gerade im afrikanischen und asiatischen Bereich handelte es sich meist um Kolonien der wenigen Großmächte. Erst nach dem Zweiten Weltkrieg erlangten sie ihre Selbständigkeit und bauten ihre eigene Armee auf. Das Kräftespiel zwischen Osten und Westen führte aber dazu, daß je nach dem Einfluß eine der beiden Seiten diesen Ländern Waffen lieferte. Durch diese Unterstützung sollte der Staat enger an eine Seite gebunden werden. Die Entwicklung wurde noch dadurch gefördert, daß die finanziellen und wirtschaftlichen Möglichkeiten den Ankauf modernen Gerätes nicht erlaubten, so daß die neugebildeten Staaten von Schenkungen der Großmächte abhängig waren. Daß sie in den meisten Fällen natürlich nicht das modernste Gerät erhielten, sondern jenes das von diesen Mächten ausgeschieden wurde, ist leicht verständlich.
Hinzu kommt ein weiterer Faktor, der wohl zu den entscheidendsten gezählt werden muß. Ohne eine leistungsfähige Industrie ist die Entwicklung und Fertigung von Waffen nicht möglich. In einer verhältnismäßig kurzen Zeit kann noch die Produktion von Handfeu-

erwaffen aufgebaut werden. Für den Bau von Geschützen sind aber andere Voraussetzungen erforderlich. Wie in der Folge gezeigt wird, waren es immer hochindustrialisierte Staaten mit einer leistungsfähigen Stahlindustrie, die bei der Fertigung von Panzerabwehrkanonen führend waren. Die meisten von ihnen konnten auf eine traditionsreiche Waffenindustrie zurückgreifen. Schon aus dieser historischen Gegebenheit, die in enger Verbindung mit den jahrhundertelangen Spannungen und Kämpfen in Europa stand, konzentrierte sich diese Entwicklung vor allem in Europa. Erst später kamen Japan und die Vereinigten Staaten hinzu.

Der Schwerpunkt der Darstellung liegt auf den Panzerabwehrkanonen. Die Entwicklung der anderen Abwehrmittel wurde bereits im vorhergehenden Abschnitt behandelt. Im folgenden soll sie daher im wesentlichen unbeachtet bleiben. Sie wird immer nur so weit gestreift, als es zum Verständnis der Panzerabwehr im gesamten erforderlich ist. Dies ist vor allem in zwei großen Zeitabschnitten wichtig. Im Ersten Weltkrieg als Panzerabwehrkanonen entweder überhaupt noch nicht vorhanden waren und andere Waffen deren Aufgabe übernehmen mußten. Die Umkehr zeigt sich seit dem Ende des Zweiten Weltkrieges. Durch die technische Entwicklung der Panzer und der Panzerabwehrkanonen waren letztere in eine Sackgasse getrieben worden. Eine weitere Leistungssteigerung war entweder nicht mehr möglich oder nicht mehr vertretbar. Die genauen Fakten hierzu werden im betreffenden Abschnitt noch näher erläutert. Es mußten daher neue Waffen geschaffen werden, um die zum Beherrscher des Schlachtfeldes gewordenen Panzer wirkungsvoll zu bekämpfen.

Der Erste Weltkrieg 1916–1918

IMPROVISATION UND ERSTE VERSUCHE

In diesem ersten Zeitabschnitt konzentriert sich die Entwicklung praktisch auf ein Land. Panzerkampfwagen oder Tanks wurden nur von alliierter Seite eingesetzt. Die Westfront war der alleinige Kriegsschauplatz wo sie auftraten. Weder im Osten noch im Süden wurden Tanks, wie sie damals genannt wurden, verwendet. Die wenigen gepanzerten Radfahrzeuge konnten dort mit den vorhandenen anderen Waffen leicht bekämpft werden. Obwohl bereits seit der Jahrhundertwende verschiedene Entwürfe für gepanzerte Kettenfahrzeuge in mehreren Ländern vorgelegt worden waren, war dennoch das erste Auftreten der Tanks eine Überaschung für das deutsche Heer. Die Notwendigkeit in kürzester Zeit entsprechende Gegenmittel zu finden, führte naturgemäß zu Notlösungen. Eine planmäßige Entwicklung war nicht möglich. Aus den obigen Ausführungen ergibt sich, warum die deutsche Entwicklung diesen Abschnitt beherrscht. Auf der Gegenseite bestanden keinerlei Bedürfnisse nach solchen Panzerabwehrwaffen.

Die 37 mm Tankabwehrkanone des bayrischen Oberstleutnants Fischer in Feuerstellung auf einer Dreibeinlafette.

DEUTSCHES REICH

Wie bereits an anderer Stelle berichtet, glaubte die deutsche Heeresleitung bis zur berühmten Tankschlacht von Cambrai mit ihren Behelfsmaßnahmen eine hinreichende Panzerabwehr gebildet zu haben. Mit leichten und mittleren Feldkanonen, Infanteriegeschützen und anderen Nahkampfwaffen hatte man bisher das Auslangen gefunden. Noch immer wurden keine Aufträge zur Entwicklung von speziellen Panzerabwehrkanonen an die Industrie erteilt.
Trotzdem wurden seitens der Heeresverwaltung Versuche mit kleinkalibrigen Geschützen fortgesetzt. Dazu gehörte in erster Linie die *37 mm Tankabwehrkanone* des bayrischen Oberstleutnants *Fischer*. Bei diesem Geschütz handelte es sich um ein Rohrvorlaufgeschütz mit einem halbselbsttätigen Verschluß. Es entstand unter Verwendung des Rohres der 37 mm Revolverkanone und eines erbeuteten französischen Maschinengewehr-Dreibeines. Das Rohr mit seinem Klappenverschluß gleitet auf einer Wiege. Der zurückgezogene Lauf preßt eine Spiralfeder zusammen. Nach dem Laden wird durch drücken des Abzuges ein Sperrhebel ausgelöst, der bisher den Lauf gehalten hat. Dieser schnellt nun durch die Federkraft nach vorne, durch einen Anschlag wird der Schlagbolzen freigegeben und

die Patrone gezündet. Der nun folgende Rückstoß wird durch die Vorholfeder und die Bremswirkung der nach unten gedrückten Fläche der Verschlußklappe auf der Gleitbahn abgebremst. Durch die Kraft des Rückstoßes wird nun der Verschluß geöffnet und die Patronenhülse ausgeworfen.
Das Geschütz verfeuerte vorerst die vorhandene Munition der 37 mm Revolverkanone. Bei den Versuchen der Artillerie-Prüfungskommission zeigte sich eine gute Trefferwahrscheinlichkeit. Gegenüber anderen Rohrvorlaufgeschützen war dies vermutlich durch die Anordnung des Verschlusses bedingt, der beim Vorgleiten des Rohres für eine sichere Führung sorgte. Mit dem halbautomatischen Verschluß wurden im Schnellfeuer 35 Schuß in der Minute erzielt. Einzelne Versager waren auf die minderwertige Munition zurückzuführen. Da die allgemeinen Ergebnisse befriedigend waren, sollte die Konstruktion weiter verbessert werden. Dabei sollten die Firmen Krupp und Rheinmetall mit ihren reichen Erfahrungen helfen.
Vordringlich war die Verbesserung der Munition. Abgesehen von der schlechten Qualität war auch die Anfangsgeschwindigkeit von 400 m/sec zu gering. Damit konnte selbst auf geringe Entfernung nur eine Panzerung von 13 mm durchschlagen werden. In verhältnismäßig kurzer Zeit gelang die Entwicklung einer Panzergranate die zuerst ohne, später mit Leuchtspur verfeuert wurde. Die Erhöhung der Anfangsgeschwindigkeit auf 506 m/sec führte dazu, daß mit der neuen Munition noch auf 450 m Entfernung eine Nickelstahlpanzerung von 16 mm durchschlagen werden konnte. Dies reichte für die damaligen Tanks aus.
Das nur 78 kg schwere Geschütz wurde in zerlegtem Zustand auf einem Maschinengewehr-Karren befördert. Das Zusammensetzen erforderte nur kurze Zeit. Innerhalb von 1,5 Minuten konnte es in Feuerstellung gebracht werden. Auf dem Gefechtsfeld selbst sollte es von drei Mann getragen werden.
Die Fertigung sollte durch die Artillerie-Werkstatt München erfolgen. Diese wollte innerhalb von zwei Monaten die ersten 15 Geschütze herstellen. Erst im Mai 1918 erfolgte eine Bestellung über nicht weniger als 2000 Stück. Die Massenfertigung sollte im Januar 1919 anlaufen. Tatsächlich waren aber die ersten Waffen im August 1918 noch nicht fertig.

Die 37 mm Tankabwehrkanone Fischer zum Transport auf Rädern.

Da diese Tankabwehrkanone bis zum Kriegsende nicht mehr zur Truppe gelangte, mußte weiterhin der leichte Minenwerfer deren Aufgabe übernehmen. Seine Leistung war jedoch für diese Verwendung vollkommen unzureichend. Man schritt daher an die Konstruktion einer Waffe, die sowohl als Infanterieunterstützungs- als auch als Panzerabwehrwaffe geeignet sein sollte. Durch seine Bauart wurde der *75 mm leichte Minenwerfer mit Doppellauf* zum Vorbild für zahlreiche Entwicklungen der zwanziger Jahre. Während das 75 mm Minenwerferrohr ein Kipprohr mit Bodenstück, ähnlich den späteren Infanteriegeschützen der Deutschen Wehrmacht des Zweiten Weltkrieges besaß, handelte es sich bei dem aufgesetzten Tankabwehrrohr wieder um den Lauf der bekannten Revolverkanone. Mit einer neuen Panzersprenggranate im Gewicht von 600 g sollte eine Anfangsgeschwindigkeit von 600 m/sec erzielt werden. Beide Rohre waren gleichzeitig feuerbereit, so daß wahlweise ohne sonstige Umstellung geschossen werden konnte. Die Waffe besaß eine gekröpfte Achse, so daß für die Tankbekämpfung im Flachbahnschuß eine niedrige Feuerhöhe, beim Schießen in der oberen Winkelgruppe eine größere Feuerhöhe zur Verfügung stand. Damit war erstmals eine Waffe entwickelt worden, die sowohl als Infanterie- als auch als Panzerabwehrgeschütz eingesetzt werden konnte. Für letztere Aufgabe war jedoch der Seitenrichtbereich von nur 10° ein großer Nachteil. Dies ist immer wieder das Handikap aller Mehrzweckwaffen. Das Geschütz ist noch während des Krieges fertiggestellt worden und ging in die Erprobung. Zu einer Serienfertigung ist es aber nicht mehr gekommen.

Die nächste Lösung der Tankabwehrfrage wurde auf eine durchaus moderne Form versucht. Da sich bei Cambrai gezeigt hatte, daß sich vor allem leicht bewegliche Geschütze bewährt hatten, wurden eine Anzahl von *77 mm Feldkanonen 96 n./A. auf 4 t Lastkraftwagen* aufgebaut und den Armeen zugeteilt. Dazu wurde die Ladefläche durch eine Bohlenlage verstärkt und auf dieser eine weitere Bohlenlage als Drehscheibe für das Geschütz angebracht. Damit war bereits ein Seitenrichtbereich von insgesamt 24° möglich. Diese Bauart hat sich bewährt. Der Nachteil lag darin, daß damit Feldgeschütze ihrer Artillerieaufgabe verloren gingen. Außerdem war der Aufzug natürlich sehr hoch und durch das große Gewicht die Beweglichkeit auf dem Gefechtsfeld eingeschränkt. Wie allen späteren ungepanzerten Selbstfahrlafetten war auch dieser Waffe die Anfälligkeit gegen feindliches Artilleriefeuer nicht zu nehmen. Dazu kam, und dies war hier vielleicht entscheidend, daß es wieder keine Waffe der Infanterie war, das heißt ein Geschütz das in der vordersten Linie eingesetzt werden konnte.

Auch die nächste Schöpfung lief in der gleichen Richtung. Alle verfügbaren *erbeuteten belgischen 57 mm Kasemattkanonen* wurden auf 4 t Lastkraftwagen montiert. Durch die Verwendung eines Sockels wurde ein Seitenrichtbereich von 360° erreicht. Der geringere Rückstoß ermöglichte auch ein Feuern quer zur Fahrzeugachse. Da die Waffe einen halbautomatischen Fallblockverschluß besaß, wurde eine hohe Feuergeschwindigkeit erzielt. Bei einer Rohrlänge von 26,3 Kalibern wurde eine 2,7 kg schwere Granatpatrone mit Panzerkopf verfeuert. Die Anfangsgeschwindigkeit bei großer Ladung betrug 487 m/sec, die größte Schußweite 6,4 km. Damit konnte bei senkrechtem Auftreffen noch auf 1000 m Entfernung eine Panzerplatte von 20 mm durchschlagen werden. Hinsichtlich der Beweglichkeit und der Zuteilung zur Infanterie gilt aber auch für diese, ansonsten hervorragende Waffe, das gleiche

Die belgische 57 mm Kasemattkanone auf einem Lastkraftwagen besaß einen Seitenrichtbereich von 360°.

wie für die Feldkanone auf dem gleichen Fahrgestell.

Erst die Erfolge der alliierten Tanks in der ersten Hälfte des Jahres 1918 führten dazu, daß die deutsche Oberste Heeresleitung endlich reagierte. Am 30. Juli 1918 ordnete sie unter anderem an, daß »Versuche einzuleiten sind, um die Rohre der 37 mm Revolver-Kanone für die Tankabwehr nutzbar zu machen«. Dabei wurde vor allem eine hohe Beweglichkeit des Geschützes im Gelände gefordert. Gleichzeitig sollten Versuche mit einer Panzerkopfgranate gemacht werden. Es hatte sich gezeigt, daß die Vollgeschosse zwar die Panzerung durchschlugen, die Wirkung im Tank selbst aber ungenügend war. Es sei gleich an dieser Stelle vermerkt, daß die Entwicklung einer Panzersprenggranate bis zum Ende des Weltkrieges nicht zu Ende gebracht werden konnte. Der Entschluß, derartige kleinkalibrige Geschütze für die Panzerabwehr einzuführen war reichlich spät erfolgt. Mehr als 1 ½ Jahre waren ungenützt verflossen. Es gelang zwar noch eine Anzahl solcher

»Tankabwehrkanonen« vor dem Kriegsende an die Front zu bekommen, einen Einfluß auf die Kriegslage konnten sie aber nicht mehr nehmen.
Sowohl Krupp als auch Rheinmetall wurden aufgefordert, ehestens Entwürfe für Geschütze vorzulegen, bei denen die Rohre der 37 mm Revolver-Kanone Verwendung finden sollten. Als Lafette war die des leichten Minenwerfers vorgesehen. Bei Versuchen in Cummersdorf wurden dann auf 200 und 500 m Versuchsschüsse vorgenommen und auch die Bewegung im Gelände erprobt. Insgesamt wurden dabei fünf verschiedene Modelle vorgeführt. Neben drei Typen von Rheinmetall waren dies ein Modell von Krupp und die bereits beschriebene Fischer-Kanone.
Die *37 mm Tankabwehrkanone Modell Krupp* sollte auf Grund der Versuche noch abgeändert werden. Bei ihr war das Rohr mittels einer zweiteiligen Muffe und eines weiteren aufgeschraubten Stückes in die Flachbahnlafette des leichten Minenwerfers eingelegt worden. Als Verschluß war jener der Schützengrabenkanone eingebaut. Die großen Räder dieser Lafette erwiesen sich zwar als günstig für die Beweglichkeit, die Zeit für das Instellunggehen war jedoch zu lang. Zum Feuern mußte die Waffe auf die Bettung des Minenwerfers aufgesetzt werden. Durch die Masse dieser Bettung stieg aber das Gewicht auf nahezu 300 kg an. Trotzdem erfolgte eine Bestellung über 250 Stück. Noch im September des Jahres sollten die ersten zwölf Geschütze fertiggestellt werden, um Bedienungsmannschaften auszubilden. In der Folge ist dieses Modell nicht gefertigt worden. Die Konkurrenzerzeugnisse erwiesen sich als derart überlegen, daß die Bestellung auf diese umgelegt wurde. Die ballistischen Leistungen entsprachen zufolge der Verwendung des gleichen Rohres jenen der anderen Geschütze.
Wie bereits angeführt hat Rheinmetall drei verschiedene Ausführungen bei dieser Erprobung vorgestellt. Es waren dies:
- eine 37 mm Kanone in der Flachbahnlafette des leichten Minenwerfers. Das Rohr war in den ausgedrehten Minenwerfer eingelegt. Die Bettung war in Fortfall gekommen. Die Lafette wurde mit einer Achse mit zwei kleinen Rädern gefahren. Das Gewicht des Geschützes betrug 146 kg.
- eine 37 mm Kanone in der gleichen Flachbahnlafette, wobei aber das Geschütz nicht von den Rädern sondern von einem Unterlagsblech feuerte und
- eine 37 mm Kanone in starrer Räderlafette.

Die 37 mm Tankabwehrkanone Rheinmetall in starrer Räderlafette. Auf dem Bild ist die einfache Visiervorrichtung deutlich zu erkennen.

Die *37 mm Tankabwehrkanone Rheinmetall in starrer Räderlafette* hat sich von allen Modellen am besten bewährt. Sie kann als die erste brauchbare Panzerabwehrkanone bezeichnet werden. Das Rohr war ohne Rücklauf starr in die Lafette eingelegt. Als Verschluß kam jener der Schützengrabenkanone, ein Bajonettverschluß mit Spannabzug, zur Verwendung. Die Lafettenwände waren aus einfachen Winkeleisen gefertigt, die durch entsprechende Bleche und Querverbindungen verbunden und damit versteift waren. Die in den Lafettenwänden gelagerte Achse trug die Holzräder des leichten Minenwerfers. Zwei Patronenkästen waren an den Lafettenwänden angebracht. Die Lafette trug überdies die Seitenrichtmaschine für einen Richtbereich von 21° – einen hohen Wert für eine Kastenlafette – und die Doppelschraubenhöhenrichtmaschine. Der Richtschütze hatte seinen Sitz über der Lafette. Damit trug sein Gewicht zur Standsicherheit des Geschützes beim Feuern bei. Die natürliche Visierlinie bestand aus einer Kimme mit einem Aufsatzschieber, der auch um je zehn Teilstriche nach beiden Seiten verschoben werden konnte, und dem Korn.
Für den Transport wurde das Geschütz mittels der Protzöse auf einem Minenwerfer-Karren aufgeprotzt und durch ein Pferd gezogen. Dieser Karren trug auch den Munitionsvorrat von 144 Schuß, der in sechs Kästen untergebracht war. Für den Einsatz auf dem Gefechtsfeld waren Zuggurte für vier Mann vorgesehen. Wie bei der Fischer-Kanone wurden auch hier vorerst Panzergranaten ohne Leuchtspur verwendet, die später durch solche mit Leuchtspur ersetzt wurden.
Von diesem Geschütz sollten, wie beim Krupp-Geschütz, die ersten zwölf Muster im September 1918 fertiggestellt werden. Nachdem vorerst 300 Stück bestellt wurden, das Krupp-Geschütz aber aufgegeben wurde, war die Bestellung damit automatisch auf 550 Stück erhöht. In der Folge stieg sie jedoch auf 1020 Stück. Durch die einfache Bauweise gelang es bis zum Ende des Krieges noch 600 solcher Waffen an die Front zu bringen. Seitens des Inspekteurs der Infanterie-Geschützbatterien wurde diese Rheinmetall-Waffe sehr günstig beurteilt. Sämtliche feindlichen Panzer konnten mit ihr erfolgreich bekämpft werden. Gelobt wird vor allem die einfache Bedienung, die große Beweglichkeit des Geschützes zufolge des leichten Gewichtes und der große Seitenrichtbereich. Außerdem wird betont, daß das Vollgeschoß seine Vorzüge hatte. Beim Kampf gegen eingedrungene oder durchgebrochene

Die Schließanleitung war bei der 37 mm Tankabwehrkanone Rheinmetall auf der Lafette vor dem Richtschützen angebracht. Aus ihr ist ersichtlich, daß das Geschütz für eine maximale Einsatzschußweite von 600 m bestimmt war. Außerdem, daß mit einer Geschwindigkeit der feindlichen Tanks bis 12 km/h gerechnet wurde.

Die 37 mm Tankabwehrkanone Rheinmetall in Feuerstellung. Durch den auf der Lafette sitzenden Richtschützen wurde die Standsicherheit der Waffe beim Schuß erhöht.

Tanks mußte in alle Richtungen geschossen werden. Hierbei ist bei diesem Geschoß die Gefährdung der eigenen Infanterie wesentlich geringer als bei einem Sprenggeschoß.

Zu beachten ist des weiteren der durchaus moderne Gedanke der dem *Einsatz dieser Panzerabwehrkanone* zugrunde gelegt wurde. Im Gegensatz zu den späteren Verzettelungen, bei denen Panzerabwehrwaffen häufig zugsweise auf die Infanterieeinheiten aufgeteilt wurden, war hier die Bewaffung der Minenwerfer-Bataillone vorgesehen. Jede dieser Einheiten sollte 32 solcher Tankabwehrkanonen erhalten.

Beschußversuche in Meppen hatten gezeigt, daß die bisherigen 37 mm Geschütze wohl gegen die derzeit im Einsatz befindlichen Tanks wirken konnten, gegen zukünftige stärkere Panzerungen aber wirkungslos waren. Auch war man mit den Vollgeschossen nicht zufrieden, da sie die Panzerung wohl durchschlugen, auf die Bedienung und Einrichtungen im Inneren aber nur geringe Wirkung ausüben konnten. Die Artillerie-Prüfungskommission stellte daher neue Forderungen auf, die teilweise, besonders hinsichtlich der geforderten Leistungen, richtungsweisend für die weitere Entwicklung der gesamten Panzerabwehrkanonen waren. Es waren dies im einzelnen für zukünftige 37 mm Geschütze:

- eine Anfangsgeschwindigkeit von 600 bis 650 m/sec,
- ein Geschoßgewicht von 0,6 bis 0,8 kg mit einer Sprengladung,
- eine Durchschlagsleistung von 21 mm Nickelstahlpanzerung auf 1500 m,
- eine Rohrlänge bis 40 Kaliber,
- ein halbautomatischer Verschluß,
- ein Geschützgewicht von etwa 130 bis 140 kg ohne Schild,
- die Zerlegbarkeit in drei Lasten für je zwei Mann oder sechs Lasten für je einen Mann,
- ein abnehmbarer Schild von mindestens 6 mm Stärke und
- als Lafette ein Schießgestell, das schnell fahrbar gemacht und von zwei Mann gezogen werden kann. Das Schießen soll sowohl vom Schießgestell als auch von der Räderlafette aus möglich sein.

Drei Firmen wurden aufgefordert entsprechende Entwürfe vorzulegen. Es waren dies Krupp, Rheinmetall und Henschel. Davon legte bereits am 29. Oktober 1918 Rheinmetall den Plan einer *37 mm Tankabwehrkanone mit größerer Leistung* vor. Wenn man die nachstehenden Leistungen betrachtet, findet man leicht heraus, daß dies ein direkter Vorläufer des späteren Panzerabwehrgeschützes der Deutschen Wehrmacht war. Bei einer Rohrlänge von 45 Kalibern verfeuerte diese Waffe

ein 750 g schweres Geschoß mit einer Anfangsgeschwindigkeit von 680 m/sec. Der Verschluß arbeitete halbautomatisch, schloß sich beim Ansetzen der Patrone und öffnete sich beim Rücklauf, wobei gleichzeitig die Patronenhülse ausgeworfen wurde. Das Gewicht in Feuerstellung einschließlich 20 Patronen und dem Zubehör betrug lediglich 250 kg. Ein Zerlegen in vier Traglasten war möglich. Die Waffe ist jedoch bis zum Kriegsende nicht mehr fertiggestellt worden.
Schon bei der Aufstellung der Forderungen für eine verstärkte 37 mm Panzerabwehrkanone war sich die Artillerie-Prüfungskommission darüber klar geworden, daß gegen zukünftige Panzer mit Plattenstärken um 50 mm, das kleine Kaliber nicht mehr ausreichen würde. In der Zukunft müßte daher zu Waffen mit einem größeren Kaliber übergegangen werden. Vor allem für die Abwehr auf größere Entfernungen hielt sie daher eine Panzerabwehrkanone von etwa 50 mm für das Richtige. Die Firma Krupp hatte bereits ein derartiges Rohr für die Bewaffnung von Tanks entworfen. Bei einem Kaliber von 52 mm sollte es eine Rohrlänge von 40 Kalibern erhalten. Für das Geschoßgewicht von 1,75 kg sollte die Anfangsgeschwindigkeit 600 m/sec betragen.

FRANKREICH

Die Schaffung von Panzerabwehrwaffen war für die französische Armee nicht von jener Dringlichkeit wie für die deutsche Armee. Abgesehen von einigen erbeuteten alliierten Tanks wurden auf deutscher Seite nur einige wenige eigener Konstruktion zum Einsatz gebracht. Trotzdem hatte man sich auf französischer Seite schon frühzeitig mit dem Problem befaßt. Ähnlich wie beim deutschen Heer wollte man sich auf Spezialgeschosse der Handfeuerwaffen und die Feldkanone stützen.
Als wirksamstes Nahabwehrmittel war in dem 1917 von deutschen Truppen erbeuteten französischen Verteidigungsplan gegen Tanks die *37 mm Infanteriekanone M.1916* angeführt. Es handelte sich dabei um ein Schnellfeuergeschütz mit Rohrrücklauf und Spreizlafette. Der Seitenrichtbereich von 40° war sehr groß. Durch einen Stützfuß konnte auch ohne Räder gefeuert werden. Gegen gepanzerte Fahrzeuge stand für diese Waffe eine 560 g schwere Stahlgranate mit einer Sprengladung von 25 g zur Verfügung. Die geringe Anfangsgeschwindigkeit von nur 363 m/sec reichte jedoch lediglich dazu aus, um auf 100 m Entfernung

Die französische Infanteriekanone M. 1916 auf Räderlafette. Zu beachten ist die Spreizlafette, ein Konstruktionselement, das im Ersten Weltkrieg noch wenig verwendet wurde. Dieses Geschütz wurde bis in den Zweiten Weltkrieg hinein eingesetzt.

etwa 16 mm Panzerung zu durchschlagen. Also eine für die Panzerabwehr vollkommen ungenügende Leistung. Trotzdem bildete sie für nahezu 20 Jahre die einzige Panzerabwehrwaffe des französischen Heeres. Eingesetzt wurde sie während des Ersten Weltkrieges in der Infanterie-Geschützkompanie des Infanterieregimentes in einem Zug zu drei Stück.
Die gleiche Waffe wurde auch von den Armeen *Großbritanniens* und *Belgiens* verwendet. Die *Vereinigten Staaten* kauften bei ihrem Eintritt in den Krieg 1917 von den Franzosen 621 solcher Geschütze. Nach amerikanischer Ansicht hatte sich das Geschütz gut bewährt. Der ursprünglich an die eigene Waffenindustrie erteilte Auftrag zur Fertigung von weiteren 1200 dieser Waffen wurde bis zum Kriegsende nahezu auf das Dreifache erhöht.

Das österreichisch-ungarische 37 mm Infanteriegeschütz M. 15 in Feuerstellung. Interessant ist hier die Verstrebung zwischen den Holmen des Dreibeins.

ÖSTERREICH–UNGARN

Als einziges Land außer den beiden bereits angeführten Staaten, hatte Österreich-Ungarn ein eigenes kleinkalibriges Infanteriegeschütz, das *37 mm Infanteriegeschütz M. 15*, eingeführt. Auch diese Waffe wäre gegen Tanks vollkommen wirkungslos gewesen. Zufolge der kurzen Rohrlänge von nur 10 Kalibern konnte die Minengranate mit gehärteter Spitze nur mit einer Anfangsgeschwindigkeit von 172 m/sec verfeuert werden. Damit wäre selbst auf 100 m Entfernung nur eine Panzerplatte von 6 mm durchschlagen worden. Aber auch die während des Krieges noch fertiggestellten Versuchsgeschütze mit Kalibern von 37 und 47 mm hätten nicht den Anforderungen an eine Panzerabwehrkanone entsprochen. Glücklicherweise für die österreichisch-ungarische Armee traten weder auf dem östlichen noch auf dem südlichen Kriegsschauplatz Tanks in Erscheinung. In diesem Fall wären auch hier nur die Feld- und Gebirgskanonen in der Lage gewesen eine wirkungsvolle Panzerabwehr zu gewährleisten.

Das gleiche Geschütz in Marschstellung. Die geringen Abmessungen der Waffe werden im Vergleich zum Bedienungsmann deutlich.

Die Zwischenkriegszeit 1919–1939

BEGINN DER PLANMÄSSIGEN VERSUCHE UND EINFÜHRUNG

Wie im vorhergehenden Abschnitt gezeigt wurde, hatte das Deutsche Reich, zumindest theoretisch, die Panzerabwehrfrage zu Ende des Ersten Weltkrieges einigermaßen gelöst. Praktisch war dies zufolge des zu späten Anlaufens der Produktion nicht mehr gelungen. Für das nächste Jahrzehnt fiel dieses Land für die Entwicklung aus. Durch den Friedensvertrag von Versailles wurde ihm die Ausstattung mit Panzerabwehrkanonen verboten. Das gleiche erfolgte übrigens auch durch den Friedensvertrag von Saint Germain für die nach der Zerschlagung der Donaumonarchie geschaffene Republik Österreich.
Die ersten Jahre nach dem Kriegsende waren durch die allgemeine Erschöpfung beeinflußt. Der Wiederaufbau der Wirtschaft hatte den Vorrang gegenüber der Waffenproduktion. Überdies waren in allen Staaten Bestände vorhanden, die weit über die Bedürfnisse des Friedensheeres mit seiner verringerten Stärke hinausgingen. Man begnügte sich daher vorerst um eine Konsolidierung der Streitkräfte. Ältere Waffen, die häufig schon bei Kriegsbeginn veraltet waren, wurden nunmehr endlich ausgeschieden. Dieser Zeitabschnitt war daher gekennzeichnet durch theoretische Erörterungen und die Auswertung der Kriegserfahrungen. Letztere fehlten jedoch gerade auf alliierter Seite, da diese Staaten im Kriege keinen deutschen Panzern gegenübergestanden waren und daher keine eigenen Erfahrungen auf dem Gebiet der Panzerabwehr hatten sammeln können. Sie mußten sich daher vor allem auf die deutschen Unterlagen stützen.
Die beschränkten finanziellen Mittel erlaubten in den ersten Jahren auch keine großzügigen Neuentwicklungen und Versuche. Man begnügte sich daher damit, die vorhandenen Waffen geringfügig zu verbessern. Dies erfolgte meist in der Form der Einführung von verbesserter Munition, die eine größere Wirkung ergeben sollte.
Man hoffte, auf diese Weise für den Anfang eine brauchbare Panzerabwehr zu schaffen. Hinzu kam noch die Unsicherheit über die weitere Entwicklung der Panzerwaffe. Die beiden Jahre des Panzereinsatzes waren zu kurz gewesen, um ein klares Kriegsbild zu schaffen, in dem der Panzer seinen festen Platz hatte. Bisher war er lediglich eine Infanterieunterstützungswaffe gewesen. Seine Hauptaufgabe war das Niederkämpfen der feindlichen Maschinengewehrnester, die im Laufe des Ersten Weltkrieges den Infanterieangriff verlustreich oder gar unmöglich gemacht hatten.
Der gesamte Zeitabschnitt zwischen den beiden Weltkriegen kann weiter in zwei große Perioden unterteilt werden. Das erste Jahrzehnt war durch die Versuche zur Schaffung neuer Infanterieunterstützungswaffen gekennzeichnet. Der Erste Weltkrieg hatte nämlich nicht nur die Panzerabwehrkanone, sondern auch das Infanteriegeschütz geschaffen. Die Anforderungen an diese beiden Waffen waren stark unterschiedlich. Das Infanteriegeschütz sollte der Truppe eine direkte Unterstützung geben. Dazu war die Artillerie nicht imstande. Das Feldgeschütz konnte zufolge seines Gewichtes nicht der Truppe auf dem Gefechtsfeld folgen. Damit fehlte aber eine Waffe, die in engster Verbindung mit der Infanterie kämpfen konnte. Ihre Aufgabe mußte es sein, den Angriff hemmende Hindernisse wie Maschinengewehrstellungen, Feindstellungen und in Ortschaften verschanzte Truppen zu bekämpfen. Auch hier

war eine zufriedenstellende Lösung nicht gelungen. Die Erfahrungen mit den für diese Aufgabe geschaffenen Waffen hatten gezeigt, daß ein Kaliber um 75 mm und ein Geschoßgewicht nicht unter 6 kg erforderlich waren. Andererseits mußte eine schmiegsame Flugbahn vorhanden sein, um sowohl im direkten Flachbahnschuß als auch im Steilfeuer hinter Deckungen wirken zu können.
Demgegenüber war für die Panzerabwehrkanone eine gestreckte Flugbahn erforderlich. Eine hohe Anfangsgeschwindigkeit war zur Erzielung einer ausreichenden Durchschlagsleistung notwendig. Da aber gleichzeitig eine hinreichende Beweglichkeit gefordert wurde, mußte man sich auf ein kleines Kaliber beschränken.
Obwohl also die Forderungen an ein Infanteriegeschütz und eine Panzerabwehrkanone sich in vielen Punkten widersprachen, wurde in der Folge immer wieder versucht, eine Mehrzweckwaffe für beide Aufgaben zu schaffen. Die Ansätze zu solchen Geschützen waren bereits durch die deutschen Entwicklungen des Ersten Weltkrieges gegeben. Zahlreiche Versuche mit Geschützen mit auswechselbaren Rohren verschiedenen Kalibers wurden zu diesem Zweck unternommen. Man wollte damit nicht nur Geld, sondern auch Bedienungsmannschaften sparen. Bis in die frühen dreißiger Jahre kann man derartige Waffen antreffen. Selbst viele sogenannte Infanteriekanonen, die noch zu Beginn des Zweiten Weltkrieges verwendet wurden, waren eigentlich Mehrzweckwaffen für die beiden obengenannten Aufgaben. Daß sie letztlich keiner von ihnen voll gerecht wurden, ist praktisch allen Kombinationswaffen gemeinsam.
Die zweite Periode umfaßt praktisch die dreißiger Jahre. Sie war gekennzeichnet durch die Schaffung echter Panzerabwehrkanonen. Nur damit konnten die feindlichen Panzer, die inzwischen beträchtliche technische Fortschritte gemacht hatten, erfolgreich bekämpft werden. Eines war den meisten dieser Geschütze gemeinsam: Sie hatten ein Kaliber zwischen 37 und 47 mm und konnten auf eine Entfernung von 500 m eine Panzerung von mindestens 40 mm durchschlagen. Diese Leistung war gegen die damaligen Kampfwagen voll ausreichend. Das Problem bestand nur mehr in der Beschaffung einer entsprechenden Anzahl.

DEUTSCHES REICH

Wie bereits erwähnt, war durch den Friedensvertrag von Versailles die Einführung von Panzerabwehrkanonen verboten worden. Andererseits konnte Deutschland auf die umfangreichste Erfahrung in der Panzerbe-

Die 37 mm Panzerabwehrkanone der Firma Rheinmetall. Sie war der Stammvater zahlreicher ähnlicher Waffen in verschiedenen Ländern.

kämpfung aus dem Ersten Weltkrieg hinweisen. In diesem Abschnitt wurde schon der Entwurf der Firma Rheinmetall für eine 37 mm Tankabwehrkanone mit größerer Leistung erwähnt. Diese Vorarbeit kam nun zum Tragen. Daß trotz des Verbotes die deutsche Waffenindustrie im Geheimen an solchen Waffen weiterarbeitete und die ausländische Entwicklung genau verfolgte, ist nur zu leicht verständlich. Dadurch blieb aber der deutschen Industrie die große Zahl von Fehlentwicklungen erspart, die vielfach die ausländische Waffenindustrie verfolgte.
Um das Jahr 1930 stellte die Firma Rheinmetall eine neue *37 mm Panzerabwehrkanone* vor. Sie wies alle jene Merkmale auf, die bis in den Zweiten Weltkrieg hinein diese Klasse kennzeichneten. Ein Rohr mit einer Länge von 45 Kalibern, eine hohe Anfangsgeschwindigkeit, einen ausreichenden Seitenrichtbereich, der den angewachsenen Geschwindigkeiten der Panzer angepaßt war, und einen horizontalen Schubkurbelkeilverschluß, der eine hohe Feuergeschwindigkeit ermöglichte. Diese Waffe wurde der Stammvater zahlreicher Konstruktionen des Auslandes und in verschiedenen, unterschiedlichen Ausführungen auch in zahlreiche Staaten geliefert. Andere Länder bauten die Waffe in Lizenz nach. Darauf wird bei der Behandlung der einzelnen Staaten noch eingegangen.
Die Entwicklung der späteren Standard-Panzerabwehrwaffe des Deutschen Heeres erfolgte in den Jahren bis 1933. Sie kam schließlich als *37 mm Panzerabwehrkanone 35/36* zur Einführung. In den meisten Punkten entsprach sie der im vorhergehenden Absatz beschriebenen Waffe. Durch verschiedene Verstärkungen, die vor allem durch die ausschließliche Verwendung für Kraftzug bedingt waren, war sie schwerer geworden. Das Gewicht war von 330 kg auf 450 kg angestiegen. Zu den wesentlichsten Merkmalen zählten die Luftgummibereifung und der 5 mm starke, seitlich abgekantete Schutzschild. Die Spreizlafette besaß Rohrholme. Die Rücklaufbremse und der Vorholer lagen in der Wiege unter dem Rohr. Zum Unterschied von vielen anderen Panzerabwehrkanonen verfeuerte sie Panzersprenggranaten und keine Vollgeschosse. Die Sprengladung hatte ein Gewicht von 13 g. Die Anfangsgeschwindigkeit betrug 745 m/sec. Viele Veröffentlichungen geben diese mit 762 m/sec an. Dieser Fehler beruht darauf, daß die vorher erwähnte Waffe diesen Wert aufwies. Die ersten Schußtafeln waren auch für diese Geschwindigkeit erstellt worden. Lediglich ein kurzer Nachsatz, der meist übersehen wurde, wies auf diesen Unterschied hin.

Die 3,7 cm Panzerabwehrkanone 35/36 in Feuerstellung. Sie war die Standardwaffe der deutschen Panzerabwehr bis zum Jahr 1941.

Das Geschütz wurde im spanischen Bürgerkrieg praktisch erprobt. In der Folge stellte sie bis zum Jahre 1940 die Ausstattung der deutschen Panzerabwehr dar. Am Beginn des Zweiten Weltkrieges besaß die Deutsche Wehrmacht nicht weniger als 11 200 solcher Geschütze. Die Gesamtfertigung lag bei etwa 20 000 Stück. Alle deutschen Divisionen besaßen die Waffe in großer Anzahl, wie die folgende Aufstellung zeigt:
- alle Infanteriedivisionen, auch jene der 2. bis 4. Welle, besaßen 75 Stück,
- die Gebirgsdivisionen 48 Stück,
- die Panzerdivisionen 48 Stück,
- die motorisierten leichten Divisionen 54 Stück und
- die Kavalleriebrigade 21 Stück.

Zum Unterschied von anderen Armeen setzte die Deutsche Wehrmacht ihre Panzerabwehrkanonen nicht verzettelt, sondern konzentriert ein. Als Beispiel soll hier die Verteilung in der Infanteriedivision näher beschrieben werden:
- jedes der drei Infanterieregimenter besaß eine Panzerabwehrkompanie (mot Z) zu 12 Kanonen,
- die Aufklärungsabteilung in ihrer schweren Schwadron einen Panzerabwehrzug (mot Z) zu 3 Kanonen und
- die Panzerabwehrabteilung der Division drei Panzerabwehrkompanien (mot Z) zu je 12 Kanonen.

Die 3,7 cm Panzerabwehrkanone 35/36 gezogen vom Kfz. 12.

Das gleiche Geschütz im Mannschaftszug.

Die geringere Zahl von Panzerabwehrkanonen bei der Gebirgsdivision ergibt sich aus dem Fehlen eines Regimentes, wodurch auch die Divisions-Panzerabwehrabteilung nur zwei Kompanien erhielt. Unterschiedlich war nur die Zuteilung bei den infanteristischen Verbänden der Panzerdivision und der leichten Division. Hier wurden die Kanonen in Zügen zu je drei Geschützen den Bataillonen zugeteilt. Dafür entfiel die Panzerabwehrkompanie des Regimentes.

Die für den Export durch die Firma Rheinmetall gefertigten 37 mm Panzerabwehrkanonen unterschieden sich in Einzelheiten vom Basismodell. Gemeinsam war ihnen jedoch, daß sie alle leichter gebaut waren als das Modell der Deutschen Wehrmacht. Andererseits besaßen sie alle eine höhere Anfangsgeschwindigkeit. So verfeuerte das an die Niederlande gelieferte Geschütz die Panzergranate mit 810 m/sec. Die Ausführung für Italien war leichter und besaß eine Anfangsgeschwindigkeit von 760 m/sec. Die beiden an Schweden gelieferten Modelle mit Rohrlängen von L/45 und L/50 erreichten bei einem Gewicht von 365 kg mit einer 0,7 kg schweren Panzergranate Anfangsgeschwindigkeiten von 760 und 810 m/sec. Das letztgenannte Geschütz war übrigens das einzige der gesamten Baureihe, das auch in der Rohrlänge abwich.

Über weitere Entwicklungen der deutschen Industrie auf diesem Gebiet ist in diesem Zeitabschnitt nur wenig bekannt geworden. Die Firma Rheinmetall baute Mitte der dreißiger Jahre eine etwas vergrößerte Version ihres bewährten 37 mm Geschützes, das mit Ausnahme des größeren Kalibers vollkommen gleichartig ausgelegt war. Diese *47 mm Panzerabwehrkanone* besaß ein Gewicht von 507 kg. Die 1,6 kg schwere Panzergranate wurde mit einer Anfangsgeschwindigkeit von 628 m/sec verfeuert. Schon aus diesen Daten geht hervor, daß die Durchschlagsleistung kaum größer gewesen sein kann als bei der 37 mm Waffe. Nur wenige dieser Geschütze wurden an die Niederlande verkauft.

Mehr Einzelheiten wurden über die *45 mm Panzerabwehrkanone L/50* der Firma Krupp veröffentlicht. Diese Waffe besaß den für solche Geschütze allgemein üblichen Fallblockverschluß. Die Rohrbremse mit einem rücklaufenden Bremszylinder war von den beiden Schraubenfedern des Vorholers umgeben. Die Holme der Spreizlafette waren, im Gegensatz zur üblichen Rheinmetall-Ausführung, kastenförmig ausgebildet. Die Räder wurden mittels Drehstäben abgefedert; beim Spreizen der Lafette schaltete sich diese Achsfederung selbsttätig aus. Der wesentliche Vorteil des Geschützes lag aber in der höheren Leistung. Verglichen mit der 37 mm Panzerabwehrkanone war die Panzergranate mit 1,385 kg nahezu doppelt so schwer, während die Anfangsgeschwindigkeit mit 750 m/sec etwa gleichwertig war. Damit war jedoch eine höhere Durchschlagsleistung gewährleistet. Das Gewicht lag mit 500 kg nur unwesentlich über jenem des anderen

Die 45 mm Panzerabwehrkanone L/50 der Firma Krupp wurde von der Deutschen Wehrmacht nicht eingeführt.

Geschützes. Obwohl diese Kanone vor Kriegsbeginn zur Verfügung stand, hat die Deutsche Wehrmacht auf seine Einführung verzichtet. Über die Gründe für diesen Entschluß können nur Vermutungen angestellt werden. Mit großer Wahrscheinlichkeit ist anzunehmen, daß einerseits die hohen Kosten der Umrüstung und andererseits die zu erwartenden Schwierigkeiten auf dem Versorgungssektor sich hemmend ausgewirkt haben. Man darf nicht vergessen, daß auch die Panzerkanonen der damaligen mittleren Kampfpanzer die gleiche 37 mm Munition verfeuerten.

Außerdem war zum Zeitpunkt des Kriegsbeginnes bereits die Entwicklung neuer Panzerabwehrkanonen mit größeren Kalibern eingeleitet worden. Der Konstruktionsauftrag für die 5 cm Panzerabwehrkanone war 1938, jener für die 7,5 cm Panzerabwehrkanone 1939 erteilt worden. Beide besaßen wohl höhere Leistungen als das Krupp-Modell, ihr Gewicht betrug jedoch bereits das Mehrfache. Da ersteres Geschütz Ende 1940, das zweitgenannte 1941 zur Truppe gelangte, wird an dieser Stelle nicht näher auf sie eingegangen. Ob sich mit der 45 mm Panzerabwehrkanone die tragische Geschichte der deutschen Panzerabwehr im ersten Jahr des Rußlandfeldzuges beim Auftreten des sowjetischen T-34 hätte vermeiden lassen, ist eine andere Frage. Es zeigt sich jedoch, daß einmal getroffene Entscheidungen sich später kaum mehr korrigieren lassen. Vor allem in Friedenszeiten ist ein rascher Wechsel in der Bewaffnung schon aus finanziellen Gründen nicht durchführbar.

An dieser Stelle soll nicht unerwähnt bleiben, daß bereits seit 1934 an gepanzerten Selbstfahrlafetten auf Halbkettenfahrgestellen gearbeitet wurde. Verschiedene Modelle der 7,5 cm Selbstfahrlafette L/40,8 wurden gebaut. Die Anfangsgeschwindigkeit der Kanone betrug 685 m/sec. Ähnlich war auch die 3,7 cm Selbstfahrlafette L/70, bei der das Panzergeschoß mit 900 m/sec verfeuert wurde. Alle diese Typen besaßen Drehtürme mit einem Seitenrichtbereich von 360°. Sie gelangten jedoch nicht über das Versuchsstadium hinaus, meist blieb es sogar beim Bau eines einzelnen Prototyps. Wären diese Fahrzeuge in Serie gebaut worden, hätte die Lage der deutschen Panzerabwehr in den ersten Kriegsjahren wesentlich besser ausgesehen.

Noch älter war aber der Prototyp einer ungepanzerten Selbstfahrlafette auf einem WD-Traktor, einem Vollkettenfahrzeug, auf den die damals noch als 3,7 cm

Tankabwehrkanone L/45 bezeichnete Waffe von Rheinmetall aufgebaut worden war.

FRANKREICH

Nach dem Kriege wurde eine Kommission eingesetzt, die auf Grund der Kriegserfahrungen Vorschläge für die Neubewaffnung machen sollte. Ihr Vorsitzender, General Herr, war im Krieg Generalinspekteur der französischen Artillerie gewesen und wurde durch zahlreiche Veröffentlichungen international bekannt. Er unterschied von vornherein zwischen dem Infanteriegeschütz und der Panzerabwehrkanone. Weit seiner Zeit voraus war die Forderung, daß die Geschütze gepanzert sein müßten, da sie nur solcherart immer mit der Infanterie im Bereich des feindlichen Maschinengewehrfeuers eingesetzt werden konnten. Auch sei die Beweglichmachung durch Pferdezug unmöglich. Damit es sich im Kampfgelände bewegen könne, müsse also eine Selbstfahrlafette auf einem Raupenfahrgestell geschaffen werden. Er schlug daher den Bau einer Waffe mit etwa folgenden technischen Daten vor:

- Kaliber 75 mm
- Rohrlänge 45 Kaliber
- Geschoßgewicht 7,2 kg
- Anfangsgeschwindigkeit 700 m/sec
- Sockellafette auf einem Raupenfahrgestell, Seitenrichtbereich 360° und
- Gewicht in Feuerstellung von etwa 9000 kg.

Man sieht schon aus dieser Forderung, daß sie praktisch zu einem leichtgepanzerten Jagdpanzer führten. Die ballistischen Leistungen des Geschützes entsprachen etwa jenen Werten, die erst 1940 von den Panzerabwehrkanonen erreicht wurden. Damit war General Herr seiner Zeit um zwanzig Jahre voraus.

Gemäß diesen Vorschlägen entwickelte die Firma St. Chamond eine *75 mm Autokanone M. 24.* Es handelte sich dabei um ein leichtgepanzertes Räder-Raupenfahrzeug mit drei Mann Besatzung. Die Waffe hatte einen Seitenrichtbereich von 40°. Das etwa 7 t schwere Fahrzeug sollte 18 km/h auf der Straße und 7 km/h im Gelände erzielen. Auf dem Fahrzeug selbst war ein Munitionsvorrat von 50 Schuß untergebracht, auf einem Anhänger befanden sich weitere 150 Schuß. Leider sind über das Geschütz selbst keine näheren Angaben bekannt.

Als etwas leichteres Modell entwickelte St. Chamond eine *45 mm Autokanone M. 24.* Es handelte sich ebenfalls um ein Räder-Raupenfahrzeug. Die Panzerung betrug 25 mm an der Front und 20 mm an der Seite. Weitere Leistungen wurden nicht veröffentlicht, außer daß das Geschütz auf eine Entfernung von 300 m eine Panzerung von 30 mm durchschlagen sollte. Daraus kann auf ein Geschoßgewicht von etwa 1,2 kg und eine Anfangsgeschwindigkeit um 520 m/sec geschlossen werden. Obwohl die Leistung wesentlich unter den ursprünglichen Forderungen lag, muß abermals die fortschrittliche Lösung beachtet werden.

Eine andere Lösung schlug der bekannte Konstrukteur Oberstleutnant Rimailho vor. Er vertrat die Ansicht, daß eine Infanterieunterstützungswaffe in vorderster Linie eingesetzt werden müsse und nicht, wie die Selbstfahrlafetten des General Herr, aus einer rückwärtigen Stellung. Aufgrund seiner Vorschläge konstruierte St. Chamond das *45 mm Infanteriegeschütz M. 1923.* Es war dies eine Mehrzweckwaffe zur allgemeinen Infanterieunterstützung und zur Panzerabwehr. Vermutlich wurden nur Zeichnungen erarbeitet, da Fotos eines fertiggestellten Geschützes nicht bekannt geworden sind. Die Waffe besaß eine Kastenlafette und sollte mit einer einspännigen Protze fahrbar gemacht werden. Auf dem Gefechtsfeld sollte sie von der Mannschaft gezogen werden oder in vier Traglasten zerlegt werden. Das Gewicht in Feuerstellung betrug 198 kg. Gegen Panzer war eine Panzergranate von 1,2 kg Gewicht vorgesehen, das bei einer Anfangsgeschwindigkeit von 450 m/sec auf 300 m Entfernung eine 30 mm starke Panzerung durchschlagen konnte. Nachteilig war jedoch der geringe Seitenrichtbereich von nur 7°.

Gerüchten zufolge soll sich gegen Ende der zwanziger Jahre die französische Heeresverwaltung mit Versuchen zum Bau einer *40 mm Panzerabwehrkanone L/40* befaßt haben. Eine Spreizlafette sollte den erforderlichen Seitenrichtbereich gewährleisten. Bei einem Geschoßgewicht von 0,9 bis 1,0 kg und einer Anfangsgeschwindigkeit von 850 m/sec konnten bei senkrechtem Auftreffen noch auf 1000 m Entfernung Panzerungen bis 40 mm durchschlagen werden.

Trotz aller Prototypen und Versuche gelangte vorerst keine neue Panzerabwehrwaffe zur Einführung. Neben der alten 37 mm Infanteriekanone M. 1916, für die eine verbesserte Panzergranate geschaffen wurde, sollte das 13,2 mm Hotchkiss-Maschinengewehr M. 30 zur Panzerabwehr herangezogen werden. Die Durchschlagsleistung dieses großkalibrigen Maschinengewehres von 20 mm auf 100 m Entfernung war jedoch wie bei den ähnlichen Waffen anderer Länder für diesen Zweck nicht ausreichend.

Anfang der dreißiger Jahre schritt man in Frankreich, wie in vielen anderen Staaten, endgültig an die Schaffung einer echten Panzerabwehrkanone. Der typische französische Individualismus führte wieder einmal zu einer Lösung, die aus dem Rahmen fiel. Während alle anderen Armeen Panzerabwehrkanonen mit einem Kaliber zwischen 37 und 47 mm wählten, entschloß man sich in Frankreich zu einem Kaliber von 25 mm. Man gab einer hohen Durchschlagsleistung den Vorrang gegenüber der Wirkung eines größeren Geschosses.

Als erste derartige Waffe wurde von der Firma Hotchkiss die *leichte 25 mm Panzerabwehrkanone M. 1934* (Canon léger de 25 mm antichar S. A. mle. 1934) entwickelt. Sie kam ab 1935 zur Truppe. Gekennzeichnet war die Waffe durch ihr langes Rohr mit dem aufgeschraubten Mündungsfeuerdämpfer. Um die hohe Anfangsgeschwindigkeit von 918 m/sec, übrigens die höchste zu Beginn des Zweiten Weltkrieges, zu erreichen, war eine Rohrlänge von 1,80 m, das sind 72 Kaliber, erforderlich. Die Einsatzschußweite gegen Panzer war auf 800 m, jene gegen leichtgepanzerte Ziele auf 1500 m, festgelegt worden. Dank der hohen Anfangsgeschwindigkeit konnte noch auf Entfernungen von 500 bis 800 m, je nach der Festigkeit des Panzermaterials, eine solche von 40 mm durchschlagen werden. Diese Leistung lag im Bereich jener der Panzerabwehrkanonen größeren Kalibers, mußte aber auch mit einem ähnlichen Gewicht bezahlt werden. Je nach der Fertigung lag dieses zwischen 480 und 496 kg. Ein halbautomatischer Fallblockverschluß gewährleistete eine hohe Schußfolge. Dies wurde noch durch das geringe Patronengewicht von 0,86 kg bei einem Geschoßgewicht von 0,32 kg unterstützt. Die Waffe verfeuerte panzerbrechende Geschosse mit und ohne Leuchtspur, die aus einem Tombakmantel mit gehärtetem Stahlkern bestanden. Der Kern wog je nach dem Geschoßmodell 200 bis 210 g. Als Unterscheidungsmerkmal gegenüber dem späteren Modell kann der Schild herangezogen werden. Er besteht aus zwei Teilen, einem feststehenden U-förmigem Vorderteil und einem sich mit der Oberlafette bewegenden dahinterliegendem Teil. Das Geschütz besaß einen verhältnismäßig geringen Höhenrichtbereich. Er reichte nur von −5 bis +15°. Damit konnten sich Schwierigkeiten im hügeligen Gelände ergeben. Der Transport konnte auf drei verschiedene Arten durchgeführt werden:

- im Kraftzug hinter Kettenzugmaschine, Halbkettenzugmaschine oder Lastkraftwagen, wobei eine Zuggeschwindigkeit bis zu 80 km/h zugelassen war,
- im Pferdezug, einspännig hinter einem leichten Protzkarren oder
- verlastet auf Lastkraftwagen.

Die britische Armee, die mangels ausreichender eigener Bestände zu Kriegsbeginn eine Anzahl dieser Geschütze ankaufte, beklagte sich jedoch, daß das Geschütz trotz seiner Achsfederung für den Kraftzug zu schwach gebaut sei und zog es vor, dieses auf Lastkraftwagen zu befördern.

Die Fertigung setzte im Juni 1935 ein. Vorerst war die Beschaffung von nicht weniger als 6000 Geschützen geplant, eine Zahl, die später auf 8000 Stück erhöht wurde. Tatsächlich wurden innerhalb von 12 Monaten mehr als 1500 Geschütze geliefert. Im folgenden Jahr fiel die Zahl jedoch auf 500 ab und stieg erst wieder nach der Verstaatlichung der Rüstungsindustrie im Sommer 1937 an. Trotzdem waren Anfang Mai 1940 erst

Die französische 25 mm Panzerabwehrkanone M. 1934. Im Hintergrund sind italienische Infanteriegeschütze 47/32 zu erkennen.

4558 Panzerabwehrkanonen aller drei Modelle bei der Truppe.
Das Modell 1934 zeigte sich als verhältnismäßig schwer für den Pferdezug und auch die nicht motorisierte Infanterie ließ den Ruf nach einer leichteren Waffe, allerdings mit gleicher Leistung, laut werden. Daraufhin entwickelte das staatliche Atélier Puteaux die *leichte 25 mm Panzerabwehrkanone M. 1937* (Canon léger de 25 mm antichar S. A.-L. mle. 1937). Tatsächlich gelang es, das Gewicht auf 300 kg zu senken. Dies wurde erreicht, indem man vor allem die Lafette leichter ausführte. Trotz einer auf 77 Kaliber vergrößerten Rohrlänge blieben die ballistischen Werte unverändert. Das Geschütz war vor allem für den Pferdezug bestimmt. Der wie beim Modell 34 sieben mm starke Schild war dreiteilig. Die beiden Seitenteile konnten mittels Scharnieren umgeklappt werden. Das Rohr selbst bewegte sich im Schild mittels einer Kugelblende. Um die Lafette beim Schuß zu entlasten, befand sich unter der Achse ein abklappbarer Schießpilz, wodurch eine Dreipunktlagerung gegeben war. Charakteristisch ist auch die frei um das Rohr herum angeordnete Spiralfeder als Rücklaufbremse.
Auch die Firma Hotchkiss hatte aufgrund der Forderungen an einer leichteren Form ihres Geschützes gearbeitet. Unter Beibehaltung der Rohrlänge, Leistung und Form gelang es ihr, nur durch geringere Bemessung verschiedener Bauteile, das Gewicht um 100 kg auf 380 kg zu senken. Äußerlich unterscheidet sich diese *leichte 25 mm Panzerabwehrkanone M. 1934/1939* (Canon léger de 25 mm antichar S. A. mle. 1934–1939) kaum vom ursprünglichen Grundmodell.
Während die 25 mm Geschütze vor allem für die Zuteilung zu den Bataillonen und Regimentern bestimmt waren, wurde in der Folge noch ein schwereres Modell für die Divisions-Panzerabwehreinheiten entwickelt. Das Ergebnis war die *47 mm Panzerabwehrkanone M. 1937* (Canon de 47 mm antichar S. A. mle. 1937). Es handelte sich dabei wieder um eine Entwicklung des Atélier Puteaux. Das autofrettierte Rohr mit einer Länge L/53 besaß einen halbautomatischen Fallblockverschluß. Durch die hohe Anfangsgeschwindigkeit von 855 m/sec, mit der das 1,725 kg schwere Panzergeschoß verfeuert wurde, konnte noch auf 800 m Entfernung eine Panzerung von 70 mm bei

Die 25 mm Panzerabwehrkanone M. 1934 im Einsatz bei den britischen Truppen.

Die leichte 25 mm Panzerabwehrkanone M. 1937 unterscheidet sich äußerlich vom älteren Modell vor allem durch die um das Rohr gelegte Spiralfeder und den einteiligen Schild.

Auf- und Grundriß der 25 mm Panzerabwehrkanone M. 1937.

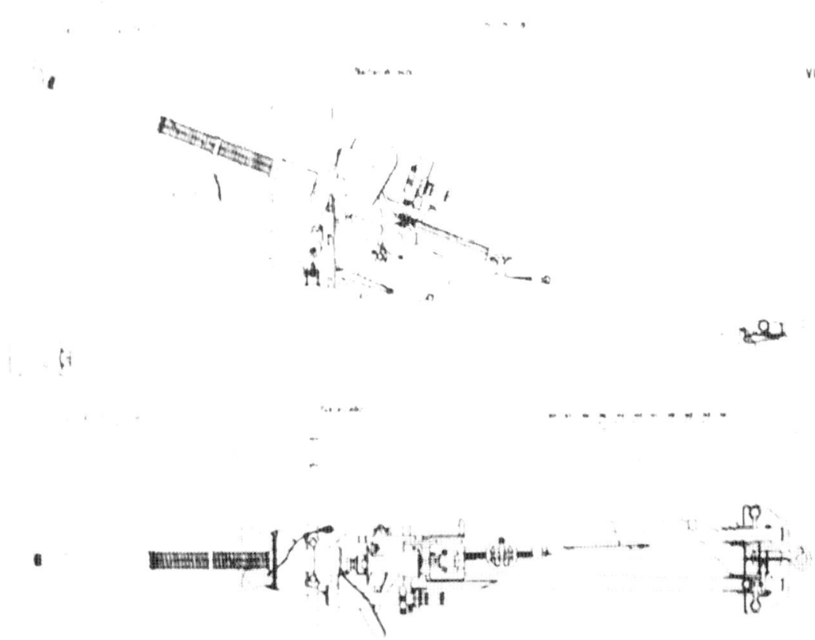

senkrechtem Auftreffen durchschlagen werden. Damit wurde diese Waffe zum leistungsfähigsten Panzerabwehrgeschütz zu Beginn des Zweiten Weltkrieges. Der Preis dafür war ein Gewicht von 1070 kg. Allerdings lag auch der Seitenrichtbereich von 68° über dem allgemeinen Durchschnitt. Auch die Baurart mit hydraulischer Rücklaufbremse und einem Luftvorholer wich von den anderen Panzerabwehrkanonen ab. Die Leichtmetallguß-Scheibenräder besaßen eine Vollgummibereifung und waren mittels Schwingschenkeln an der Achse befestigt. Durch diese Radform war allerdings die zulässige Höchstgeschwindigkeit auf 35 km/h beschränkt. Interessant ist vielleicht noch, daß man, um die Fertigung der Panzerabwehrkanonen zu beschleunigen, für die ersten Geschütze Rohre der 47 mm Schiffskanone M 1902 verwendete.
Bei Kriegsbeginn hatte man im Atélier Puteaux die

Die 47 mm Panzerabwehrkanone M. 1937 war die leistungsfähigste Panzerabwehrkanone zu Beginn des Zweiten Weltkrieges.

Die französische 47 mm Panzerabwehrkanone M. 1937 im Einsatz in Nordafrika.

Pläne für ein neues Modell fertiggestellt. Die Fertigung dieser *47 mm Panzerabwehrkanone M. 1939* (Canon de 47 mm antichar S. A. mle. 1939) lief aber nicht mehr an. Dieses Geschütz hätte im wesentlichen dem Modell 1937 entsprochen, jedoch einige Verbesserungen aufgewiesen.
In der ersten Planung waren 612 Stück der schweren Panzerabwehrkanone vorgesehen. Schon im Jahr der Einführung wurde die Zahl aber auf 2160 erhöht. Damit sollten 180 Batterien zu je zwölf Geschützen aufgestellt werden. Der verspätete Anlauf der Serienfertigung und Schwierigkeiten in der Materialbeschaffung verhinderten jedoch das Erreichen der Planzahlen. So konnten bis Anfang Mai 1940 erst 1120 dieser Geschütze ausgeliefert werden.
Ursprünglich war geplant, jede Division mit nicht weniger als 88 Panzerabwehrkanonen auszustatten. Es sollte sich dabei um 76 Stück 25 mm und 12 Stück 47 mm Kanonen handeln. In der Praxis wurden diese Zahlen nicht erreicht. Die Zuteilung sah im allgemeinen wie folgt aus:
- jedes Infanteriebataillon besaß zwei 25 mm Kanonen in seiner Begleitwaffenkompanie,
- jedes Infanterieregiment sechs 25 mm Kanonen in der Regiments-Begleitwaffenkompanie,
- die Divisions-Aufklärungsabteilung einen Zug zu zwei 25 mm Kanonen und
- die Divisions-Panzerabwehrbatterie zwölf 47 mm Kanonen.

Die motorisierte Infanteriedivision war ähnlich ausgestattet, nur besaß sie in der Regiments-Begleitwaffenkompanie neun statt sechs 25 mm Kanonen. Bei den leichten mechanisierten Divisionen und den Panzerdivisionen besaß allgemein jedes Infanteriebataillon einen Panzerabwehrzug mit 25 mm Kanonen und die Division eine Panzerabwehrbatterie mit 47 mm Kanonen. Die mechanisierte Division hatte überdies eine zusätzliche Panzerabwehrkompanie mit zwölf 25 mm Kanonen.
Es mag an dieser Stelle überraschen, daß die wohl berühmteste französische Waffenfirma, die Firma Schneider, an der Fertigung von Panzerabwehrkanonen nicht beteiligt war. Sie hatte sich jedoch mehr auf das Gebiet der Feldgeschütze und schweren Geschütze spezialisiert, so daß nur wenig Kapazität für ein weiteres

Arbeitsgebiet freiblieb. Dennoch hat sie als Firmenentwicklung eine Panzerabwehrkanone konstruiert und gefertigt, die jedoch von der französischen Armee nicht eingeführt wurde. Es handelte sich hierbei um die *47 mm Panzerabwehrkanone L/44,* die von Rumänien angekauft und unter der Bezeichnung M 36 in der Armee geführt wurde. Zu den auffallendsten Merkmalen zählen die großen, vollgummibereiften Scheibenräder. In Feuerstellung wurde ein Schießpilz herabgeklappt und derart eine Dreipunktauflage hergestellt, wobei die Räder entlastet wurden. Nunmehr konnten sie nach vorne geschwenkt werden und vergrößerten so den Schutzraum für die Bedienungsmannschaft. Abweichend von den sonstigen französischen Konstruktionen besaß diese Waffe Rohrholme.

An dieser Stelle muß auf die Entwicklung eingegangen werden, die bereits kurz nach der Jahrhundertwende eingeleitet wurde, aber erst knapp vor dem Zweiten Weltkrieg zum Tragen kam. Vor allem ist der französische Beitrag auf diesem Gebiet weitgehend unbekannt. Es handelt sich dabei um Panzerabwehrwaffen mit konischem Rohr. Diese sind erst durch die deutschen Modelle des Zweiten Weltkrieges bekannt geworden.

All diese Entwicklungen gehen auf ein Patent aus dem Jahre 1903 zurück, das einem Herrn Karl Puff erteilt worden war. In der Öffentlichkeit bekannt wurde es dann in den Jahren 1905 bis 1907. Zur praktischen Anwendung kam es aber vorerst nicht. Die Idee wurde 1929 vom deutschen Ing. H. Gerlich wieder aufgegriffen. Eine Versuchswaffe im Kaliber von 7 mm führte er in den Jahren 1934 bis 1936 den interessierten Staaten vor. Das konische Rohr kam dem Bestreben der Waffentechniker entgegen, die kinetische Energie des Geschosses zu vergrößern. Die Beziehung zwischen der Mündungsenergie und den sie erzeugenden Kräften, ohne Berücksichtigung der Reibung im Rohr, kann in der Form

$$\frac{1}{2} \cdot \frac{G}{g} \cdot V_o^2 = p_m \cdot f \cdot s_o$$

dargestellt werden. Darin bedeutet G das Geschoßgewicht in kg, g die Erdbeschleunigung in m/sec^2, p_m den mittleren Gasdruck am Geschoßboden in kg/cm^2, f den Seelenquerschnitt in cm^2, s_o den Weg des Geschoßbodens im Rohr in m und V_o die Anfangsgeschwindigkeit in m/sec. Die Erhöhung des mittleren Gasdruckes war wegen der des damit verbundenen maximalen Gasdruckes und der Rohrfestigkeit, die der Rohrverlängerung aus Gründen der Rohrsteifigkeit, nur im beschränktem Maße möglich. Beim konischen Rohr wird bei gleichbleibendem Geschoßgewicht die Fläche, die den Pulvergasen ausgesetzt ist, vergrößert. Der Nachteil des Prinzips liegt jedoch in der schwierigen Herstellung der Rohre und dem hohen Verschleiß. Daran sollte schließlich die gesamte Entwicklung scheitern.

Das französische Interesse an den konischen Rohren kann bis in das Jahr 1934 zurückverfolgt werden. Damals führte Ing. Gerlich der französischen Armee in Calais seine 9,5/7 und 6,2 mm Rohre vor. Dabei wurden Anfangsgeschwindigkeiten von 1300 m/sec erreicht. Nach dem gleichen Prinzip fertigte nunmehr die Firma Larsen in Otterup (Dänemark) die Rohre und Enger in Oslo die Munition. Hierbei entstanden Waffen der Kaliber 13 und 20 mm. Die französische Armee war besonders am 20 mm Kaliber interessiert, und eine Kommission wohnte vom 28. November bis 3. Dezember 1936 den Versuchen in Otterup bei. Im Jahre 1938 wurde dann ein Vertrag zwischen der Armee und der Firma Larsen über die Lieferung derartiger Waffen samt Munition abgeschlossen. Von den nunmehr auf ein Kaliber von 27/20 mm festgelegten Geschützen war ursprünglich die Lieferung von 53 Rohren mit je 500 Schuß Munition vorgesehen. Später wurde dies auf 50

Die an Rumänien gelieferte 47 mm Panzerabwehrkanone L/44 der Firma Schneider. Zu beachten sind die nach vorne geschwenkten Räder zur Vergrößerung des Schutzraumes für die Bedienungsmannschaft.

Rohre mit 50 000 Schuß abgeändert, von denen aber nur 10 000 Schuß von der Firma Larsen, die restlichen 40 000 von der französischen Firma Manurhin, gefertigt werden sollten. Nach den vorliegenden Unterlagen dürfte der Auftrag voll ausgeliefert worden sein, da noch aus der Zeit vor dem deutschen Angriff auf Frankreich Testberichte über das Rohr Nr. 49 vorliegen.

Da es sich um die ersten eingeführten konischen Waffen handelt, sollen die Lieferbedingungen, die zwischen der Firma Larsen und der französischen Armee ausgehandelt wurden, in den wesentlichsten Punkten wiedergegeben werden:

- Anfangsgeschwindigkeit über 1400 m/sec,
- maximaler Gasdruck unter 3900 kg/cm^2,
- Summe aus Höhen- und Seitenstreuung auf 200 m unter 60 cm,
- Panzerdurchschlag auf 500 m bei einem Auftreffwinkel von 70° mindestens 30 mm.

Die folgenden Versuche zeigten, daß die gelieferten Rohre diese Anforderungen im allgemeinen erfüllten. Die konischen Waffen zeigten sich den vorhandenen 25 mm Panzerabwehrkanonen besonders auf Entfernungen bis 550 m überlegen. Um möglichst schnell und zu geringen Preisen einsatzbereite Panzerabwehrkanonen zu schaffen, wurde vorgeschlagen, die Rohre in vorhandene Lafetten des alten französischen 37 mm Infanteriegeschützes M. 1916 einzulegen. Später dachte man daran, für 40 Rohre die Lafette der leichten 25 mm Panzerabwehrkanone M. 1937 zu verwenden. Ein 140 g schweres Geschoß wurde mit einer Anfangsgeschwindigkeit von 1420 m/sec verfeuert. Der maximale Gasdruck lag dabei um 3450 kg/cm^2. Auch die Streuung der Höhe und Breite nach betrug auf eine Enfernung von 200 m nur 26 cm anstelle der Forderung von höchstens 60 cm. Die gesamte Waffe war mit 170 kg sehr leicht.

Parallel zu dieser Entwicklung liefen aber bereits Arbeiten an weiteren Projekten an. Im einzelnen handelte es sich um

- eine 11/7,5 mm Waffe für die Infanterie als Panzerbüchse,
- eine 29/20 mm Waffe, bei der es sich um die französische Version der Larsen-Waffe handeln dürfte,
- eine 20/14 mm Waffe, die auch als Selbstlader und als Vollautomat geplant war, sowie
- eine 40 mm Waffe als Panzer- und Panzerabwehrkanone.

Zumindest ein Exemplar der 29/20 mm Waffe muß gebaut worden sein, da ein Testbericht vom 13. Jänner 1939 vorliegt, der den Abfall der Anfangsgeschwindigkeit in Abhängigkeit von der Schußzahl im Vergleich zu jenem der 25 mm Panzerabwehrkanone ausweist.

Anfangsgeschwindigkeit in m/sec nach	29/20 mm Waffe	25 mm Waffe
0 Schuß (neu)	1384	900
300 Schuß	1300	930
400 Schuß	900	930
1000 Schuß		900
1400 Schuß		870

Dem hohen Rohrverschleiß hoffte man durch Hartverchromen der Rohrinnenfläche entgegenwirken zu können. Daneben liefen aber auch weitere Versuche. So dachte man daran, dem Rohrverschleiß dadurch begegnen zu können, daß man kein über die gesamte Länge konisches Rohr verwendete, sondern lediglich eine konische Mündung aufsetzte. Bei kleinen Kalibern sollen damit auch brauchbare Ergebnisse erzielt worden sein. Dadurch konnte aber jede Panzerabwehrkanone durch das Anbringen eines derartigen Fortsatzes zum Verfeuern solcher Flanschgeschosse eingerichtet werden. Praktisch kam diese Entwicklung erst während des Zweiten Weltkrieges in Großbritannien als »Littlejohn Muzzle Adapter« zum Einsatz.

GROSSBRITANNIEN

Im Ersten Weltkrieg hatte auch Großbritannien die französische 37 mm Infanteriekanone M. 1916 verwendet. Da sich ihre Leistung als ungenügend erwiesen hatte, wurde sie nach dem Kriege wieder ausgeschieden. Als Aushilfsmaßnahme wurden in der Folge die 94 mm Gebirgshaubitze M 18, sowie verschiedene Abarten der bekannten 83,8 mm Feldkanone eingesetzt. Die Mark IV mit ihrer Radkranzbettung hatte den Vorteil eines größeren Seitenrichtbereiches gegenüber der

Mark V mit Spreizlafette. Als bewegliche Waffe der Panzerabwehr wurde in der Folge auch die 83,8 mm Feldkanone in Birchlafette erprobt. Mit einem verlängerten Rohr war diese Waffe mit einer Sockellafette auf eine Selbstfahr-Raupenlafette gesetzt worden. Dieser 1925 erprobte Typ erreichte bei einem Gewicht von 12 t eine Höchstgeschwindigkeit von 24 km/h. Er kam jedoch nicht zur Einführung. In den nächsten Jahren konzentrierte man sich vor allem auf Maschinenwaffen mit Kalibern zwischen 12,7 und 25,4 mm. Die erzielten Durchschlagsleistungen sprachen jedoch gegen ihre Verwendung bei der Truppe. Die folgenden Jahre waren daher gekennzeichnet durch den Bau verschiedener kleinkalibriger Geschütze.

Als erstes ist hier das *Beardmore 40 mm Infanteriegeschütz* anzuführen. Trotz eines verhältnismäßig kurzen Rohres erreichte es mit einer 0,91 kg schweren Panzergranate eine Anfangsgeschwindigkeit von 473 m/sec, die später auf 579 gesteigert werden konnte. Der Fallblockverschluß mit Repetierspannabzug ermöglichte eine hohe Feuergeschwindigkeit. Die Schenkel der Spreizlafette waren mit schrägen Zapfen in den Lagern an der Radachse befestigt. Durch ein Drehen der Lafettenschenkel um 180° wurden sie aus der Fahrstellung in die Spreizstellung mit einem Winkel von je 20°, gemessen ab Waffenachse, gebracht. Das Geschütz konnte nur mit abgenommenen Rädern eingesetzt werden. Beim Feuern stützte sich daher die Lafette auf zwei Stützfüße unter der Achse und die Lafettenholme. Dadurch entstand eine Vierpunktlagerung, also keine optimale Abstützung. Das Geschütz verfeuerte eine Panzersprenggranate, die im Panzer wesentlich größere Zerstörungen verursachte, als das später bei der eingeführten Panzerabwehrkanone verwendete Vollgeschoß. Der Transport der nur 189 kg schweren Waffe konnte mittels eines Pferdes, das direkt an die Lafettenschenkel angespannt wurde, oder im Mannschaftszug erfolgen. Überdies bestand die Möglichkeit der Zerlegung in fünf Mannschaftstraglasten mit einem Höchstgewicht von 39,5 kg. Da die Panzerdurchschlagsleistung auf eine Entfernung von 300 m nur etwa 30 mm betrug, wurde diese Konstruktion nicht weiter verfolgt.

Noch unzureichender war das *Vickers 40,4 mm Infanteriegeschütz*. Bei einer Rohrlänge von nur L/15,5 besaß

Das Beardmore 40 mm Infanteriegeschütz in seiner ersten Form.

Später legte Beardmore in die gleiche Lafette ein längeres 40 mm Rohr ein.

Das Vickers 40,4 mm Infanteriegeschütz auf seiner Dreibeinlafette.

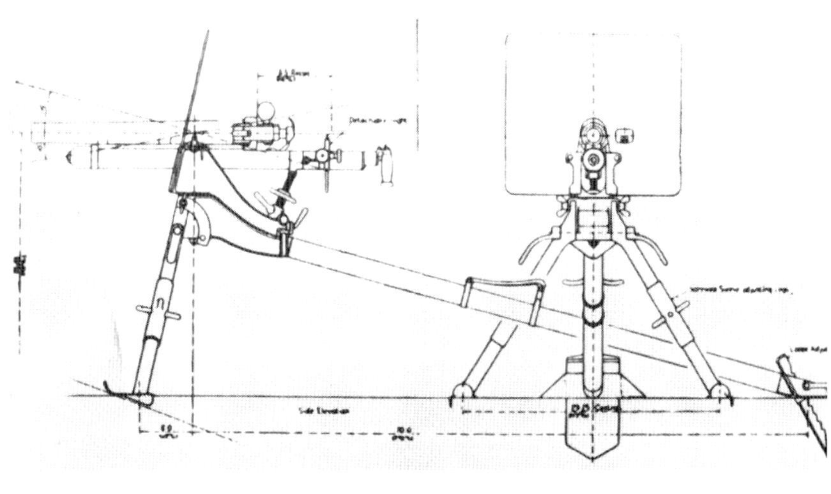

Das Beardmore 47 mm Infanteriegeschütz im Mannschaftszug.

die 0,68 kg schwere Granate eine Anfangsgeschwindigkeit von 305 m/sec. Damit konnte auf 1000 m nur 10 mm Panzerung durchschlagen werden. Anstelle einer Radlafette kam ein Dreibein als Schießgestell zur Verwendung. Trotzdem betrug der Seitenrichtbereich nur 20°. All diese Nachteile konnten durch das Gewicht von 67 kg nicht aufgewogen werden.
Als nächstes stellte die Firma *Beardmore* unter Auswertung der Erfahrungen mit der 40 mm Kanone das *47 mm Infanteriegeschütz* vor. Ein halbautomatischer Fallblockverschluß sicherte eine hohe Feuergeschwindigkeit. Die Spreizlafette arbeitete bei dieser Waffe mit einem Schießpilz in der Mitte, also praktisch einer Dreipunktlagerung. Die beiden seitlichen Stützen wurden beibehalten, sollten jedoch nur gegen seitliches Kippen wirksam werden. Eine neue Lösung hatte man sich auch für die Vergrößerung des Höhenrichtbereiches ausgedacht. Die Rohrholme der Lafette wurden zweiteilig ausgeführt. Wenn die Vorderteile aus ihren Lagern an der Radachse entfernt und die hinteren Teile eingesetzt wurden, wurde ein größerer Höhenrichtbereich erzielt. Dank einer Rohrlänge von 32 Kalibern konnte mit der 1,47 kg schweren Panzersprenggranate eine Anfangsgeschwindigkeit von 494 m/sec erzielt werden. Der Einsatz als Mehrzweckwaffe wurde dadurch begünstigt, daß für die Panzergranate zwar eine Patronenmunition, für die Sprenggranate aber eine Aufsteckmunition mit drei verschiedenen Treibladungen vorgesehen war. Mit Rädern konnte das 238 kg schwere Geschütz hinter einer einspännigen Protze oder in fünf Mannschaftstraglasten befördert werden.
Das *47 mm Infanteriegeschütz Vickers-Armstrong* wies einige für Panzerabwehrkanonen neuartige Konstruktionselemente auf. Die Holme der Spreizlafette waren ausziehbar, wodurch ein Variieren des Höhenrichtbereiches möglich war. Zusätzlich waren durch die Verwendung einer gekröpften Achse zwei verschiedene Feuerhöhen möglich. Trotz der geringen Rohrlänge von nur 20 Kalibern wurde mit der 1,5 kg schweren Panzergranate eine Anfangsgeschwindigkeit von 488 m/sec erreicht. Auch hier war für die Sprenggranate anstelle der Patronenmunition eine Aufsteckmunition mit fünf verschiedenen Treibladungen vorgesehen, um eine schmiegsamere Flugbahn zu erreichen. Auf dem Marsch sollte die 254 kg schwere Waffe hinter einer Protze im Pferdezug bewegt werden. Auf dem Gefechtsfeld war Mannschaftszug oder die Zerlegung in sechs Traglasten für je zwei Mann vorgesehen.
Beim nächsten Geschütz begegnen wir erstmals einem Konstruktionsprinzip, das bis in die beginnenden dreißiger Jahre noch öfter vorzufinden ist. Es handelt sich um die Verwendung von zwei verschiedenen Rohren für eine Lafette, um sowohl den Anforderungen an eine Panzerabwehrkanone hinsichtlich einer hohen Anfangsgeschwindigkeit, als auch jenen an ein Infanteriegeschütz mit ausreichender Wirkung des Einzelschusses gerecht zu werden. Beim *44 mm und 60 mm Infanteriegeschütz Vickers-Armstrong* wurde ein 44 mm Rohr L/30 zur Panzerbekämpfung und ein 60 mm Rohr L/20 zur Infanterieunterstützung in die gleiche Lafette eingelegt. Beide Rohre konnten, jedes für sich, in das gleiche, an der Wiege angebrachte Verschlußgehäuse eingesetzt werden, das einen Fallblockverschluß aufwies. Die Kastenlafette des Geschützes war dreiteilig. Bei der Verwendung als Panzerabwehrwaffe mit dem 44 mm Rohr wurden alle drei Teile eingesetzt. Beim 60 mm Rohr wurde mit verkürzter Lafette ohne Holm-

Das 47 mm Infanteriegeschütz Vicker-Armstrong in Tiefstellung zur Panzerabwehr.

mittelstück gefeuert. Nachteilig war jedoch vor allem der geringe Seitenrichtbereich von nur 8 bzw. 12°. Im Gegensatz zu allen bisher beschriebenen britischen Entwicklungen besaß diese Waffe keinen Schutzschild. Die 44 mm Panzergranate im Gewicht von 1,25 kg wurde mit einer Anfangsgeschwindigkeit von 520 m/sec verfeuert. Immerhin konnten damit bei senkrechtem Auftreffen auf 300 m Entfernung noch 30 mm Panzerplatten durchschlagen werden. Auf dem Marsch sollte auch dieses Geschütz hinter einer Protze im Pferdezug bewegt werden. Für das Gefechtsfeld war der Mannschaftszug oder die Zerlegung in sieben Traglasten für je zwei Mann vorgesehen.

Alle bisher beschriebenen Entwicklungen entsprachen in ihren Leistungen nicht den Vorstellungen der britischen Armee. Daher gelangte auch keine von ihnen zur Einführung. Aufgrund einer Ausschreibung im Jahre 1934 konstruierte Vickers-Armstrong eine Panzerabwehrkanone, die in mancher Hinsicht bahnbrechend wirken mußte. Die Erprobung der Prototypen zog sich verhältnismäßig lange hin, so daß die *40 mm Panzerabwehrkanone* (Ordnance, Q. F., 2 pr) erst 1938 zur Auslieferung gelangte. Es wurden verschiedene geänderte Modelle gefertigt, die die Bezeichnungen Mark II bis Mark X führten. Die Unterschiede waren jedoch nur geringfügig. Insbesonders waren die Gewichte und ballistischen Leistungen bei allen gleich. Die bedeutendste Neuerung war die Verwendung einer Lafette mit drei Holmen. Damit wurde ein Seitenrichtbereich von 360° erzielt. Das dadurch bedingte hohe Gewicht von 797 kg ohne Munition zwang von vornherein zur Fort-

Ein Vertreter der Geschütze mit Wechselrohr war das Vickers-Armstrong 44/60 mm Infanteriegeschütz, hier mit dem 44 mm Rohr zur Panzerabwehr.

Prototyp der britischen 40 mm Panzerabwehrkanone.

Die britische 40 mm Panzerabwehrkanone in Feuerstellung. Sie war die erste derartige Waffe mit einem Seitenrichtbereich von 360°. An der rechten Seite ist der Behälter für die Bereitschaftsmunition zu erkennen.

bewegung mittels Kraftzug oder Verlastung. Interessant war auch die Anordnung eines Patronenkastens an der rechten Seite der Waffe, so daß jeweils eine ausreichende Menge an Bereitschaftsmunition griffbereit war. Die Durchschlagsleistung des 1,08 kg schweren Vollgeschosses, das mit einer Anfangsgeschwindigkeit von 792 m/sec verfeuert wurde, betrug selbst auf eine Entfernung von 915 m bei einem Auftreffwinkel von 60° noch 40 mm. Der halbautomatische Fallblockverschluß des 52 Kaliber langen Rohres ermöglichte auch eine hohe Feuergeschwindigkeit. Gleich an dieser Stelle soll eine britische Eigenheit angeführt werden. Diese Geschütze unterstanden nicht der Infanterie, sondern der »Royal Artillery«. Erst Mitte 1942, als neuere, stärkere Waffen vorhanden waren, gingen sie an die Infanterie über. Durch den späten Anlauf der Serienfertigung im Jahre 1937, waren bei Kriegsbeginn zu wenig dieser sich später gut bewährenden Panzerabwehrkanonen vorhanden. Daher kaufte die britische Armee in Frankreich die *25 mm Panzerabwehrkanone M. 1934* an. Erst in der Folge gelangten ausreichende Stückzahlen zur Truppe, so daß diese wieder ausgeschieden werden konnten.
Geplant war die Zuteilung einer Panzerabwehrkompanie zu vier Zügen mit insgesamt sechzehn 40 mm Panzerabwehrkanonen zu jeder Infanteriebrigade. Mangels ausreichender Bestände erhielt diese Kompanie aber meist nur neun der französischen 25 mm Geschütze.

Die italienische Panzerabwehrkanone 47/32 Modell 35 auf dem nordafrikanischen Kriegsschauplatz, von den Rädern feuernd.

ITALIEN

Eine Erfahrung auf dem Gebiet der Panzerabwehr hatte Italien im Ersten Weltkrieg nicht sammeln können, da auf diesem Kriegsschauplatz keine Tanks aufgetreten waren. Aus der Kriegsbeute hatte die Armee eine große Anzahl der österreichischen 37 mm Infanteriegeschütze M. 15 erhalten. Zum Teil wurde diese Kanone später von der italienischen Industrie nachgebaut. Obwohl für diese beiden Waffen eine eigene Panzergranate entwikkelt wurde, war sie aufgrund der geringen Anfangsgeschwindigkeit von nur 185 m/sec gegen gepanzerte Ziele praktisch wirkungslos. Für die Belange der Panzerbekämpfung sah daher die italienische Heeresverwaltung die 65 mm Gebirgskanone M 13 und die ausgezeichnete 75 mm Feldkanone M. 912 vor. Letztere, das bekannte Deport-Geschütz, eignete sich vor allem durch seinen großen Seitenrichtbereich von 54° bestens für diese Aufgabe.
In der Folge zeigte sich jedoch, daß die italienische Industrie noch nicht einen derartigen Stand erreicht hatte, um die Streitkräfte mit schweren Waffen eigener Fertigung auszustatten. Zwei weitere Faktoren mögen das ihre dazu beigetragen haben. Einerseits waren große Bestände aus dem Ersten Weltkrieg vorhanden, die noch durch das erbeutete oder abgelieferte österreichische Material ergänzt wurden, andererseits war es schon damals um die finanzielle Lage des Staates nicht zum Besten bestellt. Man versuchte also vorerst mittels verschiedener großkalibriger Maschinengewehre das Problem der Panzerabwehr zu lösen. Fiat, Safat und Breda entwickelten derartige Waffen mit Kalibern zwischen 12 und 25,4 mm. Die maximalen Durchschlagsleistungen von etwa 20 mm auf 500 m Entfernung reichten jedoch nicht für eine wirkungsvolle Panzerbekämpfung aus.
Es dauerte daher bis zur Mitte der dreißiger Jahre, bis es endlich zur Einführung einer derartigen Kanone kam. Auch sie sollte eine Mehrzweckwaffe darstellen, die sowohl der Infanterieunterstützung als auch der Panzerabwehr dienen sollte. Allerdings war es der italienischen Industrie nicht gelungen, eine eigene Konstruktion herauszubringen. Man beschränkte sich darauf, die bekannte österreichische Böhler-Kanone durch die Firma Breda in Lizenz fertigen zu lassen und führte sie

als *Infanteriegeschütz und Panzerabwehrkanone 47/32 Modell 35* ein. Durch ihr geringes Gewicht von nur 265 kg konnte sie leicht auf dem Gefechtsfeld bewegt werden. Der große Seitenrichtbereich von 60° genügte den Forderungen der Panzerabwehr, während der Höhenrichtbereich von −10 bis +58° für die Infanterieunterstützung ausgelegt war. Die Anfangsgeschwindigkeit der Panzergranate von 630 m/sec entsprach dem damaligen Durchschnitt. Das gleiche gilt für die Durchschlagsleistung von 50 mm auf 400 m. Gegenüber dem österreichischen Grundmodell unterschied es sich, außer durch eine andere Munition, nur wenig. Es besaß den gleichen Schubkurbelkeilverschluß, eine Spreizlafette mit gebogenen, klappbaren Holmen und einen Schießpilz für die Bildung einer Dreipunktauflage. Die unterschiedliche italienische Bezeichnung, das 32 gibt die Rohrlänge an, erklärt sich aus der Tatsache, daß man hier nur die Länge des gezogenen Teiles heranzog und nicht die gesamte Rohrlänge wie in vielen anderen Ländern. Von den alten, noch aus dem Ersten Weltkrieg herrührenden Anforderungen, stammt die Möglichkeit der Zerlegung in vier Lasten für Tragtiere. Daneben konnte sowohl der Pferdezug als auch die Verlastung angewendet werden.
Ein verbessertes Modell kam unter der Bezeichnung *Infanteriegeschütz und Panzerabwehrkanone 47/32 Modell 39* knapp vor Kriegsbeginn zur Einführung. Es unterschied sich nur wenig von seinem Vorgänger. Ein Schutzschild, wie er sonst allgemein für Panzerabwehrkanonen üblich war, fand Verwendung. Auch eine neue Panzergranate war für diese Waffe entwickelt worden. Die Anfangsgeschwindigkeit war jedoch die gleiche geblieben. Für den Transport war in diesem Fall der Kraftzug vorgesehen. Die Schwäche der italienischen Industrie dokumentiert sich wohl am besten aus der Tatsache, daß bis 1942 erst 3150 Geschütze beider Modelle hergestellt worden waren.
Die notorische Panzerabwehrschwäche der italienischen Verbände zeigt sich in der Gliederung. Jedes Infanterieregiment besaß lediglich einen Panzerabwehrzug zu vier Geschützen, zu denen teilweise eine Panzerabwehrkompanie zu acht Geschützen bei der Division trat.
Um die geringe Produktionskapazität der italienischen Industrie auszugleichen, wurden bei der Firma Rheinmetall eine Anzahl *37 mm Panzerabwehrkanonen L/45* angekauft. Es handelte sich dabei um die leichtere Exportversion, die auch eine andere Munition verfeuerte. Ansonsten war sie jedoch der deutschen Standard-Panzerabwehrkanone sehr ähnlich. Obwohl von einigen Seiten behauptet wird, daß dieses Geschütz in Italien in Lizenz gefertigt wurde, konnten im Lande selbst bisher keine Beweise dafür gefunden werden. Ein solcher Lizenzbau ist auch unwahrscheinlich. Der Engpaß lag ja in der ungenügenden Kapazität der Industrie.

Die 47/32 Modell 35 mit abgenommenen Rädern beim Laden.

Die italienische Panzerabwehrkanone 47/32 Modell 39 unterscheidet sich von der älteren Ausführung durch den Rohrabsatz und die Speichenräder.

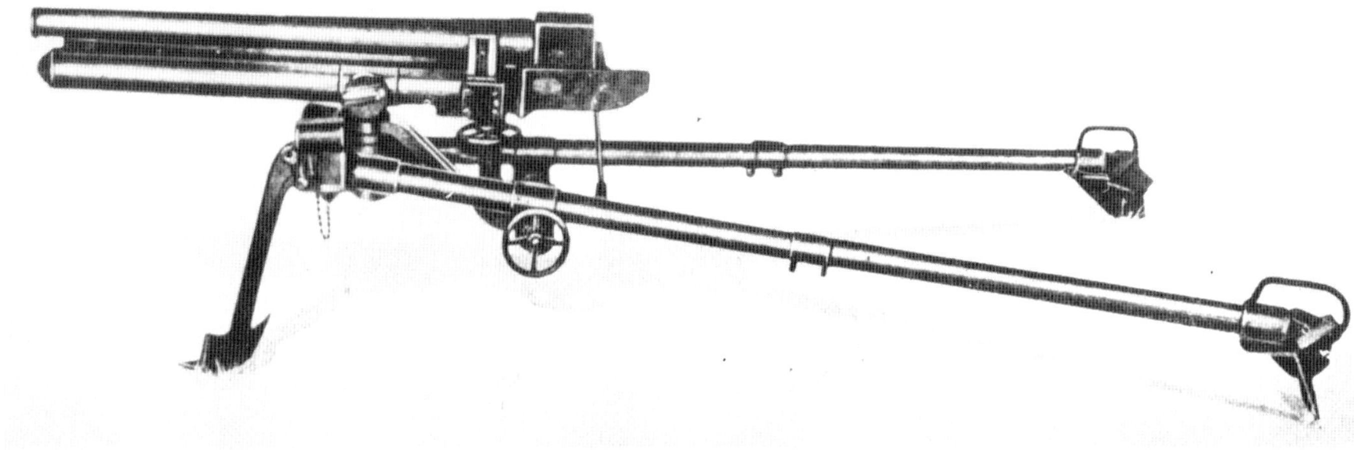

Das japanische Infanteriegeschütz Modell 11 (1922) auf seiner Dreibeinlafette.

JAPAN

Auch dieser fernöstliche Staat mußte vorerst die Panzerabwehrfrage auf rein theoretischer Basis lösen, da keine Erfahrungen aus dem Ersten Weltkrieg vorlagen. Trotzdem wurde bereits kurz nach Kriegsende eine Eigenentwicklung, das *37 mm Infanteriegeschütz Modell 11 (1922)*, eingeführt. Man sieht allerdings auf den ersten Blick, daß dabei die französische Infanteriekanone als Basis gedient hatte. Ein Charakteristikum war das Fehlen einer Radlafette. Als Schießgestell diente eine Art Dreibeinlafette, bestehend aus zwei Rohrholmen und einer vorderen Unterstützung. Die Waffe wurde normalerweise auf Fahrzeuge verlastet, auf dem Gefechtsfeld war der Mannschaftstransport vorgesehen, wofür eigene Tragstangen samt Befestigungsmöglichkeiten am Geschütz vorhanden waren. Zufolge des Gewichtes von nur 93 kg genügten vier Mann dafür. Der Verschlußblock war mit dem Rohr aus einem Stück gefertigt. Der Fallblockverschluß konnte sowohl halbautomatisch als auch händisch arbeiten. Der Seitenrichtbereich war wohl gering, man muß jedoch das Einführungsdatum beachten. Für seine Zeit war auch die Anfangsgeschwindigkeit der Panzersprenggranate von 450 m/sec beachtlich. Obwohl das Geschütz zu Beginn des Zweiten Weltkrieges bereits stark veraltet war, befanden sich noch immer zahlreiche Exemplare bei der Truppe. Gerade im Dschungelgelände des Fernen Ostens war das geringe Gewicht und die Beförderungsmöglichkeit von großem Vorteil. Außerdem war in diesem Gebiet mit dem Auftreten von Panzern kaum zu rechnen. Diese Umstände, in Verbindung mit der Schwäche der japanischen Industrie, mögen dazu geführt haben, daß die Waffe noch bis 1937 gefertigt wurde, obwohl zu diesem Zeitpunkt schon modernere und leistungsfähigere Modelle zur Verfügung standen.

Im Zuge der allgemeinen Aufrüstung der dreißiger Jahre wurde auch in Japan ein neues Geschütz eingeführt. Es handelte sich um die *37 mm Kanone Modell 94 (1934)*. Obwohl es sich aufgrund der Bauart eindeutig um eine Panzerabwehrwaffe handelte, wurde sie in der Armee als Mehrzweckwaffe bezeichnet. Im Aufbau und

Die 37 mm Panzerabwehrkanone 94 (1934). Klar erkennbar sind die geringe Feuerhöhe, die einschlagbaren Sporne und die eigenartigen Speichenräder.

den Leistungen entsprach sie dem internationalen Standard ihrer Zeit. Dazu zählten der Seitenrichtbereich von 60°, die Anfangsgeschwindigkeit der Panzersprenggranate von 701 m/sec und die Durchschlagsleistung von 34 mm auf 915 m. Auch der horizontale halbautomatische Schubkurbelkeilverschluß war ein modernes Bauelement. Daneben hatte aber Japan wieder seine eigenen Ideen eingeschlossen. Dazu gehörten vor allem die einschlagbaren Sporne an den Holmenden, die zwar eine gute Festlegung des Geschützes gewährleisteten, andererseits aber die Herstellung der Feuerbereitschaft verzögerten. Auch eine sehr geringere Feuerhöhe muß dazu gezählt werden. Eine Eigenheit, die auch bei anderen Staaten zu finden war, bestand darin, daß zwei verschiedene Ausführungen für Pferde- und Kraftzug gebaut wurden. Für erstere kamen hölzerne Speichenräder mit stählernen Radreifen, für letztere durchbrochene Stahlscheibenräder zur Verwendung. Dementsprechend wiesen die beiden Abarten auch unterschiedliche Gewichte von 324 oder 369 kg auf.

Zur Ergänzung des Bestandes an Panzerabwehrwaffen und auch wegen der höheren ballistischen Leistungen wurde von Japan eine Lizenz zur Fertigung der deutschen 3,7 cm Panzerabwehrkanone 35/36 angekauft. In der japanischen Armee trug diese Waffe die Bezeichnung *37 mm Panzerabwehrkanone Modell 97 (1937).* Sie entsprach praktisch vollkommen dem deutschen Vorbild. Der äußerlich erkennbare Unterschied lag in der Anbringung eines kleinen Hilfsrades unter dem Lafettenende, das der bevorzugten japanischen Beförderungsart im Mannschaftszug entgegenkam. Für den Einsatz im ostasiatischen Dschungel wurde vielfach der Schild entfernt, um das Gewicht zu senken. Es ist zweifelhaft, ob von dieser Waffe eine große Stückzahl gefertigt wurde. Sie ist während des Kampfes im pazifischen Raum kaum angetroffen worden.

In seinem Kampf mit China hatte Japan bereits vor dem Beginn des Zweiten Weltkrieges die Möglichkeit, seine Waffen zu erproben. Obwohl auf gegnerischer Seite nur wenige Kampfwagen zur Verfügung standen, wurde schon damals festgestellt, daß die Leistung der Waffe modernen Anforderungen nicht gerecht wurde. Trotzdem trat das Land mit ihr in den Weltkrieg ein. Bedingt durch die geographische Situation war der Panzerabwehr keine große Aufmerksamkeit geschenkt worden. Dies zeigt sich wohl am besten in der geringen Zahl der zugeteilten Panzerabwehrkanonen bei den verschiedenen Einheiten. So besaß das Infanterieregiment lediglich eine Panzerabwehrkompanie mit sechs 37 mm Kanonen und das Aufklärungsbataillon einen Zug zu zwei Kanonen. Stärkere Panzerabwehrverbände waren lediglich auf höherer Ebene zusammengefaßt. So besaß eine japanische Armee, die stärkemäßig einem europäischen Korps entsprach, meist einige Panzerabwehrkompanien. Auch die Marineinfanterie, deren Verbände etwa Bataillonsstärke aufwiesen, erhielt nur einen Zug Panzerabwehrkanonen zu vier Geschützen zugeteilt.

Obwohl seit dem Ende des Zweiten Weltkrieges mehr als dreißig Jahre vergangen sind, ist noch immer sehr wenig über die Entwicklung der schweren Waffen Japans in der Zwischenkriegszeit bekannt geworden. Festgestellt wurde lediglich ein Infanteriegeschütz mit Kastenlafette, das bei einem Kaliber von 37 mm eine Rohrlänge von etwa L/30 und einen Fallblockverschluß aufwies.

Das Versuchsmodell eines japanischen 37 mm Infanteriegeschützes.

Das von der zaristischen Armee übernommene 37 mm Infanteriegeschütz Rosenberg M 15.

Die erste großkalibrige Maschinenwaffe zur Panzerabwehr war das russische 37 mm Infanteriegeschütz Maklen M 17.

Die sowjetische 37 mm Panzerabwehrkanone 30 war ein Nachbau der Rheinmetall-Waffe. Sie wurde aber bald durch das 45 mm Kaliber ersetzt.

SOWJETUNION

Die Abgeschlossenheit des sowjetischen Staates, die Unzugänglichkeit der betreffenden Archive und die Schwierigkeiten mit Schrift und Sprache lassen viele Waffenentwicklungen im Dunkeln. Daher sind nur die effektiv in den Truppengebrauch gelangten Geschütze bekannt geworden. Auch die östlichen Veröffentlichungen beschränken sich meist auf dieses Material. Dies betrifft vor allem die Zeit der Anfänge der Roten Armee. Erst die Entwicklungen ab 1930 wurden in ihren Einzelheiten bekannt, da große Mengen dieses Gerätes während des Zweiten Weltkrieges als Beute anfielen und entsprechend beschrieben wurden.

Bereits auf die beiden ersten Geschütze, die hier beschrieben werden sollen, trifft das oben gesagte zu. Zwei kleinkalibrige Infanteriegeschütze sollen im Ersten Weltkrieg eingeführt worden sein und wurden später von der Roten Armee übernommen. Trotzdem laut verschiedenen Quellen 1918 nahezu 4000 solcher Geschütze vorhanden gewesen sein sollen, ist in den zugänglichen Quellen nirgendwo ihre Verwendung erwähnt. Die Sowjetunion verwendete diese Waffen weiter. In den zwanziger Jahren soll jedes Schützenbataillon einen Zug Bataillonsartillerie zu zwei solcher 37 mm Infanteriegeschütze besessen haben. Nach anderen Berichten soll um 1930 jedes Infanterieregiment eine Infanteriegeschützbatterie zu vier dieser Waffen besessen haben. Das *37 mm Infanteriegeschütz Rosenberg M 15* besaß lediglich eine Rohrlänge von L/19. Dennoch soll die gußeiserne Sprenggranate, die auch gegen gepanzerte Ziele verfeuert wurde, bei einem Gewicht von 0,51 kg eine Anfangsgeschwindigkeit von 442 m/sec erreicht haben. Nachteilig war jedoch der geringe Seitenrichtbereich der Kastenlafette und die geringe Feuergeschwindigkeit von lediglich ein Schuß pro Minute. Den Bildern nach zu schließen dürfte auch hier ein vorhandenes altes Rohr starr in eine einfache Lafette eingelegt worden sein. Dies zeigen auch die hölzernen Speichenräder mit Eisenbereifung. Für den Transport war die Verlastung von je zwei Geschützen auf einen Pferdewagen vorgesehen, auf dem Gefechtsfeld wurde der Mannschaftszug angewendet.

Eine ganz andere Lösung, die für ihre Zeit beachtlich war, stellt das *37 mm Infanteriegeschütz Maklen M 17*

dar. Wenn die bekanntgewordenen Daten tatsächlich stimmen, war es bereits dem zaristischen Rußland gelungen, eine Maschinenkanone mittleren Kalibers in eine Feldlafette zu legen. Derartige Versuche wurden später immer wieder unternommen, scheiterten jedoch in den meisten Fällen. Vom Maklen-Geschütz wird vermutet, daß es sich bei der Waffe möglicherweise um eine englische Konstruktion handelt. Bei einer Rohrlänge von 50 Kalibern soll ein 0,48 kg schweres Geschoß mit einer Anfangsgeschwindigkeit von 650 m/sec verfeuert worden sein. Als Gasdrucklader arbeitete die Kanone mit Magazinen zu je fünf Schuß und soll eine Feuergeschwindigkeit von 50 S/min erreicht haben. Nachteilig war jedoch der geringe Seitenrichtbereich von nur 4,5°. Er war durch die Lafette bedingt, die aus zwei parallel angeordneten, nicht spreizbaren Rohrholmen bestand. Der Transport erfolgte im Pferde- oder Mannschaftszug, wozu zwei große hölzerne Speichenräder mit Eisenbereifung vorhanden waren. Sollten die angegebenen Werte tatsächlich auf Wahrheit beruhen, wäre diese Waffe für mehr als 15 Jahre die absolut beste Panzerabwehrwaffe der Welt gewesen.
Ebenfalls geheimnisumwittert ist eine *45 mm Infanteriehaubitze M 29 »Kalinin«*. Trotz der Bezeichnung als Haubitze ist sie durch einen maximalen Höhenrichtbereich von nur 25° und einer Anfangsgeschwindigkeit von 600 m/sec für die 1,15 kg schwere Granate als Panzerabwehrwaffe einzustufen. Mit einer Spreizlafette soll das nur 240 kg schwere Geschütz einen Seitenrichtbereich von nicht weniger als 90° besessen haben. Ein Wert, der sicher anzuzweifeln ist.
Ebenso geheimnisumwittert ist eine angebliche *45 mm Panzerabwehrkanone M 29*. Von ihr wurde nur eine Rohrlänge von L/40, ein Gewicht von 375 kg und das Vorhandensein einer Spreizlafette bekannt.
Die nächste Entwicklungsstufe geht eindeutig auf die 37 mm Kanone der Firma Rheinmetall zurück. Auf den ersten Blick kann sie ohne weiteres mit ihr verwechselt werden. Die Waffe kam als *37 mm Panzerabwehrkanone 30* zur Einführung. Ein Vergleich der Daten zeigt diese Übereinstimmung. Rohrlänge L/45, Gewicht 328 kg, Höhenrichtbereich von −8 bis +25° und Seitenrichtbereich 60°. Lediglich die Anfangsgeschwindigkeit der 0,665 kg schweren Panzergranate wurde auf 800 m/sec erhöht, wodurch sich auch die Durchschlagsleistung auf 38 mm bei 350 m Entfernung und einem Auftreffwinkel von 60° ergab.
Als erster Staat hatte die Sowjetunion aber bald erkannt, daß das 37 mm Kaliber der weiteren Panzerentwicklung bald nicht mehr gewachsen sein würde. Sie schritt daher zu einer Vergrößerung des Kalibers. Dies führte zur *45 mm Panzerabwehrkanone 32.* Der prinzipielle Aufbau entsprach weiter dem Rheinmetall-Vorbild. Am besten kann dies aus dem Seitenrichtbereich von 60°, dem Höhenrichtbereich von −8 bis +25° und dem Gewicht ersehen werden. Letzteres lag bei 450 kg für die Ausführung für Pferdezug und bei 510 kg für den Kraftzug. Auch die Spreizlafette mit Rohrholmen war

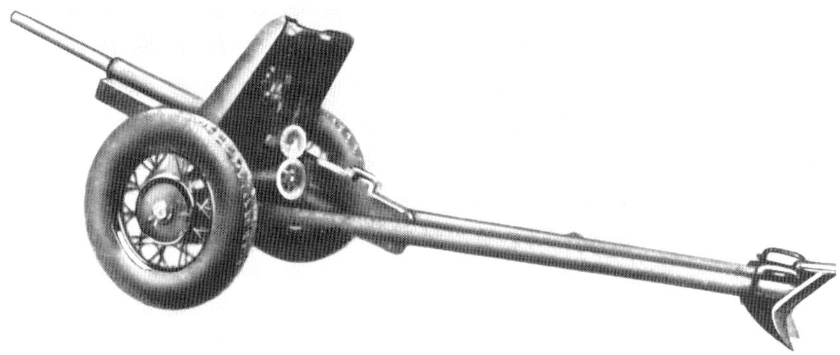

Die 45 mm Panzerabwehrkanone 32 baute auf der 37 mm Waffe auf.

Die 45 mm Panzerabwehrkanone 37 war zu Beginn des Zweiten Weltkrieges die Standardwaffe der sowjetischen Panzerabwehr.

beibehalten worden. Neu hingegen war das 45 mm Rohr mit einer Länge von L/46. Mit ihm konnte eine 1,43 kg schwere Panzergranate mit einer Anfangsgeschwindigkeit von nicht weniger als 760 m/sec verfeuert werden. Die Panzerdurchschlagsleistung lag dementsprechend mit 60 mm auf 500 m Entfernung sehr hoch. Interessant ist, daß die Ausführung für Pferdezug eine ungefederte Achse mit hölzernen Speichenrädern und Eisenbereifung besaß. Jene für Kraftzug hingegen schußsichere Schwammgummireifen.
Geringfügige Verbesserungen führten schließlich zur *45 mm Panzerabwehrkanone 37.* In ihren technischen Daten unterscheidet sie sich nicht von dem älteren Modell. Allerdings ist hier die Ausführung für Pferdezug kaum aufgetreten.
Die von 1935 bis 1941 beibehaltene Gliederung sah die Zuteilung von je drei Panzerabwehrkanonen zu jedem Bataillon vor. Außerdem besaß die Division noch eine sogenannte Panzerabwehrgruppe, entsprechend einem Bataillon, die in jeder ihrer beiden Kompanien sechs Geschütze aufwies. Zufolge der sowjetischen Einschätzung der schweren Waffen, tragen deren Einheiten meist Bezeichnungen, die um eine Stufe höher liegen als in anderen Staaten. So entspricht rein stärkemäßig ein sowjetisches Unterstützungsbataillon nur etwa einer Kompanie im westlichen Sinne, ein Regiment etwa geschützzahlmäßig einem Bataillon.

VEREINIGTE STAATEN

Wie bereits an anderer Stelle berichtet, wurde im Ersten Weltkrieg die französische 37 mm Infanteriekanone M. 1916 angekauft, bzw. in Amerika gefertigt. Nachdem diese ursprünglich nach französischem Vorbild zu je einem Stück pro Infanteriebataillon zugeteilt worden war, gelangte ab 1920 eine Haubitzenkompanie zu jedem Bataillon, die auch solche Infanteriekanonen enthielt. Um die Wirkung gegen gepanzerte Ziele zu verbessern, wurde eine neue Panzergranate entwickelt, die mit einer Anfangsgeschwindigkeit von 402 m/sec verfeuert wurde.
Ende 1918 wurde die Westervelt Board oder Caliber Board unter dem General Westervelt geschaffen, die Vorschläge für neue Geschütze zu erarbeiten hatte.

Die erste Version der amerikanischen 37 mm Infanteriekanone mit Röhrenlafette. In dieser Form gelangte die Waffe nicht zur Einführung.

Während die vorgeschlagenen Feldgeschütze nicht in Serie gebaut wurden, gelangte die Panzerabwehrkanone zur Einführung. Es handelte sich dabei um die *37 mm Infanteriekanone M I,* die auch als Infanteriekanone in Lafette M 1925E bekannt wurde. Das Geschütz war für seine Zeit sehr fortschrittlich und wurde 1927 offiziell bei der Truppe eingeführt. Durch die große Rohrlänge von 39,5 Kalibern wurde mit der 0,55 kg schweren Panzergranate eine Anfangsgeschwindigkeit von 609 m/sec erzielt. Damit konnte auf 450 m Entfernung eine Panzerung von 25 mm durchschlagen werden. Der Bremszylinder war über dem Rohr angebracht, die Vorholfedern waren um dieses gelegt. Der Fallblockverschluß war allerdings ohne die bei solchen Waffen übliche Halbautomatik ausgebildet. Nachdem ursprünglich eine einfache Röhrenlafette erprobt worden war, wurde für die Serienfertigung doch eine Spreizlafette aus gestanzten Blechen verwendet. Dadurch erhöhte sich jedoch das Gewicht von 137 auf 163 kg. Gefeuert werden konnte sowohl von einem Schießpilz unter der Achse als auch von den Rädern. Für den Transport auf dem Gefechtsfeld war eine Zerlegung in vier Mannschaftstraglasten möglich. Die Zuteilung einer Geschützkompanie zu jedem Infanterieregiment, die auch acht dieser Panzerabwehrkanonen enthielt, war richtungsweisend für zukünftige Gliederungen. Eigenartigerweise war diese Waffe zu Beginn des Zweiten Weltkriegs bereits wieder ausgeschieden worden, während seltsamerweise das alte Modell 1916 noch immer zu Ausbildungszwecken vorhanden war. Zu den Versuchsgeschützen der zwanziger Jahre zählt auch eine *45,7 mm Infanteriehaubitze,* die eine schwere Sprenggranate im Steilfeuer und eine leichtere, 1,4 kg schwere Panzergranate im Flachfeuer zur Panzerbekämpfung mit einer Anfangsgeschwindigkeit von 440 m/sec verfeuerte. Die Mehrzweckwaffe befriedigte wie die meisten derartigen Zwitter bei den Versuchen nicht und wurde nicht weiter verfolgt.

Noch weniger entsprach das *47 mm Infanteriegeschütz Bethlehem.* Die Spreizlafette mit ausziehbaren, röhrenförmigen Holmen sowie einem Rad als drittem Auflagepunkt war durchaus zeitgemäß. Die Anfangsgeschwindigkeit der 1,5 kg schweren Panzergranate war jedoch trotz eines Rohres L/32 mit 325 m/sec ungenügend. Desgleichen die Durchschlagsleistung von nur 18 mm auf eine Entfernung von 300 m. Daher kam es zu keiner Einführung des nur 175 kg schweren Geschützes, das überdies noch in acht Mannschaftstraglasten zerlegt werden konnte.

Bis zum Zweiten Weltkrieg wurde jedoch ein neues Panzerabwehrgeschütz entwickelt, das zu den besten seiner Kalibergruppe zu zählen ist. Vor allem gelang es, eine Waffe großer Rohrlänge zu schaffen, die trotzdem leichter war als vergleichbare Geschütze anderer Länder. Die *37 mm Panzerabwehrkanone M3* (Gun, 37 mm M3 and Carriage M4) wurde bald von der *37 mm Panzerabwehrkanone M3A1* (Gun, 37 mm M3A1 and Carriage M4 bzw. Carriage M4A1) abgelöst. Der Unterschied bestand darin, daß man geglaubt hatte, eine Mündungsbremse wäre bei der hohen Leistung erforderlich. Das Modell M3A1 erhielt daher die Möglichkeit eine solche anzubringen, aufgrund der praktischen Erfahrungen wurde sie aber meist nicht montiert. Auch die Lafette M4A1 wies nur geringfügige Unterschiede gegenüber der älteren Ausführung auf. Kennzeichnend für diese Kanone war vor allem die für ihr Kaliber ungewöhnlich große Rohrlänge von L/56,6, nach der amerikanischen Berechnungsart, bei der nur die Länge des gezogenen Teiles und der Kammer herangezogen

Die 37 mm Infanteriekanone M I war die erste nach dem Ersten Weltkrieg von einer Armee eingeführte Panzerabwehrkanone.

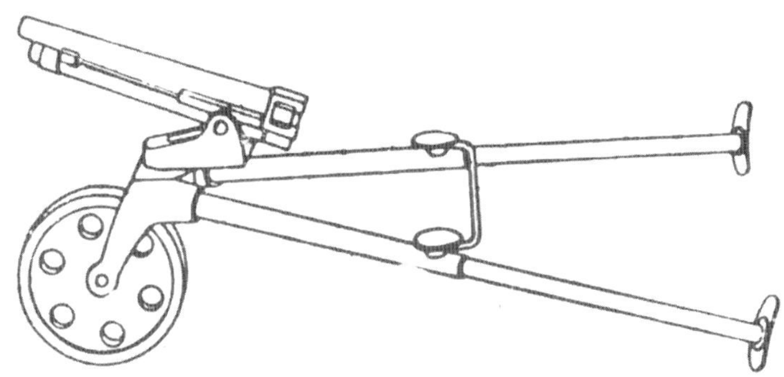

Das 47 mm Infanteriegeschütz Bethlehem. Interessant ist die Verwendung nur eines Rades unter der Wiege.

Mit der 37 mm Panzerabwehrkanone M3 trat die amerikanische Armee in den Zweiten Weltkrieg ein.

wird, L/53,5. Durch diese große Länge konnte aber auch mit der 0,87 kg schweren Panzergranate eine Anfangsgeschwindigkeit von nicht weniger als 792 m/sec erzielt werden. Dies führte zu der hohen Durchschlagsleistung von 53 mm auf eine Entfernung von 500 m bei einem Auftreffwinkel von 70°. Mit einer Panzergranate mit Kappe (APC) konnte die gleiche Leistung sogar noch auf eine Entfernung von 915 m beim gleichen Auftreffwinkel erreicht werden. Die Waffe besaß den üblichen halbautomatischen Fallblockverschluß. Ins Auge fällt auch der große, aus einem perforierten Blech bestehende Abweiser als Schutz für den Richtschützen gegenüber dem rücklaufenden Rohr. Verglichen mit anderen Panzerabwehrkanonen der gleichen Periode ist auch der große negative aber kleine positive Höhenrichtbereich zu beachten. Die Holme der Spreizlafette waren, wie in den Vereinigten Staaten allgemein üblich, aus kastenförmigen Profilen gebildet. Durch die Verwendung hochwertiger Stahllegierungen konnte das Gewicht auf nur 414 kg gesenkt werden.

Zu Beginn des Zweiten Weltkrieges stellte dieses Geschütz die Standardwaffe der amerikanischen Panzerabwehr dar. Insgesamt wurden von diesen Modellen nicht weniger als 18 702 Stück hergestellt. Jedes Infanterieregiment erhielt eine Panzerabwehrkompanie zu zwölf Geschützen. Die Infanteriebataillone der Panzerdivisionen hatten zusätzlich einen Zug zu zwei Geschützen.

BELGIEN

Im Ersten Weltkrieg hatte Belgien, wie mehrere andere Staaten, die französische 37 mm Infanteriekanone M. 1916 verwendet. Die ungenügenden Leistungen führten jedoch bald zu ihrem Ausscheiden. Insbesonders wurde die Forderung nach einer leistungsfähigen Panzerabwehrwaffe laut.

In der Folge entwickelte die Fonderie Royale des Canons (F.R.C) ein *76 mm Infanteriegeschütz.* Da die Waffe in dieser Form für die Panzerabwehr ungeeignet war, wurde ein 47 mm Rohr konstruiert, das wahlweise in die gleiche Lafette eingelegt werden konnte. In dieser Form, als *76/47 mm Infanteriekanone*, wurde der Höhenrichtbereich für das kleinkalibrige Rohr von +80° auf +20° eingeschränkt. Dafür konnte eine 1,55 kg schwere Panzergranate mit einer Anfangsgeschwindigkeit von 600 m/sec verfeuert werden. Das Geschütz wurde verlastet auf einem vierrädrigen luftbereiften Fahrgestell hinter einer kleinen Kettenzugmaschine gefahren. Die Bauart mit den auswechselbaren Rohren bewährte sich jedoch nicht, so daß bald an einer neuen Waffe gearbeitet wurde.

Schon 1932 wurde die *Panzerabwehrkanone 47 mm S. A.* eingeführt. Sie stellte bis in den Zweiten Weltkrieg hinein die Standardwaffe der belgischen Armee dar. Obwohl das Rohr nur eine Länge von L/33,6 besaß, wurde die 1,56 kg schwere Panzergranate mit einer Anfangsgeschwindigkeit von 675 m/sec verfeuert. Da-

Die belgische 76/47 mm Infanteriekanone, hier mit dem 47 mm Rohr, gezogen von einer Kettenzugmaschine.

Die 47 mm Panzerabwehrkanone S. A. war eine beachtliche Leistung der belgischen Waffenindustrie. Klar erkennbar der Schießpilz und die angehobenen Räder. Die Waffe wurde auch in verschiedene Selbstfahrlafetten eingebaut.

mit wurden auf 800 m Entfernung noch Panzerplatten von 40 mm Stärke durchschlagen. Die Waffe besaß ein Mantelrohr und einen halbautomatischen Fallblockverschluß. Zum Feuern wurde ein Schießpilz unter der Achse abgeklappt, so daß in Verbindung mit den beiden Kastenholmen der Spreizlafette eine Dreipunktlagerung entstand. Mittels einer gekröpften Achse wurden daraufhin die Räder vom Boden abgehoben. Trotzdem war der Seitenrichtbereich von 40° für die Panzerabwehr verhältnismäßig gering. Die guten ballistischen Leistungen mußten allerdings mit einem Gewicht von 568 kg bezahlt werden. In Belgien wurde das Geschütz im Kraftzug hinter einer kleinen 40-PS-Zugmaschine gefahren, das auch die Munition mitführte.
Bei Kriegsbeginn waren 144 solcher Kanonen vorhanden. Die Infanteriedivision besaß in jedem ihrer Infanterieregimenter eine Panzerabwehrkompanie zu acht Geschützen. Außerdem hatte die Division noch zwei Panzerabwehrkompanien zu je zwölf Geschützen, wobei in einer von ihnen die Waffe auf einem leichten gepanzerten Fahrgestell als Selbstfahrlafette eingebaut war. Die »Ardennenjäger-Division« besaß sogar in jedem Regiment eine Panzerabwehrkompanie mit zehn oder sechzehn solcher Selbstfahrlafetten.

DÄNEMARK

Nach Versuchen mit den beiden britischen 40 und 47 mm Infanteriegeschützen der Firma Beardmore führte die dänische Armee eine 20 mm Maschinenkanone für die Panzerabwehr ein. Obwohl diese auf 200 m Entfernung bis zu 30 mm Panzerung durchschlug, stellte sie doch nicht mehr als eine vollautomatische Panzerbüchse dar. Daraufhin entwickelte die gleiche Firma Madsen die *37 mm Panzerabwehrkanone 35.* Als Firmenentwicklung wurde sie auf dem internationalen Waffenmarkt angeboten, die dänische Armee kaufte nur wenige Stück davon. Das Geschütz war besonders leicht gebaut. Es besaß die große Rohrlänge von L/60 und einen Fallblockverschluß. Die Spreizlafette mit Rohrholmen ermöglichte den für Waffen dieser Art üblichen Seitenrichtbereich von 60°. Trotz der hohen ballistischen Leistung, die Panzergranate von 0,8 kg Gewicht wurde mit einer Anfangsgeschwindigkeit von 900 m/sec verfeuert, wog das Geschütz nur 340 kg.
Zur Einführung in größerer Zahl gelangte die von der Firma Bofors entwickelte 37 mm Panzerabwehrkanone M 1934, die in Dänemark in Lizenz vom Vaabenarsenalet gefertigt wurde und als *37 mm Panzerabwehrkanone M 1937* zur Truppe gelangte. Die Änderungen gegenüber dem schwedischen Vorbild beschränkten sich auf ein etwas höheres Gewicht und die Verwendung einer eigenen Panzergranate. Sie besaß ein Gewicht von 0,74 kg und eine Anfangsgeschwindigkeit von 850 m/sec. Jedes Infanterieregiment erhielt eine Begleitbatterie zu sechs Geschützen. Trotz der Luftbereitung wurden sie in der dänischen Armee lediglich im Pferdezug gefahren.

Obwohl die Firma Madsen die 37 mm Panzerabwehrkanone 35 entwickelt hatte, führte die dänische Armee die schwedische Bofors-Kanone ein.

Das 47 mm L/30 und 75 mm L/13 Infanteriegeschütz, hier mit dem kleinkalibrigen Rohr. Die Waffe wurde von der niederländischen Armee nicht eingeführt.

NIEDERLANDE

Eine interessante Stellung nehmen die Niederlande ein. Wie im folgenden gezeigt wird, baute die eigene Industrie verschiedene für die Panzerabwehr geeignete Infanteriegeschütze, zur Einführung gelangten später jedoch ausschließlich ausländische Modelle.
Nur sehr wenig wurde über ein Versuchsgeschütz, die *31 mm Boxmann-Panzerabwehrkanone L/39,* bekannt. Sie soll bei einer Anfangsgeschwindigkeit von 665 m/sec auf 200 m Entfernung 40 mm Panzerung durchschlagen haben.
Als nächstes Geschütz wurde das *47 mm Infanteriegeschütz L/33 Bofors* erprobt. Bei den Versuchen wurde vor allem das zu hohe Gewicht, das zu kleine Seitenrichtfeld und die ungenügende Durchschlagsleistung bemängelt.
Von den Eigenentwicklungen sind jene der Hollandsche Industrie en Handelmaatschappij in Den Haag (abgekürzt H. I. H.) anzuführen. Es handelte sich bei allen drei Modellen um Mehrzweckwaffen mit austauschbaren Rohren, bei denen das kleinere Kaliber zur Panzerabwehr, das größere zur Infanterieunterstützung dienen sollte. Das *37 mm L/35 und 65 mm L/12 Infanteriegeschütz* war die erste Waffe dieser Entwicklungsreihe. Die Rohre konnten nach Bedarf in die gleiche Lafette eingelegt werden. Sie wurden mittels eines Bajonettverschlusses mit dem Verschlußstück verbunden. Der halbautomatische Keilverschluß ermöglichte eine ausreichende Feuergeschwindigkeit. Die Anfangsgeschwindigkeit der 0,7 kg schweren Panzergranate von 525 m/sec und die daraus resultierende Durchschlagsleistung von 22 mm auf 500 m Entfernung war unzureichend. Desgleichen der Seitenrichtbereich von nur 12°. Die Kastenlafette war dreiteilig, wodurch mit verschieden langen Lafetten geschossen werden konnte. Beim einspännigen Pferdezug wurde das zweite Rohr mittels Tragsattel vom Zugpferd befördert. Außerdem war auch die Zerlegung in Mannschaftstraglasten möglich.
Das *47 mm L/35 und 70 mm L/12 Infanteriegeschütz* entsprach im Aufbau vollkommen der vorhin beschriebenen Waffe. Durch das größere Kaliber stieg das Gewicht von 235 auf 360 kg an. Die Panzergranate wog 1,5 kg und wurde ebenfalls mit einer Anfangsgeschwindigkeit von 525 m/sec verfeuert, womit eine Durchschlagsleistung von 32 mm auf eine Entfernung von 500 m erzielt wurde.
Als letzte Waffe kam das *47 mm L/30 und 75 mm L/13 Infanteriegeschütz* zur Erprobung. Die Durchschlagsleistung, die laut Angabe der Herstellerfirma 40 mm auf 950 m Entfernung betragen haben soll, scheint für die 1,5 kg schwere Panzergranate bei einer Anfangsgeschwindigkeit von 560 m/sec als zu optimistisch. Auch hier verband ein Bajonettverschluß die Rohre mit dem Verschlußblock. Anstelle der Kastenlafette fand jedoch eine Spreizlafette mit Rohrholmen Verwendung. Damit erhöhte sich der Seitenrichtbereich auf 50°. Außer im Pferdezug konnte dieses Geschütz auch im Kraftzug fortbewegt werden, wozu Stahlscheibenräder und Luft-

Die von den Niederlanden angekaufte 37 mm Panzerabwehrkanone der Firma Rheinmetall.

Die 47 mm Panzerabwehrkanone wurde sowohl bei der österreichischen Firma Böhler angekauft als auch im eigenen Land in Lizenz gebaut.

bereifung vorgesehen waren. Die Zerlegbarkeit in Mannschaftstraglasten war beibehalten worden.
Zur Einführung gelangten schließlich drei ausländische Modelle. Von Rheinmetall wurde sowohl die *37 mm Panzerabwehrkanone* mit einer etwas höheren Leistung als das deutsche Standardgeschütz und in geringer Stückzahl auch eine *47 mm Panzerabwehrkanone* angekauft. Beide Geschütze wurden bereits im Abschnitt über die deutsche Entwicklung näher behandelt. Bei der dritten Waffe handelte es sich um die österreichische *47 mm Infanteriekanone,* die z. T. in den Niederlanden gefertigt wurde. Die von Böhler gefertigten Waffen entsprachen im Aufbau dem Modell des österreichischen Bundesheeres. Allerdings war der Seitenrichtbereich auf 72° erhöht worden und für den Transport ausschließlich der Kraftzug vorgesehen. Die holländische Ausführung verfeuerte mit 1,47 kg eine etwas leichtere Panzergranate, dafür aber mit der höheren Anfangsgeschwindigkeit von 660 m/sec. Sie unterschied sich auch durch eine geänderte Achse mit größerer Spurweite, wodurch das Gewicht um 23 kg auf 373 kg anstieg.
Die Schwäche der niederländischen Panzerabwehr zeigt sich am besten in den nachfolgenden Zahlen. Der Gesamtbestand an Panzerabwehrkanonen zum Zeitpunkt des deutschen Überfalles betrug lediglich 88 Stück. Jedes Infanterieregiment besaß nur eine Panzerabwehrbatterie zu vier Geschützen, die Division außerdem noch eine Panzerabwehrkompanie.

ÖSTERREICH

Die Zuteilung von Infanteriegeschützen und Panzerabwehrkanonen war bekanntlich Österreich durch den Friedensvertrag von Saint Germain verboten worden. Die aus dem Ersten Weltkrieg stammenden Modelle waren sämtlich abgeliefert worden, wobei vor allem Italien den Löwenanteil erhalten hatte. Außerdem durften Geschütze nur von einer einzigen Firma hergestellt werden, wobei überdies ein gewisser Gesamtbestand nicht überschritten werden durfte. Andererseit verfügte Österreich aber über eine leistungsfähige Industrie, die auch auf dem Waffensektor reichliche Erfahrungen besaß. Es ist daher nicht weiter verwunderlich, daß bereits 1931 die ersten Versuchsmodelle, unter Umgehung der Bestimmungen des Friedensvertrages, zur Erprobung bereitstanden.
So stellte die Staatsfabrik zwei Modelle einer *3,7 cm Infanteriekanone M 31* vor. Es handelte sich dabei wie in vielen anderen Staaten um Mehrzweckwaffen, wie schon der Höhenrichtbereich von −15 bis + 50° beweist. Andererseits entsprach der Seitenrichtbereich von 60° voll den Anforderungen an eine Panzerabwehrkanone. Eine Ausführung mit kurzem Rohr besaß hölzerne Speichenräder und war für Mannschafts- oder Pferdezug bestimmt. Das zweite Modell mit längerem Rohr war mit Motorrad-Speichenrädern ausgestattet und auch für Kraftzug verwendbar. Um das Waffengewicht möglichst niedrig zu halten, war zur Entlastung der Lafette bei beiden Ausführungen eine Mündungsbremse vorgesehen. Da es zu keiner Serienfertigung

Die 3,7 cm Infanteriekanone M 31 der Staatsfabrik mit langem Rohr für Kraftzug.

Die Ausführung der 3,7 cm Infanteriekanone M 31 mit kurzem Rohr für den Mannschafts- oder Pferdezug.

dieser beiden Geschütze kam, sind auch nähere Daten nicht bekannt geworden.
Parallel dazu hatte die Firma Böhler gleichfalls zwei verschiedene Modelle einer *44 mm Infanteriekanone M 31* hergestellt. Auch bei dieser Waffe weist schon der Höhenrichtbereich von −10 bis +58° auf die Mehrzweckverwendung hin. Allerdings waren beide nur für die Fortbringung durch Mannschaften oder Pferdezug vorgesehen. Eine Ausführung mit kurzem Rohr besaß ein Eisenrad an der Lafette unter dem Rohr, die andere zwei hölzerne Speichenräder. An weiteren Daten sind nur für das Rohr L/39 das Geschoßgewicht von 1,2 kg, die Anfangsgeschwindigkeit von 550 m/sec und das Gewicht von 283 kg bekannt geworden. Noch ein weiteres interessantes Detail soll hier vermerkt werden. Um wenigstens einigermaßen den Anschein einer Einhaltung der Bedingungen des Friedensvertrages zu

Der Prototyp der 44 mm Infanteriekanone M 31 der Firma Böhler.

geben, wurde sowohl in den Verschluß als auch in die Lafette als Hersteller »Staatsfabrik Wien« eingeschlagen.
Die weitere Entwicklung wurde durch die Firma Böhler durchgeführt. Zur Einführung gelangte dann die *4,7 cm Infanteriekanone M 35.* Die Fertigung wurde allerdings von der Österreichischen Staatsfabrik vorgenommen. Bei einer Rohrlänge L/40 wurde eine 1,5 kg schwere Panzergranate mit einer Anfangsgeschwindigkeit von 650 m/sec verfeuert. Damit konnte die beachtliche Durchschlagsleistung von 44 mm auf 500 m Entfernung erzielt werden. Die Waffe besaß einen horizontalen Flachkeilverschluß. Trotz ihrer Achsfederung und der luftbereiften Motorrad-Speichenräder war die Fortbringung im Mannschafts- oder einspännigen Pferdezug vorgesehen. Außerdem konnte das Geschütz in acht Traglasten für zehn Mann oder für vier Tragtiere, für die Zugpferde waren von vornherein Tragsättel vorhanden, zerlegt werden.
Spätere Serien wurden als *4,7 cm Infanteriekanone M 35/36* gefertigt. Der Unterschied zum älteren Modell bestand nur in einer vergrößerten Spurweite und einem geänderten Schutzschild. Zum Teil hat man auch Blechspeichenräder verwendet. Die älteren Geschütze wurden meist zum neuen Typ umgebaut. Das Gewicht stieg von 290 auf 332 kg an. Bei den motorisierten Einheiten wurde als Zugmittel eine Motorkarrette verwendet.
Im Jahre 1938 waren insgesamt 353 Stück dieser Infanteriekanonen vorhanden. Jedes Infanteriebataillon besaß einen Zug zu drei Geschützen. Außerdem wurde der Division eine Infanteriekanonenabteilung zu zwei Kompanien mit je sechs Geschützen zugeteilt. Damit besaß jede Infanteriedivision immerhin 39 Panzerabwehrkanonen. Die sogenannte »Schnelle Division«, die sich aus motorisierten »Kraftfahrjägerbataillonen« und einem Reiterregiment sowie Panzereinheiten zusammensetzte, wies 24 solcher Geschütze auf. Dabei hatte jedes Bataillon zwei Infanteriekanonen und die Division eine Infanteriekanonenabteilung. Die Geschützzahl darf nicht täuschen, denn diese Division besaß nur eine Stärke von rund 5400 Mann. Verglichen mit den Verbänden anderer kleiner Staaten besaß also die österreichische Armee eine verhältnismäßig starke Panzerabwehr.

Die von der Firma Böhler gebaute 4,7 cm Infanteriekanone M 35 mit abgenommenen Rädern in Feuerstellung.

Auch für den Export wurde von Böhler gefertigt. So erhielt Estland das Modell 35, Lettland die *47 mm Panzerabwehrkanone M 35B* und die Niederlande ein etwas abgeändertes Geschütz. Die Bauart und die Leistungen entsprachen aber der österreichischen Waffe. Über die in den Niederlanden gebaute Kanone dieses Typs wurde an der betreffenden Stelle bereits berichtet. Der kommerzielle Erfolg wurde noch vergrößert durch die Vergabe von Lizenzen an Italien und die Schweiz.

Übrigens wurden 1937 Versuche zur Schaffung einer Selbstfahrlafette unternommen. Die 4,7 cm Infanteriekanone M 35 wurde samt den Rädern auf die Motorkarrette ADMK aufgesetzt. Der Seitenrichtbereich war aber wegen der Kleinheit des Fahrzeuges zu sehr eingeschränkt. Da das Geschütz leicht abgenommen werden konnte, liegt damit praktisch ein Vorläufer der späteren Waffenträger vor.

Die 4,7 cm Infanteriekanone M 35 auf dem Marsch.

POLEN

Die polnische Armee erhielt bei ihrer Aufstellung französische 37 mm Infanteriekanonen M. 1916. Da aber die Truppe mit ihren Leistungen nicht zufrieden war, wurden bald Versuche mit den 47 mm Geschützen der britischen Firma Beardmore und der schwedischen Firma Bofors eingeleitet. Daneben gelangte jedoch auch eine Eigenentwicklung in den Truppenversuch. Diese Kanone wurde von einem früheren österreichisch-ungarischen Offizier konstruiert und in den Warschauer Pocisk-Werken gefertigt. Mit Ausnahme einiger weniger Einzelteile wurde sie zur Gänze aus polnischem Material hergestellt. Nach langen Versuchen kam diese Waffe als *47 mm Infanteriegeschütz Pocisk M. 25* zur Einführung. Die Kanone weist zahlreiche Eigenheiten auf. So ist vor allem interessant, daß die Wiege mit dem Rohr zurücklief, um so den Verschluß gegen Aufschlagen am Boden bei großen Erhöhungen zu schützen. Die steife Spreizlafette bildete einen dreieckigen Rahmen, wobei sich die Lafettenschenkel teilweise nach oben umklappen ließen. Die Radachse konnte unter der Lafette verschoben werden. Bei der Tiefstellung ruhte das Geschütz auf dem dreieckigen Rahmen und die eisernen Scheibenräder konnten hochgeklappt werden. Bei der Hochstellung, die für große Rohrerhöhungen vorgesehen war, ruhte die Lafette auf der Achse und die Räder standen auf dem Boden. Die Schußleistungen waren für ihre Zeit beachtlich. Die 1,5 kg schwere Panzergranate wurde mit einer Anfangsgeschwindigkeit von 465 m/sec verfeuert und durchschlug auf 500 m Entfernung Panzerungen bis zu 26 mm. Zum Fahren im Pferdezug wurden die Lafettenschenkel hochgeklappt und eine Deichsel an der Lafette angebracht. Außerdem konnte die Waffe in sechs bis sieben Mannschaftstraglasten zerlegt werden. Das Zerlegen bzw. Zusammensetzen des Geschützes sollte in einer Minute möglich sein. In den dreißiger Jahren genügten die Leistungen dieser Kanone nicht mehr. Mit der Einführung neuer Modelle wurde sie daher ausgeschieden. Jedenfalls befand sich diese Waffe im September 1939 nicht mehr bei der Truppe. Vermutlich war sie auch nicht in allzu großer Stückzahl gefertigt worden, da sich laut Angabe der polnischen Archive dort keine Unterlagen über das Geschütz finden lassen. Auch soll in jedem Bataillon lediglich eines dieser Geschütze vorhanden gewesen sein.

Die in Polen nach Bofors-Lizenz gebaute 37 mm Panzerabwehrkanone M 37. Das obere Bild zeigt das Geschütz im einspännigen Pferdezug.

Die europäische Aufrüstung in den dreißiger Jahren zwang auch Polen dazu, sich nach einer neuen Panzerabwehrwaffe umzusehen. Dabei wurde der durchaus moderne Standpunkt vertreten, daß aus volkswirtschaftlichen Gründen auf die Beschäftigung der eigenen Industrie Rücksicht genommen werden mußte. Nach eingehenden Versuchen entschloß man sich, die schwedische 37 mm Panzerabwehrkanone M 1934 in Lizenz zu fertigen. Dies erfolgte bei der Firma Stowarzyszenia Mechaników S. A. Hinsichtlich der technischen Daten unterschied sie sich vom Vorbild lediglich durch die auf 47 Kaliber vergrößerte Rohrlänge. Die Waffe selbst wurde trotz ihrer Luftbereifung im einspännigen Pferdezug bewegt, wobei die Munition in einem ebenfalls luftbereiften Protzkarren mitgeführt wurde. Es ist beachtlich, daß es der polnischen Industrie gelang, innerhalb von nur zwei Jahren 1250 Stück dieser *37 mm Panzerabwehrkanone M 37* zu fertigen. Diese Zahl reichte jedoch nicht aus, um die Planung hinsichtlich der Ausstattung erfüllen zu können. So sollte jedes Infanteriebataillon zwei Geschütze in seiner Maschinengewehrkompanie, jedes Regiment sechs in einer schweren Kompanie und die Division eine Panzerabwehrkompanie zu zwölf Geschützen erhalten. In Summe sollten also pro Division 52 Panzerabwehrkanonen vorhanden sein. Die vorhandene Stückzahl reichte jedoch nur zur Zuteilung von je 27 Geschützen an die aktiven Infanteriedivisionen und 12 bis 18 Geschützen an die Reserve-Infanteriedivisionen aus.

SCHWEDEN

Die gesamte schwedische Entwicklung stützte sich auf die Firma Bofors. Ein gewisser Vorteil war, daß einige deutsche Konstrukteure nach dem Ersten Weltkrieg zu Bofors übersiedelt waren und die Firma daher die deutschen Erfahrungen auswerten konnte. Überdies bestanden noch geheime Verbindungen zu Krupp. Sämtliche Konstruktionen, die in den nächsten Jahren hervorgebracht wurden, waren reine Firmenentwicklungen, die auf dem internationalen Waffenmarkt angeboten wurden.
Als erste Waffe, die auch für die Panzerabwehr verwendet werden konnte, entwickelte Bofors das *37 mm Infanteriegeschütz L/37*. Trotz der großen Rohrlänge handelte es sich um eine Mehrzweckwaffe, eine Tatsache, die durch einen Höhenrichtbereich bis zu +45° belegt wird. Nachdem vorerst eine 0,6 kg schwere Panzergranate verwendet worden war, wurde ihr Gewicht später auf 0,8 kg erhöht. Damit konnte bei einer Anfangsgeschwindigkeit von 610 m/sec auf 500 m Entfernung eine Panzerung von 32 mm durchschlagen werden. Während der halbautomatische Keilverschluß den Anforderungen an eine Panzerabwehrwaffe entsprach, kann dies von der Kastenlafette und dem dadurch bedingten, nur 10° betragenden Seitenrichtbereich nicht gesagt werden. Für den Marsch konnte der rückwärtige Lafettenteil umgeklappt werden und mit-

Das Bofors 37 mm Infanteriegeschütz L/37. Der durch die Kastenlafette bedingte geringe Seitenrichtbereich machte das Geschütz für die Panzerabwehr nur bedingt geeignet.

Das 47 mm Infanteriegeschütz L/33 der Firma Bofors wies bereits eine Spreizlafette auf. Der große Höhenrichtbereich deutet auf die gleichzeitige Verwendung zur Infanterieunterstützung hin.

Das 47 mm L/33 und 75 mm L/12 Infanteriegeschütz, hier mit dem 47 mm Rohr. Klar erkennbar sind die ausziehbaren Rohrholme.

tels Gabeldeichsel mit einem Zugtier gefahren werden. Wie bei allen ähnlichen Waffen dieser Zeit war auch hier eine Zerlegung der 228 kg schweren Kanone in drei Tragtierlasten möglich.
Da das 37 mm Kaliber für die Infanterieunterstützung als zu klein erschien, wandte sich die Firma einem größeren Kaliber zu. So entstand das *47 mm Infanteriegeschütz L/33.* Noch immer zeigte sich der Gedanke der Mehrzweckwaffe, besonders im Höhenrichtbereich, der von −6 bis +70° reichte. Typische Kennzeichen einer Panzerabwehrwaffe waren hingegen der halbautomatische Schubkurbelkeilverschluß und die Spreizlafette mit einem Seitenrichtbereich von 40°. Die Rohrholme waren ausziehbar gestaltet. Hinsichtlich des Rohres ist noch zu vermerken, daß es für den Mannschaftstransport in Seelenrohr und Verschlußstück zerlegt werden konnte. Immerhin konnten aber mit der 1,5 kg schweren Panzergranate bei einer Anfangsgeschwindigkeit von 560 m/sec 40 mm Panzerung noch auf 920 m Entfernung durchschlagen werden. Die Zerlegbarkeit in neun Mannschaftstraglasten muß noch als Relikt der alten Anforderungen an ein Infanteriebegleitgeschütz gewertet werden.
Nach diesem durchaus modernen Modell kehrte die Firma aber wieder zu einem als überholt anzusehenden Konstruktionsprinzip zurück, das auch von anderen Staaten verfolgt wurde. Es wurde eine ganze Reihe von Waffen mit zwei verschiedenen Rohren erzeugt. Die meisten von ihnen bauten auf der oben beschriebenen Lafette des 47 mm Geschützes auf. Fast alle entstanden um das Jahr 1930 und wurden, wie aus den Verkaufskatalogen der Firma hervorgeht, bis unmittelbar vor dem Zweiten Weltkrieg international angeboten. Über eine Einführung bei irgendeinem Staat ist jedoch nichts bekannt geworden. Beim *47 mm L/33 und 75 mm L/12 Infanteriegeschütz* wurde lediglich ein 75 mm Rohr in die vorhandene Lafette eingelegt. Das Bodenstück und der Verschluß wurden vom 47 mm Rohr verwendet. Die Leistungen beim Einsatz als Panzerabwehrwaffe entsprachen jenen des vorhin beschriebenen Geschützes. Das Gewicht war von 310 auf 365 kg angestiegen. Damit stieg auch die Zahl der Mannschaftstraglasten von neun auf zwölf und die der Tragtierlasten von vier auf sechs.
Ähnlich war auch das *25 mm L/35 und 75 mm L/12 Infanteriegeschütz.* Abgesehen vom kleineren Kaliber für die Panzerabwehr entsprach es vollkommen dem obigen Geschütz. Allerdings war die Panzerdurchschlagsleistung abgesunken, da das Geschoßgewicht auf 0,25 kg verringert werden mußte. Daran konnte auch die geringfügige Erhöhung der Anfangsgeschwindigkeit auf 600 m/sec nichts ändern.
Die nächste Stufe stellten echte Doppelrohrwaffen dar.

Beim 37 mm L/45 und 81 mm L/20 Infanteriegeschütz befanden sich beide Rohre gleichzeitig in der Lafette.

Die Bofors 37 mm Panzerabwehrkanone L/45 wurde von zahlreichen Armeen verwendet, zum Teil auch in Lizenz nachgebaut.

Dabei waren auf der Lafette ein glattes Minenwerferrohr und ein gezogenes Panzerabwehrrohr aufgesetzt. Der Verschluß, ein horizontaler Schubkurbelkeilverschluß, war beiden Rohren gemeinsam. Die Rohre konnten schnell getauscht werden. Das *47 mm L/33 und 81 mm L/20 Infanteriegeschütz* verwendete das bereits beschriebene 47 mm Rohr. Die ballistischen Leistungen waren die gleichen. Die Lafette war abgeändert worden, so daß der Höhenrichtbereich von −8 bis +80° reichte. Auch der Seitenrichtbereich war auf 50° vergrößert worden. Ansonsten entsprach die Lafette den bereits beschriebenen Modellen. Das Gewicht war jedoch auf 425 kg angestiegen. Damit erhöhte sich die Zahl der Tragtierlasten auf sechs, während die Zahl der Mannschaftstraglasten beibehalten wurde.
Eine weitere Kombination stellte das *37 mm L/45 und 81 mm L/20 Infanteriegeschütz* dar. Es entsprach völlig dem oben beschriebenen Geschütz, nur wurde für die Panzerabwehr das später noch zu beschreibende 37 mm Rohr verwendet.
Eine reine Panzerabwehrwaffe wurde um 1934 fertiggestellt. Sie sollte sich schließlich auch als finanzieller Erfolg erweisen. Neben der schwedischen Armee wurde sie von zahlreichen anderen Armeen eingeführt. Es sei gleich an dieser Stelle hingewiesen, daß sie im Zweiten Weltkrieg auch von den britischen Streitkräften in Nordafrika verwendet wurde. Eine Lieferung an den Sudan übernahmen die Engländer. Das Geschütz selbst wurde als *37 mm Panzerabwehrkanone L/45* bekannt. Bei den schwedischen Streitkräften trug sie die Bezeichnung M 1934. Der halbautomatische Fallblockverschluß und die Spreizlafette mit Rohrholmen, die einen Seitenrichtbereich von 50° ermöglichte, kennzeichnen die Waffe als typische Panzerabwehrwaffe ihrer Zeit. Die 0,7 kg schwere Panzergranate, die mit einer Anfangsgeschwindigkeit von 800 m/sec verfeuert wurde, durchschlug noch auf 1000 m Entfernung Panzerungen von 20 mm Stärke. Als Räder kamen sowohl normale luftbereifte Motorrad-Speichenräder als auch Stahlblechscheibenräder mit beschußsicherer Bereifung zur Verwendung. Dementsprechend lag das Gewicht bei 335 oder 385 kg. Gleich an dieser Stelle sei vermerkt, daß knapp vor Kriegsbeginn eine Ausführung mit etwas verstärkter Lafette und daher einem höheren Gewicht von 410 kg als *37 mm Panzerabwehrkanone M 1938* gebaut wurde. Alle sonstigen technischen Daten entsprechen jenen des älteren Modelles. In Schweden stellte die 37 mm Kanone die Standardwaffe der Panzerabwehr bis zum Jahre 1943 dar. Sie wurde im Pferdezug einspännig hinter einer Protze mit 80 Schuß gefahren, teilweise auch im Kraftzug.
Neben diesem Geschütz muß noch auf eine interessan-

Eine interessante Lösung stellte die 37 mm Panzerabwehrkanone L/50 dar, die den erforderlichen Seitenrichtbereich durch eine Radkranzbettung erreichte.

te weitere Firmenentwicklung hingewiesen werden. Es handelt sich dabei um die *37 mm Panzerabwehrkanone L/50.* Durch die größere Rohrlänge konnte eine Anfangsgeschwindigkeit von 800 m/sec auch mit einem 0,8 kg schweren Geschoß erreicht werden. Zum Unterschied von allen anderen modernen Geschützen dieser Art war man hier zu einer Kastenlafette zurückgekehrt, die lediglich einen Seitenrichtbereich von 10° zuließ. Allerdings wurde eine Radkranzbettung unter der Lafette mitgeführt, die im Einsatz einen Seitenrichtbereich von 360° ermöglichte. Zum leichten Umsetzen des Lafettenendes war an diesem ein entsprechender Bügel angebracht. Durch die Verwendung der Kastenlafette konnte das Gewicht mit 330 kg sehr niedrig gehalten werden. Für den Marsch kam die gleiche Protze wie bei der vorhin beschriebenen L/45-Waffe zur Verwendung, allerdings besaßen sowohl Geschütz als auch Protze vollgummibereifte durchbrochene Scheibenräder.

Wie bereits im Abschnitt über das Deutsche Reich berichtet, war die Produktion der schwedischen Industrie anfangs nicht ausreichend, so daß zusätzlich bei Rheinmetall Panzerabwehrkanonen mit Rohrlängen von L/45 und L/50 angekauft werden mußten. Es dürfte sich jedoch um keine großen Stückzahlen gehandelt haben, da sie in der Folge kaum in Erscheinung traten. Bei einem Vergleich der technischen Daten dieser Waffen gegenüber dem schwedischen Modell ist es nicht weiter verwunderlich, daß letzterem der Vorzug gegeben wurde.

SCHWEIZ

Die Firma Oerlikon hatte nach dem Ersten Weltkrieg die Patente der deutschen 20 mm Becker-Maschinenkanone erworben und das Geschütz als Panzer- und Fliegerabwehrwaffe weiterentwickelt. Als solche kam sie in zahlreichen Staaten in verschiedenen Ausführungen, mit langem und kurzem Rohr, zur Einführung.

Man entschied sich jedoch schließlich zum Lizenzbau des österreichischen Böhler-Geschützes durch die Kontruktionswerkstätte Thun und führte sie als *4,7 cm Infanteriekanone 35* in der Armee ein. Durch verschiedene Änderungen konnte das Gewicht auf 254 kg gesenkt werden. Es wurde auch eine eigene schwerere Panzergranate von 1,75 kg entwickelt. Diese durchschlug bei einer Anfangsgeschwindigkeit von 567 m/sec auf 1000 m Entfernung Panzerungen bis 30 mm. Auch die Richtbereiche wurden geändert. Vor allem für das Richten der Seite nach nützte man die Möglichkeit aus, bei Rohrerhöhungen unter 11° bis zu 33° beiderseits der Lafettenachse feuern zu können. Die in der Schweiz mit nur 31 Kalibern angegebene Rohrlänge stellt jedoch keine Änderung dar, sie beruht lediglich auf einer anderen Meßart, bei der nur die Länge des gezogenen Teiles in Rechnung gestellt wird. Der sonstige Aufbau und auch die Beförderungsarten entsprachen dem österreichischen Vorbild. Zugeteilt wurden die Geschütze der Stabskompanie der Bataillone, wobei jede einen Zug mit zwei Panzerabwehrkanonen erhielt.

Bei der 4,7 cm Infanteriekanone 35 handelte es sich um den schweizerischen Lizenzbau des österreichischen Böhler-Geschützes.

SPANIEN

In den zwanziger Jahren hatte vorerst die Spanische Gesellschaft für Schiffbau nach Angaben der englischen Firma Vickers ein *60/40 mm Infanteriegeschütz* mit Wechselrohren gebaut. Es entsprach im wesentlichen dem britischen 44/60 mm Infanteriegeschütz. Zufolge des kleineren Kalibers wurde nur eine 1,0 kg schwere Panzergranate mit einer Anfangsgeschwindigkeit von 550 m/sec verfeuert. Damit konnte jedoch auf 1000 m nur eine 21 mm starke Panzerplatte durchschlagen werden.
Eingeführt wurde dann die von Arellano, einem Stabsoffizier der spanischen Artillerie konstruierte und von der Firma Trubia gefertigte *40 mm Infanteriekanone (Arellano).* Bei einer Rohrlänge von 32,5 Kalibern erreichte die 0,55 kg schwere Panzergranate eine Anfangsgeschwindigkeit von 500 m/sec, womit auf 500 m Entfernung eine Panzerung von lediglich 19 mm durchschlagen werden konnte. Die Waffe besaß einen Fallblockverschluß. Bei der Lafette handelte es sich um eine Spreizlafette, ähnlich jener der alten französischen Infanteriekanone. Sie bestand aus einem Dreibein aus Stahlrohren. Zum Feuern wurden die Räder abgenommen. Auf dem Marsch wurde das Geschütz an einen Munitionskarren angehängt, der von einem Maultier gezogen wurde. Außerdem konnte die 196 kg schwere Waffe auch zerlegt auf zwei Tragtieren befördert werden. Der Einsatz erfolgte nach altem französischem Muster innerhalb des Begleitwaffenzuges des Bataillons in einem Trupp zu nur einem Geschütz.
Etwa zur Zeit des Beginns des Bürgerkrieges wurde noch in England die *40 mm Panzerabwehrkanone Mark II* angekauft. Die Stückzahl war jedoch beschränkt.
Während dieser inneren Auseinandersetzung kam eine beträchtliche Zahl ausländischer Panzerabwehrkanonen nach Spanien. Nahezu jeder Staat, der eine der beiden Seiten unterstützte, lieferte Panzerabwehrwaffen. Zu den derart in das Land gekommenen Waffen zählten:

- die französische 25 mm Panzerabwehrkanone M. 1934,
- die deutsche 3,7 cm Panzerabwehrkanone 35/36 und die
- sowjetische 37 mm Panzerabwehrkanone M 30.

Einzelheiten über diese drei Panzerabwehrkanonen sind bei den betreffenden Ländern nachzulesen.

Die 40 mm Infanteriekanone (Arellano) besaß nur eine einfache starre Spreizlafette.

TSCHECHOSLOWAKEI

Dieser Nachfolgestaat des alten Österreich-Ungarn war waffentechnisch dadurch begünstigt, daß die Waffenschmiede der Monarchie, die Škoda-Werke in Pilsen auf seinem Gebiet lagen. Dementsprechend konzentrierte sich auch die gesamte Entwicklung der Panzerabwehrkanonen auf diese Firma. Wenn sie auch nach dem Zweiten Weltkrieg und der Verstaatlichung einen anderen Namen erhielt, handelt es sich doch noch heute um das gleiche Werk.
Bereits im Ersten Weltkrieg war für die österreichisch-ungarische Armee das 37 mm Infanteriegeschütz M. 15 entwickelt und gebaut worden. Noch im Krieg wurden 37 und 47 mm Infanteriegeschütze mit verbesserter Leistung konstruiert, die aber über das Versuchsstadium nicht mehr hinauskamen.
Bald nach dem Kriegsende wurde die Entwicklung von Infanteriegeschützen wieder aufgenommen. Man baute dabei auf den Erfahrungen des Krieges auf. Als erste derartige Waffe erschien das *37 mm Infanteriegeschütz L/27.* Durch seine Rohrlänge und die Anfangsgeschwindigkeit von 460 m/sec konnte es auch bedingt zur Panzerabwehr eingesetzt werden. Allerdings betrug

Das 37 mm Infanteriegeschütz L/27 war die erste Nachkriegskonstruktion dieser Geschützart der Škoda-Werke. Sie besaß noch keine Spreizlafette.

die Durchschlagsleistung auf 500 m nur 22 mm. Nachteilig war auch der durch die Wandlafette auf 16° eingeschränkte Seitenrichtbereich. Typisch für die aus dem Ersten Weltkrieg herrührenden Gedankengänge war der Transport in Mannschaftstraglasten. Man hatte seinerzeit vielfach ein Verfahren wegen der Trichterfelder als ungünstig angesehen.

Eine Verbesserung stellte das *47 mm Infanteriegeschütz L/22* dar. Trotz der geringen Rohrlänge war die Anfangsgeschwindigkeit auf 560 m/sec erhöht worden. In Verbindung mit dem Geschoßgewicht von 1,5 kg stieg die Panzerdurchschlagsleistung auf 38 mm bei einer Schußentfernung von 500 m. Durch die Verwendung einer Spreizlafette betrug der Seitenrichtbereich immerhin 50°. Auf den Vorrang der Infanterieunterstützung deutet aber noch immer der Höhenrichtbereich bis +80° hin.

Das 70/32 mm Infanteriegeschütz war ein typischer Vertreter der Waffen mit zwei Rohren, die um das Jahr 1930 gebaut wurden. Zum Unterschied von vielen anderen Modellen wurde hier das kleinkalibrige Rohr in das größere eingeschoben.

Um den Anforderungen an ein Mehrzweckgeschütz, einem hohen Geschoßgewicht einerseits und einer hohen Anfangsgeschwindigkeit andererseits, gerecht zu werden, gingen die Škoda-Werke ab 1924 zum Bau von zweirohrigen Waffen über. Als erstes entstand so das *66/40 mm Infanteriegeschütz.* Die Rohre waren übereinander angeordnet, wobei das großkalibrige oben lag. Der Verschluß war für beide gemeinsam. Durch die Senkung des Geschoßgewichtes auf 1,1 kg und der Anfangsgeschwindigkeit auf 500 m/sec konnte auf 500 m nur eine Panzerung von 25 mm durchschlagen werden. Auch der Seitenrichtbereich von 8°, der durch die Kastenlafette bedingt war, genügte nicht den Anforderungen an eine Panzerabwehrkanone.

Auf der gleichen Basis wurde ein *50/37 mm Infanteriegeschütz* gebaut. Allerdings lagen hier die Leistungen mit 22 mm bei einem Geschoßgewicht von 0,825 kg und 460 m/sec noch niedriger. Zu viel war geopfert worden, um das Gewicht der Waffe mit 190 kg noch niedriger zu gestalten als die 250 kg der oben beschriebenen Ausführung.

Eine Verbesserung erhoffte man sich durch eine neue Lösung. Wenn man den Kaliberunterschied vergrößerte, konnte man das Rohr mit dem kleineren Kaliber in das größere einfach einschieben. Das Gewicht in Feuerstellung war dadurch niedriger als bei einer Zweirohrwaffe. Durch eine einfache Verriegelung wurde der Einsatzlauf fixiert. Eine Mündungsbremse ermöglichte eine höhere Leistung des kleinkalibrigen Rohres. Als erstes wurde ein *70/32 mm Infanteriegeschütz* hergestellt. Trotz der Anfangsgeschwindigkeit der Panzergranate von 600 m/sec lag die Durchschlagsleistung nur bei 22 mm auf 500 m Entfernung. Schuld war vor allem das geringe Geschoßgewicht von 0,5 kg. Interessant war auch die Lösung der ringförmigen Unterlafette, wodurch ein Seitenrichtbereich von nicht weniger als 150° erreicht wurde. Dabei lag das Gewicht der Waffe mit eingeschobenem Einsatzlauf nur bei 177 kg.

Ende der zwanziger Jahre entstanden die letzten tschechischen Waffen nach diesem Prinzip. Es handelte sich um die *70/37 mm Infanteriegeschütze AB_1 und BA_1.* Durch das größere Kaliber des Panzerabwehrrohres konnte unter Beibehaltung der Anfangsgeschwindigkeit von 600 m/sec die Durchschlagsleistung auf

29 mm erhöht werden, da das Geschoßgewicht auf 0,8 kg anstieg. Auch hier zeigte sich wieder der Erfindergeist der Konstrukteure des Werkes. Die Räder des Geschützes konnten schräg gestellt werden und ermöglichten zusammen mit dem Einschlagen des Lafettenspornes ein Schwenken des ganzen Geschützes um diesen Pivotpunkt um 360°. Das Waffengewicht lag trotzdem nur bei maximal 188 kg. In den Jahren 1930/31 erfolgte eine eingehende Erprobung durch die tschechoslowakische Armee. Man konnte sich nicht zu einer Einführung entschließen. Dabei zeigte es sich jedoch, daß der Weg des Universalgeschützes zum Scheitern verurteilt war. Allerdings konnte trotzdem ein gewisser Exporterfolg erzielt werden.

Erst 1933, nach der Machtergreifung durch die Nationalsozialisten im Deutschen Reich, wurde die Entwicklung beschleunigt. Die Armee forderte eine Panzerabwehrwaffe, die auf eine Entfernung von 1000 m Panzerungen bis 30 mm durchschlagen sollte. Schon im Juni 1934 konnten die Erprobungen mit dem Modell A 3 aufgenommen werden. Es wurde dann als *37 mm Panzerabwehrkanone M 34* eingeführt. Man hatte ein Geschoßgewicht von 0,85 kg bei einer Anfangsgeschwindigkeit von 675 m/sec gewählt. Durch das verbesserte Panzermaterial sank allerdings die Durchschlagsleistung auf 30 mm bei einer Entfernung von maximal 550 m. Ansonsten entsprach das Geschütz dem Standard seiner Zeit. Eine tschechische Besonderheit waren die drei verschiedenen Ausführungen, die gebaut wurden. Das Modell P mit eisenbereiften Speichenrädern war für die Infanterie bestimmt. Bei ihr rechnete man mit der geringsten Marschgeschwindigkeit. In der Form J mit Hartgummibereifung und hinter einer Protze gefahren erhielt sie die Kavallerie. Schließlich gab es noch das Modell M für den Kraftzug mit Luftbereifung, das den Radfahr- und Grenzbataillonen zugeteilt wurde.

Die laufend steigenden Panzerstärken führten jedoch schon bald nach der Einführung dieses Geschützes zur Forderung nach einer leistungsstärkeren Panzerabwehrkanone. Die erste Versuchswaffe wurde bereits 1936 vorgeführt. Das Ministerium für Landesverteidigung zögerte lange. Man wollte keine zwei Geschütze gleichen Kalibers mit verschiedenen Munitionsarten. Die neue Waffe erhielt daher die gleiche Kammer wie das Modell 34 und konnte auch die alte Munition verfeuern. Daneben war aber eine Patrone mit dem gleichen Geschoß, aber verstärkter Treibladung vorgesehen, wodurch die Anfangsgeschwindigkeit auf 750 m/sec anstieg. Damit konnten noch auf 1100 m Entfernung 32 mm durchschlagen werden. Das Geschütz mit der Firmenbezeichnung A 4 wurde schließlich als *37 mm Panzerabwehrkanone M 37* in die Ausstattung der Armee aufgenommen. Auch hier hat man die gleichen drei Ausführungen P, J und M wie beim Modell 34 gebaut. Die Dringlichkeit der Lage führte dazu, daß zwischen 1936 und 1938 nicht weniger als 1200 Kanonen der beiden Modelle vom Škoda-Konzern geliefert wurden. Dazu kamen noch Exporte in verschiedene Staaten.

Auch beim 70/37 mm Infanteriegeschütz AB_1 wurde das kleinkalibrige Rohr eingeschoben. Durch Einschlagen des deutlich sichtbaren Lafettenspornes und Schrägstellen der Räder konnte ein Seitenrichtbereich von 360° erzielt werden.

Die tschechoslowakische 37 mm Panzerabwehrkanone M 37 wurde im Zweiten Weltkrieg auch von der Deutschen Wehrmacht verwendet.

Die 47 mm Panzerabwehrkanone M 38 kam nicht mehr zu den tschechoslowakischen Verbänden. Sie wurde aber später für die Deutsche Wehrmacht weitergebaut.

Daneben liefen aber auch schon die Arbeiten an einer noch leistungsfähigeren Waffe. Bereits im Sommer 1938 wurde das Geschütz mit der Firmenbezeichnung A 5 als *47 mm Panzerabwehrkanone M 38* eingeführt. Die Richtbereiche des neueren 37 mm Musters wurden beibehalten, das Geschoßgewicht jedoch auf 1,65 kg und die Anfangsgeschwindigkeit auf 775 m/sec erhöht. Damit konnte die gleiche Durchschlagsleistung noch auf 1500 m erzielt werden. Gemessen an den Fabrikaten anderer Staaten war das Gewicht mit 570 kg verhältnismäßig gering. Die Ereignisse des Jahres 1939 führten dazu, daß die Waffe nicht mehr zur Truppe gelangte.

Bereits um das Jahr 1930 begannen die Škoda-Werke auch mit der Entwicklung von Selbstfahrlafetten. Die 40 mm Fliegerabwehrkanone Z-1 wurde auf ein Kettenfahrgestell MU-6 gesetzt. Abklappbare Seitenwände boten beim Einsatz gegen Panzerfahrzeuge der Bedienungsmannschaft Schutz. Für diesen Einsatzzweck war eine 1,06 kg schwere Panzergranate vorgesehen, die dank ihrer hohen Anfangsgeschwindigkeit von 950 m/sec die gleiche Durchschlagsleistung wie die spätere 47 mm Panzerabwehrkanone M 38 erzielte. Im Jahre 1934 wurde sie sowohl von der tschechoslowakischen als auch von der jugoslawischen Armee erprobt. Im gleichen Jahr gingen die Škoda-Werke zum 47 mm Kaliber über und schufen die Fliegerabwehrkanone Z-2, die später auch als Grundlage für die Panzerabwehrkanone M 38 diente. Diese Fliegerabwehrkanone wurde sowohl auf einen LKW als Selbstfahrlafette 6-MTP-6 als auch auf das MU-6-Fahrgestell aufgebaut. Zwei Waffenträger wurden geschaffen und erprobt. Die 37 mm Panzerabwehrkanone M 34 wurde auf einen dreiachsigen LKW aufgesetzt und erhielt so die Bezeichnung Selbstfahrlafette 6-MT-6, wobei sie jederzeit wieder abgesetzt als normale Panzerabwehrkanone eingesetzt werden konnte. Noch moderner war die Lösung mit dem gepanzerten Kettenfahrgestell LKMVP. Die 37 mm Panzerabwehrkanone M 37 konnte sowohl auf das Fahrzeug hinaufgezogen werden und von ihm feuern, als auch von diesem gezogen werden. Keine der angeführten Lösungen wurde jedoch von der tschechoslowakischen Armee angenommen.

Im September 1938 besaß die Armee 73 Panzerabwehrkompanien, von denen nur 22 motorisiert waren. Dazu kamen noch 44 selbständige Panzerabwehrzüge, von denen 13 motorisiert waren.

UNGARN

Obwohl die ungarische Industrie an der Waffenfertigung der alten Monarchie beteiligt gewesen war, zeigte sie in der Folge wenig Initiative in der Entwicklung neuer Waffen. Sie beschränkte sich vor allem auf die Verbesserung und den Umbau der vorhandenen Geschütze. Für die Panzerabwehr waren in erster Linie die Feldgeschütze und eine größere Anzahl von Panzerbüchsen vorgesehen. In der zweiten Hälfte der dreißiger Jahre hatte man sich aber doch zu dem Entschluß durchgerungen, daß die Einführung von Panzerabwehrwaffen mit höherer Leistung unumgänglich war.
Von der Firma Rheinmetall wurden daher die Pläne der bekannten 37 mm Kanone angekauft und in Ungarn durch die Firam MÁVAG der Lizenzbau aufgenommen. Die Ausführung entsprach im wesentlichen dem deutschen Exportmodell, das heißt, daß es mit 357 kg wesentlich leichter als das Geschütz der Deutschen Wehrmacht war. Obwohl die Waffe als *37 mm Panzerabwehrkanone 36 M* zur Einführung gelangte, kam sie erst 1939 zur Truppe. Vorerst erhielten nur zwei Bataillone jedes Infanterieregimentes einen Panzerabwehrzug zu vier Geschützen. Eine Eigenheit, die in keinem anderen Land zu finden ist, war die unterschiedliche Ausführung für Pferde- und Kraftzug. Normalerweise wurde nur das Fahrwerk verschieden ausgebildet. Anders in Ungarn. Während hier das Modell für Pferdezug eine Rohrlänge L/50 und eine Anfangsgeschwindigkeit der Panzergranate von 750 m/sec aufwies, lagen diese Werte beim Modell für Kraftzug bei L/47,7 und 730 m/sec. Insgesamt besaß die ungarische Armee 1939 lediglich 140 dieser Panzerabwehrkanonen.

Bei der ungarischen 37 mm Panzerabwehrkanone 36 M handelte es sich um den Nachbau des bekannten Rheinmetall-Geschützes.

ALBANIEN

Die schwachen albanischen Streitkräfte besaßen vor dem Zweiten Weltkrieg keine Panzerabwehrwaffen. Der Gebirgscharakter des Landes machte ohnehin einen Panzereinsatz nahezu unmöglich. Für die Panzerabwehr standen daher nur die insgesamt 18 Batterien mit Feld- und Gebirgsgeschützen zur Verfügung.

BULGARIEN

Auch die bulgarische Armee besaß lange Zeit keine Panzerabwehrwaffen außer den Feld- und Gebirgskanonen. Erst knapp vor Beginn des Zweiten Weltkrieges wurde in der Tschechoslowakei bei der Firma Škoda eine Anzahl von *37 mm Panzerabwehrkanonen M 37 (A 4)* angekauft. Die den Infanterieregimentern zugeteilte Zahl solcher Geschütze ist unbekannt.

ESTLAND

Bei der von Estland verwendeten 47 mm Infanteriekanone M 35B handelte es sich um eine Abart der österreichischen Böhler-Infanteriekanone.

Interessanterweise hat dieses kleine baltische Land der Panzerabwehr die ihr zukommende Bedeutung gewidmet. So wurden in Österreich *47 mm Infanteriekanonen M 35* von der Firma Böhler und im Deutschen Reich *3,7 cm Panzerabwehrkanonen 35/36* von der Firma Rheinmetall angekauft.

FINNLAND

Vom Vorhandensein von Panzerabwehrkanonen vor 1939 ist nichts bekannt. Der Zulauf aus verschiedenen Staaten begann erst während des Winterkrieges mit der Sowjetunion und wird daher im Abschnitt über den folgenden Zeitraum behandelt.

GRIECHENLAND

Auch hier hatte man sich lange auf die Schwierigkeiten des gebirgigen Geländes als natürliche Panzerabwehr verlassen. So kam es, daß erst in den Jahren 1936 bis 1938 im Deutschen Reich 24 Stück *3,7 cm Panzerabwehrkanonen 35/36* der Firma Rheinmetall angekauft wurden. Angesichts seiner langen Grenzen stellten diese wenigen Geschütze zusammen mit nur 22 britischen Panzerbüchsen eine sehr bescheidene Panzerabwehr dar.

IRLAND

Zufolge seiner Lage wies die irische Armee keine große Stärke auf. Mit ihrer Insellage schien sie auch gegen einen Panzerangriff hinlänglich abgesichert zu sein. So gelangten lediglich einige wenige britische *40 mm Panzerabwehrkanonen* zur Truppe.

JUGOSLAWIEN

Die engen politischen Bindungen zu Frankreich vor und während des Ersten Weltkrieges hatten dazu geführt, daß das damalige Serbien die Masse seiner schweren Waffen in diesem Lande eingekauft hatte. So konnte es auch nicht ausbleiben, daß nach dem Krieg die Armee vorerst die französische *37 mm Infanteriekanone M.1916* erhielt. In der Folge wurde aber Jugoslawien ein guter Kunde der tschechischen Škoda-Werke. Der erste Kauf auf dem Gebiet der Infanterieunterstützungswaffen bestand aus einer Anzahl der *37/70 mm Infanteriegeschütze M 30 (AB_1)* mit ihren beiden Rohren. Erst knapp vor Beginn des Zweiten Weltkrieges wurden die nächsten Panzerabwehrwaffen bei der gleichen Firma bestellt. Es handelte sich dabei um das modernste verfügbare Gerät, die *37 mm Panzerabwehrkanone M 37 (A 4)* und die *47 mm Panzerabwehrkanone M 38 (A 5)*. Die Zuteilung der Geschütze erfolgte normalerweise in der Form einer Panzerabwehrkompanie zu vier Geschützen bei jedem Regiment. Allerdings besaß die jugoslawische Armee bei Kriegsbeginn nur 212 solcher Panzerabwehrwaffen.

LETTLAND

Gleich den anderen beiden baltischen Staaten hatte Lettland in den dreißiger Jahren Panzerabwehrwaffen angekauft. Es handelte sich dabei um die österreichische *47 mm Panzerabwehrkanone M 35B* der Firma Böhler. Außerdem soll noch eine Anzahl *47 mm Panzerabwehrkanonen L/39* der französischen Firma Schneider vorhanden gewesen sein. Außer einem Gewicht von 400 kg sowie einer Anfangsgeschwindigkeit von 670 m/sec der 1,45 kg schweren Panzergranate sind keine Daten bekannt.

LITAUEN

Wie Estland und Lettland kaufte dieser Kleinstaat verhältnismäßig frühzeitig Panzerabwehrwaffen an. Als Lieferant trat hier die tschechische Firma Škoda auf, die ihr *32/70 mm Infanteriegeschütz M 26* lieferte.

NORWEGEN

Auch in diesem nordischen Staat verließ man sich mehr auf die Geländeschwierigkeiten zur Abwehr feindlicher Panzer, als auf spezielle Panzerabwehrwaffen. Lediglich die etwa 60 vorhandenen Feld- und Gebirgsgeschütze konnten zur Panzerabwehr eingesetzt werden.

PORTUGAL

Über das Vorhandensein von Panzerabwehrkanonen vor dem Zweiten Weltkrieg wurde nichts bekannt. Es

Die von der französischen Firma Schneider gelieferte 47 mm Panzerabwehrkanone L/44 war die Standardausstattung der rumänischen Panzerabwehr bis in den Zweiten Weltkrieg hinein.

mußte also auch hier die Feldartillerie zur Panzerbekämpfung herangezogen werden.

RUMÄNIEN

Verhältnismäßig frühzeitig hatte sich dieser Balkanstaat mit dem Problem der Panzerabwehr beschäftigt. Die ersten Versuche dürften mit dem von der tschechischen Firma Škoda gebauten *47 mm Infanteriegeschütz L/22* durchgeführt worden sein. Später wurde eine Anzahl von *37/70 mm Infanteriegeschützen M 30 (BA_1)* der gleichen Firma angekauft. Die Masse der Panzerabwehreinheiten, die aus einem Zug in jedem Regiment bestand, war jedoch mit der französischen, von der Firma Schneider gelieferten *47 mm Panzerabwehrkanone L/44* ausgestattet. Die in der Literatur zum Teil angeführte Waffe gleichen Kalibers L/39 dürfte auf einer anderen Berechnung der Rohrlänge beruhen, da auf Fotos das Aussehen vollkommen jenem des oben genannten Geschützes entspricht. Bei Kriegsbeginn besaß die rumänische Armee insgesamt nur 216 Panzerabwehrkanonen.

TÜRKEI

Die wirtschaftliche Schwäche stand einer modernen Rüstung des Landes entgegen. Die Folgen des Ersten Weltkrieges und des darauffolgenden Kampfes mit Griechenland waren noch immer nicht überwunden. Daher besaß die türkische Armee nur eine geringe Zahl von deutschen *3,7 cm Panzerabwehrkanonen 35/36.*

Der Zweite Weltkrieg 1939–1945

DER HÖHEPUNKT

Wenn man von den kleineren Staaten absieht, traten alle größeren Mächte mit einer, wie sie glaubten, schlagkräftigen Panzerabwehr in den Zweiten Weltkrieg ein. Alle besaßen eine große Zahl von Panzerabwehrkanonen mit Kalibern zwischen 25 und 47 mm, die auf eine Entfernung von 500 m Panzerungen mit einer Stärke von 40 bis 70 mm durchschlugen. Diese Leistung war jedoch nur bei senkrechtem Auftreffen möglich. Die ersten bitteren Erfahrungen zeigten bald, daß selbst gegen die zu Anfang des Krieges eingeführten Panzer die Durchschlagsleistung nur unter günstigen Umständen ausreichte. Auch die zugehörige Kampfentfernung von 500 m wurde bald als zu gering angesehen. Die Bekämpfung der Panzer bereits auf größere Entfernungen wurde gefordert. Auf 1000 m durchschlugen die vorhandenen Waffen aber nurmehr Panzerungen von 20 bis höchstens 55 mm. Der Optimismus, der zu dieser Zeit geherrscht hatte, zeigte sich am besten darin, daß in einzelnen Ländern die bereits angelaufene Entwicklung von Panzerabwehrkanonen mit einem größeren Kaliber und damit höherer Durchschlagsleistung zurückgestellt wurde.
Der große Umschwung trat um das Jahr 1941 ein. Die Ohnmacht der vorhandenen Panzerabwehrwaffen wurde zu offensichtlich. In größter Eile wurden die Entwicklungen zu Ende geführt und die neuen Geschütze schleunigst an die Front gebracht. In der Zwischenzeit hatte man versucht, durch verbesserte Munition eine höhere Leistung zu erreichen. Andererseits wurden in erhöhtem Maße andere Waffen zur Panzerabwehr herangezogen. War es im Deutschen Reich vor allem die schwere Fliegerabwehrkanone, die vielfach als letzte Rettung eingesetzt wurde, so war es in Großbritannien und der Sowjetunion die Feldartillerie. Bei letzterer kam es so weit, daß die leichten Feldkanonen überhaupt der Träger der Panzerabwehr wurden. Aufgrund der leichten Bauweise konnten sie direkt den Infanterieeinheiten zugeteilt werden. Man kann sagen, daß dieser Zeitabschnitt den Höhepunkt im ewigen Kampf zwischen Kanone und Panzerung darstellt.
In der ersten Phase erhöhte man das Kaliber der Panzerabwehrkanonen auf 50 bis 57 mm. Damit wurden auf 500 m Entfernung Panzerungen um 75 mm durchschlagen. Durch die Einführung von Sondergeschossen konnte dieser Wert bis auf etwa 110 mm gesteigert werden. Der Wettlauf ging aber unvermindert weiter. Die Waffentechniker hatten inzwischen begriffen, daß dieser Stand noch keineswegs das Ende der Entwicklung darstellte. Jeder Staat hatte bereits selbst Panzerkampfwagen mit stärkeren Panzerungen in Planung und mußte daher mit Recht annehmen, daß dies beim Gegner ebenfalls zutraf. In kürzester Zeit erschien daher die nächste Stufe von Panzerabwehrkanonen größeren Kalibers auf den Schlachtfeldern.
Die Kaliber um 75 mm versprachen eine ausreichende Durchschlagsleistung auch gegen die neuen stark gepanzerten Kampfwagen. Diese lag bei etwa 120 mm auf eine Entfernung von 500 m. Der Preis dafür war ein Gewicht der Waffe zwischen 1400 und 2200 kg. Damit war aber gleichzeitig die Beweglichkeit auf dem Gefechtsfeld sehr stark eingeschränkt. Ohne Zugmaschine war ein Stellungswechsel nicht mehr möglich. Der Übergang zur Selbstfahrlafette oder zum Jagdpanzer war unausbleiblich.
Trotzdem ging die Steigerung noch weiter. Die Lösung schien weiterhin nur durch eine nochmalige Kaliber-

steigerung möglich. Waffen mit Kalibern bis zu 100 mm gelangten noch während des Krieges zur Einführung. Ihr Gewicht von 3400 bis 4400 kg brachte jedoch eine Unbeweglichkeit mit sich, die die Einsatzmöglichkeiten sehr stark einschränkte. Was half eine Durchschlagsleistung von 130 bis 180 mm auf 1000 m Entfernung, wenn das Geschütz kaum mehr bewegt werden konnte. Aber die Forderungen stiegen noch weiter, so daß bei Kriegsende Panzerabwehrwaffen mit Gewichten von 8 bis 12 t in Entwicklung standen und teilweise sogar noch in kleiner Stückzahl zum Einsatz gelangten.

Damit deutete sich aber bereits das Ende der klassischen Panzerabwehrkanone an. Schon war man zu Sonderkonstruktionen wie Niederdruckgeschützen und rückstoßlosen Geschützen übergegangen, um der Infanterie wieder eine Waffe zu ihrem direkten Schutz zu geben. Dies war mit Geschützen um 10 t Gewicht nicht mehr möglich. Sie konnten nur aus rückwärtigen Stellungen eine Fernwirkung geben. Der Umschwung wurde noch weiter gefördert durch die Entwicklung der Hohlladungs- und der Quetschkopfgeschosse, wodurch es möglich war, mit leichten tragbaren Waffen nahezu jede Panzerung zu durchschlagen. Man war also wieder an jenem Punkt angelangt, bei dem die Entwicklung im Ersten Weltkrieg begonnen hatte.

Daß dennoch die Entwicklung der Panzerabwehrkanone nach dem Kriege weitergeführt wurde, muß als Anachronismus gewertet werden. Im Westen kam auch keine derartige Waffe mehr zur Einführung. Der Osten muß gesondert betrachtet werden. Hier wurde die Linie, die bereits während des Krieges eingeschlagen worden war, konsequent weitergeführt. Man hielt an Mehrzweckwaffen fest, die sowohl für artilleristische Aufgaben als auch zur Panzerabwehr dienen sollten. *Der Höhepunkt der Entwicklung der klassischen Panzerabwehrkanone war aber überschritten.*

DEUTSCHES REICH

Aufgrund der zahlenmäßig starken Ausstattung seiner Panzerabwehrverbände glaubte das deutsche Ober-

Die 3,7 cm Panzerabwehrkanone 35/36 war in den beiden ersten Kriegsjahren noch immer die Standardwaffe der deutschen Panzerabwehr.

Die 5 cm Panzerabwehrkanone 38 blieb bis zum Kriegsende im Einsatz.

Die 5 cm Panzerabwehrkanone 38 im Einsatz an der Ostfront. Im Hintergrund ein brennender schwerer sowjetischer Radspähpanzer.

kommando, diesbezüglich ohne jedes Bedenken in den Krieg eintreten zu können. Gegen die wenigen und noch dazu schwach gepanzerten polnischen Kampfwagen ging diese Rechnung glatt auf und bestärkte die Führung in ihrem Glauben. Aber schon der Westfeldzug zeigte erstmals die Grenzen der vorhandenen Panzerabwehrwaffen auf. Gegen einzelne stärker gepanzerte französische Kampfwagen und die britischen Infanteriepanzer waren sie machtlos. Nur die 8,8 cm Fliegerabwehrkanone konnte in einzelnen Situationen Rettung bringen.

In aller Eile, teilweise auf dem Luftweg, wurden Hartkerngranaten, die Panzergranate 40, für die *3,7 cm Panzerabwehrkanone 35/36* an die Front gebracht. Diese neue Munition mit einem Geschoßgewicht von 0,354 kg erreichte eine Anfangsgeschwindigkeit von 1030 m/sec und konnte damit Panzerungen von 50 mm noch auf 500 m Entfernung durchschlagen. Auf größere Schußweiten fiel aber ihre Durchschlagsleistung schnell ab und war geringer als die der normalen Panzergranate. Die endgültige Katastrophe brachte aber der Rußlandfeldzug mit dem Auftreten des sowjetischen T-34. Über Nacht wurde die Standardwaffe der deutschen Panzerabwehr zum »Heeresanklopfgerät« degradiert. Darüber konnte auch die Einführung der Stielgranate 41 nicht hinweghelfen. Es handelte sich dabei um eine auf das Rohr aufgesteckte Überkalibergranate im Gewicht von 8,5 kg, die mit einer eigenen Kartusche verfeuert wurde. Die Hohlladung dieses Geschosses durchschlug zwar beim senkrechten Auftreffen Panzerungen bis 180 mm, die geringe Anfangsgeschwindigkeit von nur 110 m/sec beschränkte jedoch den Einsatz auf wenige hundert Meter.

Die Hilfe war zu diesem Zeitpunkt bereits unterwegs. Der Auftrag für die Entwicklung einer Panzerabwehrwaffe größeren Kalibers war, wie bereits im vorhergehenden Abschnitt erwähnt, schon 1938 an die Firma Rheinmetall-Borsig erteilt worden. Ende 1940 kamen die ersten *5 cm Panzerabwehrkanonen 38* zur Auslieferung. Obwohl diese Waffe allgemein als L/60 bezeichnet wurde, hatte sie dennoch eine Rohrlänge von 63,5 Kalibern. Die 2,18 kg schwere Panzergranate durchschlug bei einer Anfangsgeschwindigkeit von 823 m/sec auf 500 m Entfernung 75 mm. Bei der Hartkerngranate, der Panzergranate 40, lagen diese Werte

Die 7,5 cm Panzerabwehrkanone 40 kam erst gegen Ende 1941 an die Front.

bei 1180 m/sec und 115 mm. Ab etwa 1500 m Entfernung lag die Durchschlagsleistung dieser Hartkernmunition unter jener der normalen Panzergranate. Später kam auch hier eine 8,2 kg schwere Stielgranate zur Verwendung, die wohl 180 mm durchschlug, jedoch ebenso wie bei der 37 mm Kanone nur eine geringe Einsatzschußweite aufwies. In ihrem Aufbau entsprach dieses Geschütz der älteren kleinkalibrigen Waffe. Es kamen jedoch einige Bauelemente zur Einführung, die auch bei den späteren Waffen beibehalten wurden. Eines davon war die Mündungsbremse. Damit verringerte sich die Rückstoßkraft auf die Lafette und diese konnte leichter gebaut werden. Ein anderes war die Verwendung der Drehstabfederung, wodurch die Beanspruchung der Lafette beim Fahren herabgesetzt wurde und die abermals dem Bau einer leichten Lafette zugute kam. Das dritte Element war schließlich der doppelte Schutzschild, wobei zwei Schilde von je 4 mm Stärke im Abstand von etwa 25 mm hintereinander angeordnet wurden. Die Räder waren als gepreßte Stahlscheibenräder mit Vollgummibereifung ausgelegt. Obwohl später Panzerabwehrkanonen größeren Kalibers mit höheren Durchschlagsleistungen gebaut und eingeführt wurden, blieb die 5 cm Panzerabwehrkanone bis zum Kriegsende im Einsatz. Als der Mangel an Wolfram später zum Verbot der Fertigung von Hartkerngeschossen führte, blieb einzig und allein die Munition für dieses Geschütz davon ausgenommen. Der Grund dafür war, daß nur mit ihr der sowjetische T-34 erfolgreich bekämpft werden konnte. Während am 1. Juni 1941 erst 1047 dieser Panzerabwehrkanonen vorhanden waren, stieg diese Zahl in der Folge rasch an, so daß bald eine Anzahl an die verbündeten Staaten abgegeben werden konnte.

In Voraussicht der weiteren Entwicklung der Panzerstärken war schon 1939 sowohl an Krupp als auch an Rheinmetall-Borsig der Auftrag zur Konstruktion und Fertigung einer 75 mm Panzerabwehrkanone vergeben worden. Beide Firmen gingen einen anderen Weg in der Lösung der Aufgabe. Die Rheinmetall-Waffe war als erste fertiggestellt und wurde als *7,5 cm Panzerabwehrkanone 40* eingeführt. Beschleunigt wurde die Entscheidung durch die Erfahrungen der ersten Monate des Rußlandfeldzuges, die gezeigt hatten, daß die 5 cm Kanone gegenüber dem T-34 an der Grenze ihrer Leistungsfähigkeit lag. Gegen Ende 1941 kam daher das neue Geschütz zum Einsatz. Aufbaumäßig handelte es sich um eine vergrößerte Version der 5 cm Waffe. Die Mündungsbremse, der doppelte Schutzschild und die Drehstabfederung wurden beibehalten. Bei der Lafette mit ihren Rohrholmen war man jedoch von der Verwendung von Leichtmetall abgegangen und fertigte sie ausschließlich aus Stahl. Die ballistischen Leistungen waren entsprechend erhöht worden. Bei einer Rohrlänge von 46 Kalibern erreichte die Panzergranate von 6,8 kg 792 m/sec. Die Panzerdurchschlagsleistung auf

Die 7,5 cm Panzerabwehrkanone 40 im Einsatz an der Ostfront.

500 m Entfernung konnte gegenüber der 5 cm Panzerabwehrkanone um nicht weniger als 75 % auf 132 mm erhöht werden. Mit der Panzergranate 40 von 3,2 kg konnten bei einer Anfangsgeschwindigkeit von 930 m/sec auf die gleiche Entfernung sogar 154 mm durchschlagen werden. Allerdings mußte diese Geschoßart später wegen des akuten Mangels an Wolfram wieder aufgegeben werden. Eine Treibspiegelgranate im Gewicht von 2,74 kg mit einem Kerndurchmesser von 60 mm kam nicht zur Einführung. Dagegen wurde eine Hohlladungsgranate eingeführt, die wegen ihrer geringen Anfangsgeschwindigkeit von nur 450 m/sec eine geringe Einsatzschußweite besaß. Für die hohe ballistische Leistung mußte aber auch ein entsprechender Preis bezahlt werden. Dieser bestand aus einem Gewicht von 1425 kg. Damit war die Waffe von Hand aus nicht mehr zu bewegen. Dies führte vor allem bei den Rückzugskämpfen in Rußland zu großen Verlusten beim Ausfall der Zugmaschinen. Daher besaß die Deutsche Wehrmacht am 1. Jänner 1945 nur 4817

Die 2,8 cm schwere Panzerbüchse 41 mit konischem Rohr wurde vor allem bei motorisierten Verbänden eingesetzt.

solcher Geschütze, obwohl im Oktober 1944 eine Produktionsspitze von 1054 Stück erreicht worden war.
Das Jahr 1941 sah aber noch die Einführung einer ganzen Anzahl von Panzerabwehrkanonen durch die Deutsche Wehrmacht. An erster Stelle müssen hier die Waffen mit konischen Rohren angeführt werden. Bereits im Abschnitt über die französische Entwicklung vor 1939 ist dieses Prinzip eingehend erläutert worden. Mitte der dreißiger Jahre war Ingenieur Gerlich nach Deutschland zurückgekehrt. Über seine weiteren Arbeiten ist nichts näheres bekannt geworden. Die Idee wurde jedoch von der Firma Krupp aufgegriffen und entsprechende Entwicklungen ab etwa 1937 vorangetrieben. Immerhin dauerte es rund vier Jahre, bevor brauchbare Waffen hergestellt werden konnten. Die drei in den Truppengebrauch gelangten Modelle waren die ersten Geschütze nach diesem Prinzip die tatsächlich verwendet wurden. Die früher beschriebenen französischen Waffen waren nämlich nicht an der Front eingesetzt worden.
Um nach dem Kaliber vorzugehen, soll hier als erstes die *2,8 cm schwere Panzerbüchse 41* beschrieben werden, die ab dem späten Sommer 1941 in Nordafrika zum Einsatz kam. Sie stellte eine große Überraschung für die Briten dar, da vorher keinerlei Nachrichten über diese Entwicklung durchgedrungen waren. Die Flansche der Geschosse besaßen beim Einführen in den Verschluß ein Kaliber von 28 mm und verließen die Rohrmündung mit einem solchen von 20 mm. Damit wurde der 121 g schweren Panzergranate eine Anfangsgeschwindigkeit von nicht weniger als 1415 m/sec erteilt. Die Durchschlagsleistung auf 500 m betrug 63 mm. Der Wolframkarbidkern lag in einer Eisenhülle und besaß eine Kappe aus einer Magnesiumlegierung. Dadurch wurde beim Aufschlag ein weithin sichtbarer Blitz erzeugt. Der Rest der Waffe war konventionell. Eine leichte Spreizlafette mit dem in Deutschland nunmehr bereits üblichen doppelten Schild. Die Federung der Räder erfolgte durch eine querliegende Blattfeder. Abweichend von der normalen deutschen Ausführung von Panzerabwehrkanonen war das Fehlen jeglicher Richtmaschinen. Sowohl die Seite als auch die Höhe wurde vom Richtschützen mittels Handgriffen genommen, die ähnlich wie jene an den Maschinenge-

wehren des Ersten Weltkrieges angeordnet waren. Die Durchschlagsleistung von 94 mm auf 100 m Entfernung war beträchtlich. Aber schon auf 700 m war sie auf 51 mm abgefallen. Infolge des geringen Gewichtes von nur 229 kg war das Geschütz sehr beweglich. Eine weitere Senkung erfolgte noch bei der Ausführung für die Fallschirmjäger. Bei ihr wurde das gleiche Rohr in eine Leichtmetallafette mit kleinen Luftgummirädern eingelegt, die als leichte Feldlafette 41 bezeichnet wurde. Die Waffe als solche wies zwei große Nachteile auf. Einerseits wurde für die Fertigung der Munition Wolfram benötigt, das ohnehin knapp war und für Werkzeugmaschinen dringend benötigt wurde, und andererseits den hohen Rohrverschleiß. Nach Abgabe von höchstens 500 Schuß war das Rohr unbrauchbar geworden. Der Bau dieser Geschütze wurde daher bald wieder aufgegeben. Nur ganz wenige standen bei Kriegsende noch im Einsatz. Außer bei den Fallschirmjägern wurde dieses Geschütz in Zügen und Trupps zu je drei in Infanterie- und Pioniereinheiten verwendet.

Das nächst größere Kaliber war die *4,2 cm leichte Panzerabwehrkanone 41*. Nominell verengte sich bei ihr das Kaliber von 42 auf 28 mm. Die effektiv gemessenen Werte betrugen 40,6 und 29,4 mm. Bei diesem Geschütz wog die Panzergranate 375 g und wurde mit einer Anfangsgeschwindigkeit von 1265 m/sec verfeuert. Sie durchschlug auf 500 m 85 mm. Wie die beiden anderen Waffen mit konischen Rohren, besaß auch sie einen horizontalen Schubkurbelkeilverschluß. Die Lafette entsprach im wesentlichen jener der 3,7 cm Panzerabwehrkanone 35/36, von der sie äußerlich nur schwer zu unterscheiden ist. Die einzigen Unterschiede stellen der doppelte Schutzschild und die Drehstabfederung der Räder anstelle der Schraubenfedern dar. Das Gewicht war mit 560 kg wohl höher als jenes der alten Standardwaffe, die Leistung betrug aber dafür mehr als das Doppelte. Auch hier wurde schon 1942 die Fertigung wegen des Mangels an Wolfram eingestellt. Das Geschütz wurde jedoch auch später noch von den Fallschirmjägern verwendet. So ist sie auf Fotos von den Kämpfen bei Monte Cassino zu finden.

Die Waffe mit dem größten Kaliber eines konischen Rohres entstand bei Krupp aufgrund des Auftrages für eine 75 mm Panzerabwehrkanone, der 1939 erteilt worden war. Bei der *7,5 cm Panzerabwehrkanone 41* handelte es sich also um die Parallelentwicklung zum Modell 40 von Rheinmetall. Das Rohr selbst war nicht über die gesamte Länge konisch. Auf einen gezogenen parallelen Teil folgte ein konischer Abschnitt, der zur Mündung in einen glatten parallelen Teil überging. Der Durchmesser der Geschosse wurde von 75 auf 55 mm zusammengequetscht. Mit der 2,50 kg schweren Panzergranate, deren Wolframkarbidkern 0,91 kg wog, wurde eine Anfangsgeschwindigkeit von 1260 m/sec erreicht. Auch die Lafette war von einer neuen Bauart. Der Schutzschild war als tragender Bauteil ausgebildet. Das Rohr mit der Wiege war in ihm in einer Art Kugellafette gelagert. Die Holme der Spreizlafette und die mittels Drehstäben gefederten Achsen waren direkt an ihm befestigt. Diese Form führte zu einer verhältnismäßig geringen Höhe des Geschützes. Auch das Gewicht war sehr niedrig, besonders wenn man bedenkt, daß auf 500 m Entfernung 205 mm Panzerung durchschlagen werden konnte. Das Verbot der Verwendung von Wolfram für die Munitionsherstellung führte zur Einstellung der Fertigung, nachdem etwa 150 Geschüt-

Noch bei den Kämpfen im Raume Monte Cassino stand die 4,2 cm leichte Panzerabwehrkanone 41 mit konischem Rohr in Verwendung.

Die Fertigung der 7,5 cm Panzerabwehrkanone 41 wurde trotz ausgezeichneter Leistungen wegen des Mangels an Wolfram für die Munition bald wieder eingestellt.

ze gebaut worden waren. Dem hohen Rohrverschleiß suchte man hier damit zu begegnen, daß das Rohr leicht im Felde ausgetauscht werden konnte. Das Geschütz wurde vor allem bei Sondereinheiten verwendet. Nach dem Verbrauch der vorhandenen Munitionsvorräte hat man die meisten dieser Kanonen verschrottet. Es ist aber auch möglich, daß in einige der Lafetten die Rohre der 7,5 cm Panzerabwehrkanone 40 eingelegt wurden.

Die Kapazität der deutschen Industrie reichte nicht aus, genügend Panzerabwehrwaffen für den steigenden Bedarf herzustellen. Als es nun darum ging, die unzureichende 3,7 cm Kanone zu ersetzen, wurden Beutewaffen für diesen Zweck adaptiert. Die erste derart geschaffene Waffe war die *7,5 cm Panzerabwehrkanone 97/38.* Im Westfeldzug war den deutschen Truppen eine große Anzahl der berühmten französischen 75 mm Feldkanone 1897 in die Hände gefallen. Nunmehr wurde das Rohr ausgebaut und in die Lafette der 5 cm Panzerabwehrkanone 38 eingelegt. Um die Rückstoßkräfte zufolge des größeren Kalibers zu vermindern, wurde eine Mündungsbremse auf das Rohr aufgeschraubt. Da das französische Rohr nur eine Länge von 36,3 Kalibern besaß, lag auch die Anfangsgeschwindigkeit verhältnismäßig niedrig. Als Panzergranate standen nur jene aus der polnischen Beute, wo dieses Geschütz ebenfalls verwendet worden war, zur Verfügung. Die 570 m/sec reichten aber nur dazu aus, um auf 500 m Entfernung 75 mm Panzerung zu durchschlagen. Da eine Erhöhung dieser Werte technisch nicht möglich war, führte die Deutsche Wehrmacht Hohlladungsgranaten als panzerbrechende Geschosse ein. Diese durchschlugen ebenfalls nur 75 mm, waren aber von der Schußweite unabhängig, obwohl durch die geringe Anfangsgeschwindigkeit von 450 m/sec die Einsatzschußweite nicht allzu hoch war. Nachteilig für eine Panzerabwehrwaffe war auch der handbediente Schraubverschluß, der nur eine geringe Feuergeschwindigkeit zuließ. Die Lafette war trotz der Mündungsbremse überfordert. Dies führte nicht nur zu Instabilitäten beim Feuern, sondern auch häufig zu Schäden an der Lafette. Immerhin stellten aber die rund 700 derart geschaffenen Notlösungen eine willkommene Verstärkung der deutschen Panzerabwehr dar. Es sollen übrigens auch einige Rohre in ältere Lafetten der 7,5 cm Kanone eingelegt und die solcherart entstandene Waffe als *7,5 cm Panzerabwehrkanone 97/40* bezeichnet worden sein. Mit dem Eintreffen der eigenen 7,5 cm Kanone wurden diese Behelfslösungen aus dem Osten abgezogen. Sie fanden jedoch noch lange bei den Verbänden im Westen Verwendung. Interessant ist noch, daß für dieses Geschütz, trotz seines Gewichtes von 1190 kg, Maßnahmen für den Mannschaftszug getroffen wurden. Vier Zuggurte waren vorgesehen und unter den Holmenden ein großes lenkbares Rad.

Trotz des hohen Gewichtes war für die 7,5 cm Panzerabwehrkanone 97/38 der Mannschaftszug vorgesehen.

Besonders in den ersten Wochen des Unternehmens »Barbarossa«, wie der Rußlandfeldzug als Deckname genannt wurde, hatte die Deutsche Wehrmacht eine große Zahl sowjetischer Feldkanonen erbeutet. Da es sich dabei um ausgezeichnete moderne Waffen handelte, lag nichts näher als auch sie für die Panzerabwehr zu adaptieren. Ursprünglich war die sowjetische 76 mm Divisions-Kanone 36 als 7,62 cm Feldkanone 296(r) unverändert eingesetzt worden. Dann wurde sie aber umgebaut, um sie besser für die Panzerabwehr geeignet zu machen. Durch das Aufsetzen einer Mündungsbremse sollte eine höhere ballistische Leistung ermöglicht werden. Dazu wurde eine eigene Munition entwikkelt, für die auch die Kammer vergrößert werden mußte. Außerdem verlegten die deutschen Konstrukteure das Handrad für die Höhenrichtmaschine auf die linke Seite, so daß die Bedienung durch einen Mann möglich war, wie dies bei den deutschen Geschützen allgemein üblich war. Die solcherart entstandene *7,62 cm Panzerabwehrkanone 36(r)* erwies sich in der Folge als eine

Die 7,62 cm Panzerabwehrkanone 36(r) war aus erbeuteten sowjetischen Feldkanonen umgebaut worden.

der besten deutschen Panzerabwehrwaffen. Durch die große Rohrlänge von 51 Kalibern erreichte die 7,54 kg schwere Panzergranate eine Anfangsgeschwindigkeit von 740 m/sec, womit auf 500 m Panzerungen bis 118 mm durchschlagen werden konnten. Mit der Hartkerngranate von 4,05 kg mit 990 m/sec stieg dieser Wert sogar auf 155 mm an. Die Lafette mit dem großen Seitenrichtbereich von 60° war praktisch unverändert geblieben, lediglich der Höhenrichtbereich war von +75 auf +18° eingeschränkt worden. Allerdings war das Gewicht durch die verschiedenen Umbauten um 90 kg auf 1710 kg angestiegen. Trotzdem bewährte sich das Geschütz derart, daß es im späteren Verlauf des Krieges praktisch an allen Fronten zum Einsatz kam. Selbst in Nordafrika war es zu finden.

Ein ähnlicher Umbau wurde auch an den erbeuteten sowjetischen 76 mm Divisions-Kanonen 39 vorgenommen. So entstand die *7,62 cm Panzerabwehrkanone 39(r)*, die aber wegen ihres mit 42 Kalibern kürzeren Rohres nur geringere Leistungen erzielte. So wurde mit diesem Geschütz eine etwa um 10 % niedrigere Durchschlagsleistung als mit der Kanone 36(r) erzielt. Allerdings war sie auch mit 1550 kg etwas leichter.

Die weitere Entwicklung der Kampfpanzer, insbesonders die laufende Verstärkung der Panzerung, forderte neue Maßnahmen. Höhere Durchschlagsleistungen wurden notwendig. Eine weitere Erhöhung der Anfangsgeschwindigkeit bei gleichbleibendem Kaliber war nicht mehr tragbar. Dies hätte zu überlangen Rohren und in der Folge auch zu einem übermäßigen Rohrverschleiß geführt. Es blieb daher nur der Weg der Kalibersteigerung offen. Wie bei den anderen kriegführenden Staaten wurde auch hier auf die Erfahrungen und Vorarbeiten auf dem Gebiet der schweren Fliegerabwehrkanonen zurückgegriffen. Schon 1940 erhielten sowohl Krupp als auch Rheinmetall-Borsig den Auftrag zur Entwicklung neuer 8,8 cm Fliegerabwehrkanonen höherer Leistung. In die Ausschreibung war aufgenommen worden, daß die Waffe auch für den Einsatz gegen Bodenziele geeignet sein müßte. Der Rheinmetall-Ent-

Die 8,8 cm Panzerabwehrkanone 43 war die leistungsfähigste Panzerabwehrwaffe, die im Zweiten Weltkrieg an die Front gekommen ist. Zu beachten ist vor allem der niedrige Aufzug.

wurf wurde dann als 8,8 cm Fliegerabwehrkanone 41 eingeführt. Die Firma Krupp arbeitete trotz der Ablehnung ihrer Konstruktion daran weiter und gleichzeitig an Entwürfen für Panzer- und Panzerabwehrkanonen, um solcherart eine ganze Waffenfamilie mit Munitionsgleichheit zu schaffen. Nach der Aufgabe der Arbeiten am Projekt der Fliegerabwehrkanone, konzentrierte sich Krupp auf die Panzer- und Panzerabwehrkanonen. Rein technisch gesehen war die aus diesen Versuchen hervorgegangene *8,8 cm Panzerabwehrkanone 43* nicht nur das modernste, sondern auch das leistungsfähigste Geschütz für die Panzerabwehr, das im Zweiten Weltkrieg an die Front kam. Das Rohr wies eine Länge von nicht weniger als 71 Kalibern auf. Dadurch wurde mit der 10,4 kg schweren Panzergranate erstmals bei einer Panzerabwehrkanone der Wert von 1000 m/sec erreicht. Dementsprechend hoch lag auch die Panzerdurchschlagsleistung. Auf 1000 m konnten 190 mm durchschlagen werden, selbst auf 2000 m noch immer 159 mm. Höher lagen die Werte für die 7,3 kg schwere Hartkerngranate, die Panzergranate 40/43. Mit ihrer Anfangsgeschwindigkeit von 1130 m/sec durchschlug sie auf die beiden obigen Entfernungen 241 bzw. 184 mm. Diese Leistungen waren aber allmählich notwendig geworden, da in den beiden letzten Kriegsjahren die sowjetischen schweren Kampfpanzer des Typs »Josef Stalin« auftraten, bei denen zur großen Plattenstärke noch eine geringe Neigung zur Horizontalen hinzukam. Gegen diese Panzerung waren die bisher verwendeten Panzerabwehrkanonen machtlos. Wegen der modernen Konzeption soll hier näher auf die technischen Einzelheiten dieser Waffe eingegangen werden. Abweichend von den sonst üblichen Krupp-Konstruktionen wurde ein halbautomatischer Fallblockverschluß verwendet. Das Öffnen des Verschlusses und Auswerfen der Kartuschhülse erfolgte nicht über Schaltkurven, sondern über zwei Federn, die beim Rücklauf des Rohres gespannt wurden. Dies hatte gleichzeitig den Vorteil, daß ein Teil der Rücklaufenergie durch dieses System aufgenommen und damit auch der Rücklaufweg verkürzt wurde. Erstmals bei einer deutschen Panzerabwehrwaffe war ein Seitenrichtbereich von 360° vorgesehen. Die Kreuzlafette mit den beiden Einachsprotzen stammte von der Fliegerabwehrkanone. Das Feuern war auch von den Rädern aus ohne Absenken der Waffe möglich. Dazu wurden die beiden seitlichen Holme abgeklappt und gegen den Boden abgestützt. Übrigens soll gleich erwähnt werden, daß es zwei verschiedene Ausführungen des Fahrwerkes gab. Eine mit Luftbereifung und eine mit gepreßten Stahlblechspeichenrädern mit Vollgummibereifung. Da nicht wie bei einer Fliegerabwehrkanone ein großer Höhenrichtbereich erforderlich war, sondern ein solcher von 40° vollkommen ausreichte, konnte auch die Oberlafette niedrig gehalten werden. Daraus resultierte auch die geringe Höhe über Schildoberkante in Feuerstellung von nur 1,73 m. Die erstmals bei einer deutschen Panzerabwehrkanone verwendete elektrische Abfeuerung hatte einen weiteren Vorteil. Bei Rohrerhöhungen über 28° konnte beim Rücklauf der

Bei der 8,8 cm Panzerabwehrkanone 43 kamen verschiedene Bereifungen zur Verwendung.

Verschluß an die Lafettenholme anstoßen. Daher wurde eine elektrische Sicherheitsschaltung eingebaut, die ein Feuern bei größerer Erhöhung verhinderte wenn der Verschluß sich in einer Stellung über einem Holm befand. Vielleicht soll auch noch erwähnt werden, daß mittels eines Fußpedales das Schwenkwerk ausgekuppelt werden konnte, um so das Geschütz rasch frei verschwenken zu können. Trotz all dieser technischen Neuerungen und der hohen Leistung der Waffe konnte das Gewicht in Feuerstellung mit 3630 kg verhältnismäßig gering gehalten werden. Gerade eine Rundumfeuerlafette hatte sonst immer zu einem erheblichen Gewichtsanstieg geführt, wie ein Blick auf die Geschützentwicklung zeigt. Es ist eigentlich verwunderlich, daß die verschiedenen Feindstaaten diese Konstruktion nach dem Kriege nicht weiter verfolgt haben. Genügend Waffen hätten sie dazu ja erbeutet. Im Westen kann dies damit erklärt werden, daß mit dem Ende des Krieges die weiteren Arbeiten an Panzerabwehrkanonen der klassischen Bauart abgebrochen wurden und in Hinkunft nur mehr an rückstoßlosen Geschützen gearbeitet wurde. Für den Osten war vielleicht doch das Gewicht zu hoch. Dort hatte man immer sehr leicht gebaute Geschütze verwendet, wohl mit Rücksicht auf das unzureichende Straßennetz und die ungünstigen Bodenverhältnisse, vor allem während der Regenzeiten.

Der Ruf der Front nach einer großen Zahl dieser leistungsfähigen Panzerabwehrwaffe konnte nicht erfüllt werden. Die Fertigung lief nicht schnell genug an. Es kam, wie es kommen mußte. Die verhältnismäßig aufwendige Kreuzlafette konnte nicht in ausreichender Menge gebaut werden. Die Zahl der fertiggestellten Rohre war weitaus größer. Was lag daher näher, als wieder einmal eine Notlösung zu produzieren. Eine Lafette aus weitgehend vorhandenen Bauteilen wurde zusammengestellt. Die Holme der Spreizlafette kamen von der leichten Feldhaubitze 18, die Räder von der schweren Feldhaubitze und so fort. Auch der Verschluß wurde zwecks einfacherer Fertigung abgeändert. Anstelle des Fallblockverschlusses kam der übliche horizontale halbautomatische Schubkurbelkeilverschluß zur Verwendung. Nachteilig war das Fehlen eines Ausgleiches, so daß eine Vierpunktlagerung mit den beiden Rädern und den Holmenden gegeben war. Also nicht das Optimale für die Stabilität beim Feuern. Ballistisch glich diese *8,8 cm Panzerabwehrkanone 43/41* dem vorhin beschriebenen Modell 43. Die Leistung der Waffe entsprach dem Wunsch der Front, der Rest jedoch nicht. Die Notlösung war zu groß ausgefallen. Die Höhe betrug nahezu 2 m, wodurch das Eingraben oder das Tarnen zu schwer wurde. Die Lage wird wohl am besten durch den Spitznamen, den die Truppe dem Geschütz gab, nämlich »Scheunentor«, gekennzeichnet. Außerdem war das Gewicht in Feuerstellung, obwohl der Seitenrichtbereich statt 360° nur mehr 56° betrug, auf 4380 kg angestiegen. Natürlich wirkte sich auch das zu späte Anlaufen der Serienfertigung negativ aus. Trotzdem im Dezember 1944 eine Produktionsspitze von 232 Geschützen beider Modelle erzielt wurde, besaß die Deutsche Wehrmacht am 1. Januar 1945 nur insgesamt 829 dieser 8,8 cm Panzerabwehrkanonen.

Als Notlösung, da die Fertigung der Kreuzlafette der 8,8 cm Panzerabwehrkanone 43 hinter jener der Rohre zurückblieb, wurde die 8,8 cm Panzerabwehrkanone 43/41 geschaffen.

Die 12,8 cm Kanone 44 der Firma Krupp verwendete eine Lafette mit zwei einachsigen Rollenwagen.

Die letzte Entwicklungsstufe stellte, wie in der Sowjetunion, eine Mehrzweckwaffe dar. Von den zahlreichen erbeuteten sowjetischen Waffen fand besonders die 122 mm Kanone Beachtung. Sie gab Anlaß zu einer deutschen Entwicklung eines ähnlichen Kalibers. Die deutsche Industrie entschied sich für 128 mm, da bereits an einer schweren Fliegerabwehrwaffe dieses Kalibers gearbeitet wurde. So hoffte man diese Vorarbeiten auswerten zu können. Der erste Entwurf war die *12,8 cm Kanone 43* von Krupp. Aufbauend auf den Arbeiten für eine leichte Feldhaubitze mit Rundumlafette, wurde auch hier eine Dreibeinlafette gewählt. In Fahrtstellung war ein Holm unter dem Rohr, die beiden anderen nach rückwärts zusammengeklappt. Seltsamerweise und vollkommen ungewöhnlich für Krupp war ein Schraubverschluß vorgesehen. Ein Holzmodell wurde zwar noch gebaut, dann aber das Projekt aufgegeben.

Während das eben beschriebene Geschütz in erster Linie eine Feldkanone sein sollte, war die nächste Entwicklung eine echte Mehrzweckwaffe, bei der die Panzerabwehr im Vordergrund stand. Die *12,8 cm Kanone 44*, auch als Panzerabwehrkanone 44 oder Panzerabwehrkanone 80 bekannt, wurde tatsächlich gebaut. Sowohl Krupp als auch Rheinmetall-Borsig fertigten Prototypen. Beide Waffen verwendeten das gleiche Rohr mit einer Länge von 55 Kalibern. Man war wieder zum halbautomatischen horizontalen Schubkurbelkeilverschluß mit elektrischer Abfeuerung zurückgekehrt. Damit war eine entsprechende Feuergeschwindigkeit für die Panzerabwehr gewährleistet. Die Panzergranate wog 28,3 kg und besaß eine Anfangsge-

Die Firma Rheinmetall verwendete für ihren Prototyp der 12,8 cm Kanone 44 ein dreiachsiges Fahrgestell. Zwei Achsen blieben in Feuerstellung in gehobenem Zustand an der Oberlafette und erhöhten damit die Stabilität beim Schuß.

schwindigkeit von 920 m/sec. Damit konnte sie auf 1000 m Entfernung bei einem Auftreffwinkel von 60° Panzerungen bis 202 mm durchschlagen. Obwohl beide Versionen einen Seitenrichtbereich von 360° besaßen, unterschieden sie sich in der Ausführung der Lafette. Krupp verwendete eine Kreuzlafette mit zwei einachsigen Rollenwagen. Beim Schießen wurden die Räder mittels Schneckengetrieben vom Boden abgehoben, blieben jedoch an der Lafette. Die Oberlafette bewegte sich mittels vier Rollen auf der Rollenbahn der Unterlafette. Der Schild wies eine sehr starke Neigung auf. Da für die vorgesehenen Aufgaben keine große Rohrerhöhung erforderlich war, begnügte man sich mit einer solchen von 45,5°. Dadurch konnte die Bauhöhe gering gehalten werden und in Feuerstellung lag die Gesamthöhe bei nur 1,83 m. Die Hauptschwäche dieser Lafette war der Rollendrehkranz. Es zeigte sich, daß durch die Schläge beim Fahren Einbuchtungen auftraten. Überhaupt scheinen verschiedene Bauteile zu knapp bemessen gewesen zu sein. Trotzdem bezeichneten Fachleute den Krupp-Prototyp als jenem von Rheinmetall überlegen. Diese Firma hatte sich gleichfalls für eine Kreuzlafette entschieden. Sie wies jedoch als äußeres Kennzeichen einen Balanzier mit zwei Rädern auf jeder Geschützseite auf. Diese waren mit der Oberlafette verbunden und wurden zum Schießen hochgehoben. Sie blieben jedoch am Geschütz und erhöhten derart die Stabilität der Waffe. Am rückwärtigen Ende war ein normaler einachsiger Rollenwagen angeordnet, der nach dem Absenken entfernt wurde. Die Verbindung zwischen Ober- und Unterlafette stellte ein Kugeldrehkranz her. Der Frontteil des Schildes ist stark geneigt, seitlich wurde jedoch der Schild sehr weit nach hinten gezogen. Beide Geschütze wurden bereits 1944 fertiggestellt und auch erprobt. Die Serienfertigung lief jedoch nicht an.

Wie in vielen anderen Fällen war auch hier die Rohrfertigung der Lafettenfertigung weit voraus. Nach den vorliegenden Berichten sollen mehr als 50 Rohre gebaut worden sein. Was lag daher näher, als eine der üblichen Notlösungen zu produzieren, um der hart kämpfenden Truppe eine leistungsfähige Waffe zu geben. Glücklicherweise standen genügend erbeutete Lafetten zur Verfügung. Da während der Entwicklung der 12,8 cm Kanone 44 auch die Bezeichnung Kanone 81 verwendet worden war, wurde diese Nomenklatur für die Behelfslösungen beibehalten. Aus den französischen Beständen waren Lafetten der 155 mm Kanone GPF, die aus dem Jahre 1917 stammte, später aber von Touzzard abgeändert worden war und solcherart die Bezeichnung GPF-T trug, vorhanden. In diese wurden nun eine Anzahl der Rohre eingelegt. Das Ergebnis war die *12,8 cm Kanone 81/1.* Die Waffe sah wohl durchaus modern aus, wies jedoch gegenüber dem geplanten Serienmodell einen mit 60° geringen Seitenrichtbereich auf. Außerdem war sie wesentlich höher und mit 12 197 kg auch schwerer als das Modell 44, das nur 10 160 kg wog.

Der gleiche Vorgang wurde mit den etwas abgeänder-

Durch Einlegen eines 12,8 cm Rohres in erbeutete französische Lafetten der 155 mm Kanone GPF-T entstand die 12,8 cm Kanone 81/1.

Unter Verwendung der Lafette der sowjetischen 152 mm Kanonenhaubitze 37 entstand die 12,8 cm Kanone 81/2.

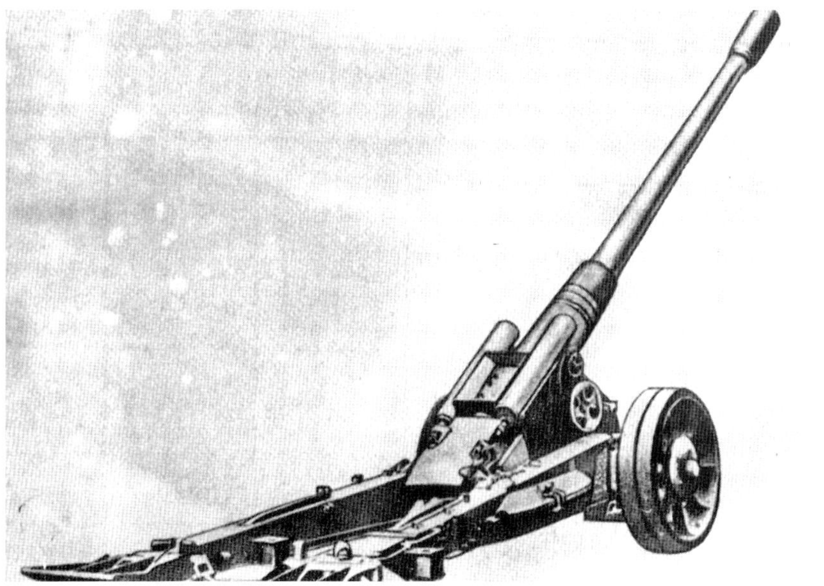

ten Spreizlafetten der sowjetischen 152 mm Kanonenhaubitze 37 durchgeführt. Diese *12,8 cm Kanone 81/2* war mit 8302 kg wohl wesentlich leichter, dafür aber der Seitenrichtbereich mit 40° noch geringer. Es mußten auch umfangreiche Umbauten vorgenommen werden. So wurde eine neue Rohrwiege und ein neues Rohrrücklaufsystem oberhalb des Rohres eingebaut. Die Ausgleicher entfielen. Obwohl natürlich beide Waffen an der Front hochwillkommen waren, stellten sie tatsächlich nur Notlösungen dar. So fehlte beiden Typen der für eine Panzerabwehrwaffe unbedingt erforderliche Schutzschild. Außerdem war ihre Zahl sehr beschränkt. An dieser Stelle sei noch vermerkt, daß nach dem Kriege auch ein Modell der Kanone 81/2 mit den ursprünglichen sowjetischen Ausgleichern vorgefunden wurde. Es dürfte sich aber nur um einen Versuch gehandelt haben, da die eingesetzten Waffen auch ohne die Ausgleicher einwandfrei arbeiteten.

Neben den angeführten Entwicklungen, die teils tatsächlich zur Truppe kamen, teils diese nicht mehr erreichten, müssen hier noch zwei Versuchsgeschütze erwähnt werden die außerhalb des bisherigen Rahmens lagen. Eines davon war die *7,5 cm Panzerabwehrkanone 44*. Dies war eine Konstruktion der Firma Rheinmetall-Borsig mit einem konischen Rohr. Sie wich von den Krupp-Modellen insofern ab, als auf die Kammer zuerst ein glatter konischer Teil folgte, der dann in einen normalen gezogenen parallelen Teil überging. Die Schwierigkeiten ergaben sich vor allem beim Übergang in den gezogenen Rohrteil, wo sich ein übermäßiger Verschleiß bei den Versuchen zeigte. Eine Lebensdauer von mehr als 200 Schuß war nicht zu erreichen. Die erzielte Anfangsgeschwindigkeit mit dem Flanschgeschoß mit einem Wolframkarbidkern soll 1300 m/sec betragen haben. Allerdings scheint die angegebene Durchschlagsleistung von 120 mm auf 2500 m Entfernung etwas zu hoch gegriffen zu sein. Eine technisch interessante Lösung wurde auch für die Lafette gefunden. Beim Schließen der Spreizlafette drehten sich die Holme, wodurch gleichzeitig auch die Radachsen angehoben wurden. Der Schwerpunkt der gesamten Waffe verschob sich dadurch und der Protzdruck wurde vermindert. Dies sollte eine leichtere Handhabung des Geschützes ermöglichen. Umgekehrt konnte durch einen einfachen Druck auf die Rohrmündung und damit Entlastung der Holme ein Schließen der Lafette herbeigeführt werden. Der Krieg war jedoch zu diesem Zeitpunkt bereits in ein Stadium getreten, daß die Einführung einer solchen neuen Waffe nicht mehr möglich war.

Eine ausgesprochene Notlösung, die in geringer Zahl sogar noch an die Front gelangte, war die *7,5 cm Panzerabwehrkanone 50*. Sie wurde 1944 entwickelt. Es handelte sich dabei um ein gekürztes Rohr der 7,5 cm Panzerabwehrkanone 40 mit einem geänderten Verschluß. Zwei verschiedene Arten von Mündungsbremsen gelangten zur Verwendung. Als Lafette wurde jene der 5 cm Panzerabwehrkanone 38 genommen. Der Richtbereich dieser Waffe wurde beibehalten. Der Vorteil lag im geringeren Gewicht von etwa 1100 kg, der Nachteil jedoch in der ungenügenden Durchschlagsleistung. Diese war durch das kurze Rohr von nur 30 Kalibern Länge begründet. Weitere Daten sind über dieses Geschütz nicht bekannt geworden.

Die grundlegenden Arbeiten an einer vollkommen neuen Art von Panzerabwehrkanonen liefen im Deutschen Reich in einer anderen Richtung als in den anderen Staaten. Sowohl in Großbritannien als auch in den Vereinigten Staaten wurde an rückstoßlosen Geschützen für die Panzerabwehr gearbeitet. Ähnliche Geschütze waren bei den deutschen Fallschirmjägern als Ersatz für Feldgeschütze bereits während des Krieges verwendet worden. Sie besaßen allerdings zwei große Nachteile. Der bekannteste davon ist der Gasstrahl hinter der Waffe, der die Feuerstellung rasch verrät und auch besondere Aufmerksamkeit bei der Wahl der Stellung erfordert. Der andere, der sich

Die kurzläufige 7,5 cm Panzerabwehrkanone 50 wurde durch Zusammenbau eines gekürzten Rohres der 7,5 cm Panzerabwehrkanone 40 und der Lafette der 5 cm Panzerabwehrkanone 38 geschaffen.

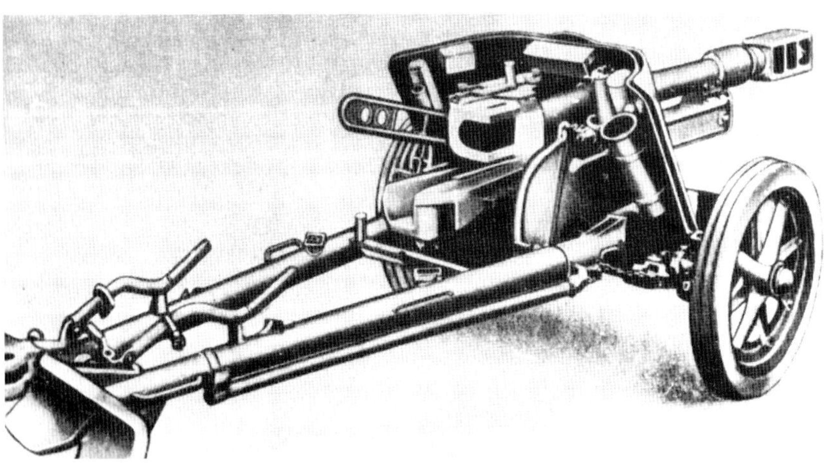

Als erste Hoch- und Niederdruckkanone kam die 8 cm Panzerabwehrwurfkanone 8H63 zur Einführung. Durch dieses System wurde eine leichte Bauart ermöglicht.

besonders gravierend bei der Rohstoffknappheit in der zweiten Kriegshälfte auswirkte, war die große erforderliche Treibladung. Bei etwa gleichem Geschoßgewicht benötigte z. B. die leichte Feldhaubitze 784 g für eine Anfangsgeschwindigkeit von 470 m/sec. Das 10,5 cm Leichtgeschütz 40 hingegen nicht weniger als 3,09 kg für 335 m/sec, d. h. rund das Vierfache für eine wesentlich geringere Geschwindigkeit. Neue Wege mußten daher gesucht werden. Rheinmetall-Borsig fand die Lösung. Sie wurde als Hoch- und Niederdruckrohr bezeichnet. Die *8 cm Panzerabwehrwurfkanone 8H63* wurde aufgrund einer Forderung der Wehrmacht für eine leichte Infanterieunterstützungswaffe geschaffen, die eine Einsatzschußweite von mindestens 750 m und eine Panzerdurchschlagsleistung von 140 mm besitzen sollte. An dieser Stelle ist eine kurze Charakterisierung dieses Prinzips erforderlich. Bekanntlich müssen die Geschützrohre wegen des hohen Gasdruckes, der bei den normalen Panzerabwehrkanonen schon im Zweiten Weltkrieg über 3000 kg/cm^2 lag, verhältnismäßig starkwandig ausgeführt werden. Aus diesem Grund werden sie sehr schwer. Auch der Arbeitsaufwand für die Rohrfertigung ist hoch. Umgekehrt führte der hohe Gasdruck und damit die kinetische Energie zu hohen Rückstoßkräften, die sich ihrerseits wieder bei der Bemessung der Lafette auswirkten. Alle diese Faktoren erhöhten also das Waffengewicht. Dies alles konnte durch das neue System vermieden werden. Grundlage des Ganzen war eine spezielle Munition. Beim Geschoß handelte es sich um eine flügelstabilisierte Hohlladungsgranate, die ähnlich dem Geschoß eines Granatwerfers, heute Mörser, aussah. Der Schaft ist mit einem Abreißquerschnitt mit der Kartuschhülse verbunden. Letztere besaß am vorderen Ende eine starke Platte mit acht Düsen. Beim Abfeuern baute sich nun in der Hülse, die sich gegen eine Schulter im Rohr abstützte, ein hoher Gasdruck auf. Bedingt durch die Düsen strömten die Gase mit einer gewissen Verzögerung in den Raum hinter dem Führungsring des Geschosses. Sobald der Druck einen Wert von etwa 550 kg/cm^2 erreicht hatte, scherte die Schaftverlängerung im vorgesehenen Querschnitt ab, und das Geschoß wurde durch einen nahezu gleichbleibenden Gasdruck aus dem Rohr ausgestoßen. Zwei Tatsachen ermöglichten eine leichte Bauart. Einerseits herrschte im Rohr nur ein Druck von etwa der Hälfte des Wertes von 1100 kg/cm^2, der in der Kartuschhülse auftrat. Andererseits wurden durch ein glattes Rohr die Widerstände für das Geschoß verringert. Dadurch genügte eine Treibladung von nur 0,36 kg, um dem 2,7 kg schweren Hohlladungsgeschoß eine An-

Der 8 cm Panzerabwehrwerfer 600 war ein Vorläufer der 8 cm Panzerabwehrwurfkanone 8H63. Die Lafette erwies sich jedoch als zu leicht gebaut.

fangsgeschwindigkeit von 520 m/sec zu verleihen. Fertigungsmäßig ergab sich der Vorteil der Möglichkeit der Verwendung eines kaltgezogenen dünnwandigen Rohrers geringen Gewichtes. Dies ermöglichte zusammen mit der Art des Gasdrucksystems und einer Mündungsbremse den Bau einer sehr leichten Lafette. Die beiden Holme der Spreizlafette waren aus dünnen Rohren gefertigt. Die Drehstabachsfederung wurde beim Spreizen der Holme automatisch ausgeschaltet. Als Räder wurden solche aus Stahlguß mit Speichen und einer Gummiauflage verwendet. Eine interessante Lösung war auch die Art des Ausgleichers. Auf den Schildzapfen der Wiege waren Drehstäbe angebracht, die die Mündungslastigkeit des Rohres aufhoben. Allerdings war man beim Bau der ersten Lafetten zu weit gegangen. Dies zeigte sich durch Schäden bei den ersten Waffen, die auch als *8 cm Panzerabwehrwerfer 600* bekannt wurden. Außerdem war hier auch noch auf die Mündungsbremse verzichtet worden. Die Serienfertigung dieser neuartigen Waffe lief im Dezember 1944 an und endete im März 1945. Durch die Lage der Industrie im letzten halben Kriegsjahr konnte das geplante hohe Produktionsziel nicht mehr erreicht werden. Die Waffe sollte als Standardpanzerabwehrwaffe der Infanterie dienen. Insgesamt wurden etwa 260 Geschütze in den vier Monaten fertiggestellt. Mangels einer ausreichenden Lafettenfertigung wurde eine Anzahl der Rohre auch in vorhandene Lafetten der alten 5 cm Panzerabwehrkanone 38 eingelegt.

Der Erfolg mit diesem Hoch- und Niederdruck-System führte natürlich dazu, daß es weiter verfolgt wurde. So arbeitete Krupp gegen Kriegsende an einer 105 mm Waffe, die in der Entwicklung die Bezeichnung *10 cm Panzerabwehrwerfer 1000,* später *10 cm Panzerabwehrwurfkanone 10H64* erhielt. Bei ihr sollte durch die Steigerung der Anfangsgeschwindigkeit die Einsatzschußweite auf 1000 m erhöht werden. Auch die Durchschlagsleistung sollte von 140 auf 200 mm gesteigert werden. Schwierigkeiten brachte jedoch vor allem die Flügelstabilisierung bei der hohen Geschwindigkeit mit sich. Es blieb daher bei einem Holzmodell. Der Prototyp kam nicht mehr zur Ausführung. Kurz soll noch erwähnt werden, daß Krupp auch noch an einem *10,5 cm Panzerabwehrwerfer 600* arbeitete, wobei die Zahl jeweils die Einsatzschußweite angab.

Etwas mysteriös ist ein *8,1 cm Panzerabwehrwerfer L/105.* Die Alliierten fanden ein derart bezeichnetes Geschütz nach dem Krieg auf einem deutschen Schießplatz. Das Rohr dieser Waffe war aus zwei Teilen zusammengeschraubt, damit man es auch auf kürzeren Drehbänken fertigen konnte. Der Rest der Waffe war aus vorhandenen Bauteilen zusammengesetzt. Die Lafette stammte im wesentlichen von der 15 cm schweren Feldhaubitze 18, die Räder von der 10,5 cm Kanone 18. Eine für die Feuerbereitschaft umständliche Lösung war das Trennen des Rohres vom Rücklaufsystem für den Marsch. Möglicherweise sollte von dieser Waffe ein 3,0 kg schweres Hohlladungsgeschoß verfeuert wer-

Modell des 10,5 cm Panzerabwehrwerfers 600. Die Waffe wurde nicht mehr fertiggestellt.

den, von dem man Zeichnungen bei der Munitionsabteilung von Krupp vorfand.
Obwohl es sich um keine reinen Panzerabwehrwaffen handelt, sollen hier noch zwei Feldgeschütze angeführt werden. Wie später noch nachzulesen ist, baute die Sowjetunion Feldkanonen, die während des Krieges vorwiegend für die Panzerbekämpfung eingesetzt wurden. Die Deutsche Wehrmacht besaß eine solche Möglichkeit nicht. Im Gegensatz zur Sowjetunion stützte sich die deutsche Divisionsartillerie ausschließlich auf die leichte Feldhaubitze. 1944 wurde nun gefordert, daß die Feldartillerie gegen Panzer wirken sollte. Man baute daher eine Mehrzweckwaffe, in dem man das Rohr, die Wiege mit Rücklaufbrems- und Vorholsystem der 7,5 cm Panzerabwehrkanone 40 in die Lafette der 10,5 cm leichten Feldhaubitze 18/40 einlegte. Dies ging um so leichter, als letztere ohnehin aus der Lafette der Panzerabwehrkanone hervorgegangen war. Diese *7,5 cm Feldkanone 7M85* wurde noch in begrenzter Stückzahl, besonders in den Artillerieverbänden der Volksgrenadierdivisionen, eingesetzt. Sie hatte natürlich alle Nachteile einer Mehrzweckwaffe. Das Gewicht mit 1778 kg war zu hoch, der Seitenrichtbereich mit 30,5° zu gering. Das Geschütz war daher als Notlösung anzusehen, das vor allem aus dem Bestreben heraus entstanden war, vorhandene Bauteile und Produktionskapazitäten auszunützen. Es wurde auch die gleiche Munition wie bei der Panzerabwehrkanone verfeuert.
Die letzte Entwicklungsstufe stellte schließlich die *7,5 cm Feldkanone 7M59* dar. Sie war nichts anderes als die 7,5 cm Panzerabwehrkanone 40 mit einem von 22 auf 35° vergrößerten Höhenrichtbereich.
Da die Fertigung der deutschen Industrie für die ständig wachsenden Forderungen der Front nicht ausreichte, ist es leicht verständlich, daß auch die Waffenfabriken der besetzten Länder in die Produktion eingeschaltet wurden. Eine Sonderstellung nimmt hier aber die ehemals tschechoslowakische Firma Škoda ein. Nur von ihr wurde bekannt, daß sie auch Entwicklungsaufträge von der Deutschen Wehrmacht erhielt. Immerhin entstanden daraus Waffen, die technisch interessante Details aufwiesen. Dabei wurde die alte Bezeichnung beibehalten, die vor dem Schrägstrich das Geschoßgewicht, hinter demselben die Anfangsgeschwindigkeit aufzeigt. In Prototypenform wurde die *6,6 cm Panzerabwehrkanone 5/800* gebaut. Wie schon der Name sagt, wurde ein 5 kg schweres Geschoß mit 800 m/sec verfeuert. Der Höhenrichtbereich betrug −12 bis +20°, der Seitenrichtbereich 65°. Das Gewicht in Feuerstellung lag bei 1500 kg. Besonders die Lafette wies neue Ideen auf. Die Achsschenkel besaßen eine Federung mittels Blattfedern und waren durch ein Parallelogrammsystem mit der Unterlafette verbunden. Beim Instellunggehen wurde vorerst ein Schießpilz abgeklappt, der bis knapp über den Boden reichte. Beim Spreizen der Lafettenholme wurden durch dieses System die Räder angehoben, und der Schießpilz lag auf dem Boden auf.
Eine weitere Entwicklung, die 1940 eingeleitet wurde, war die *5 cm automatische Panzerabwehrkanone 2,06/835.* Als Lafette diente jene der oben beschriebenen 6,6

Unklar ist der 8,1 cm Panzerabwehrwerfer L/105, von dem die Alliierten nur ein Exemplar vorfanden.

Eine Mehrzweckwaffe stellte die 7,5 cm Feldkanone 7M85 dar. Bei ihr wurden Bauteile der 7,5 cm Panzerabwehrkanone 40 und der 10,5 cm leichten Feldhaubitze 18/40 verwendet.

Eine vollautomatische Waffe war die von den Škoda-Werken für die Deutsche Wehrmacht entwickelte 5 cm automatische Panzerabwehrkanone 2,06/835.

cm Waffe. Das Geschütz arbeitete nach dem Prinzip des Rückstoßladers. Beim Rücklauf des Rohres wurde ein auf Federbasis arbeitender Ansetzer gespannt, und ein Mitnehmer zog eine Patrone in eine Stellung über dem Verschluß. Nach Beendigung des Rücklaufes fiel diese Patrone in die Ladeschale, und der Ansetzer schob sie in die Kammer. Daraufhin wurde der Verschluß geschlossen und die Patrone abgefeuert. Die Munitionszuführung erfolgte mittels Ladestreifen zu je fünf Schuß, die aneinander gekoppelt werden konnten. Bei den praktischen Versuchen wurden Feuergeschwindigkeiten von 80 bis 85 S/min erreicht. Die Konstrukteure hofften dies später auf 100 bis 120 S/min erhöhen zu können. Die Richtbereiche waren die gleichen wie bei der 6,6 cm Kanone, das Gewicht in Feuerstellung konnte aber durch das leichtere Rohr auf 1300 kg gesenkt werden.

Gleichfalls aufgrund eines deutschen Auftrages wurde auch eine *7,5 cm Panzerabwehrkanone 6/860* gebaut. Die Lafette war nach den gleichen Prinzipien wie bei der 6,6 cm Kanone konstruiert und wies auch die gleichen Richtbereiche auf. Das Gewicht war allerdings auf 2000 kg angewachsen. Verglichen mit der deutschen 7,5 cm Panzerabwehrkanone 40 war dies aber durch die höhere Anfangsgeschwindigkeit gerechtfertigt.

Bereits bei der Firma Krupp wurde auf die 12,8 cm Kanone hingewiesen. Als Parallelentwicklung konstruierte Škoda die *12,8 cm schwere Kanone 25/940*. Zum Seitenrichtbereich von 360° kam ein Höhenrichtbereich von −10 bis +45° hinzu. Überraschend nieder war das Gewicht in Feuerstellung von nur 6350 kg. Es bleibt allerdings die Frage offen, ob nicht aufgrund der praktischen Erprobungen verschiedene Verstärkungen notwendig geworden wären.

Aus der gleichen Notwendigkeit heraus, die zur Einschaltung der fremdländischen Waffenindustrie führte, wurde auch zahlreiches erbeutetes Kriegsmaterial von der Deutschen Wehrmacht verwendet. Allerdings kamen die derart eingeführten Panzerabwehrkanonen vor allem bei den später aufgestellten Divisionen zum Einsatz. Die wichtigsten Typen waren:

- die französischen 25 mm Panzerabwehrkanonen M. 1934, M. 1937 und M. 1934/1939,
- die französische 47 mm Panzerabwehrkanone M. 1937,
- die tschechoslowakischen 37 mm Panzerabwehrkanonen M 34 und M 37 sowie
- die tschechoslowakische 47 mm Panzerabwehrkanone M 38.

Auf die erbeuteten sowjetischen Feldkanonen, die teilweise umgebaut wurden, ist bereits an anderer Stelle hingewiesen worden. Welchen zahlenmäßigen Wert diese übernommenen Geschütze darstellten, geht vielleicht am besten daraus hervor, daß allein von der

Tschechoslowakei nicht weniger als 1800 Panzerabwehrkanonen anfielen.
Die allgemeine Entwicklung mit der Steigerung des Kalibers und zwangsläufig damit verbunden des Waffengewichtes brachte es mit sich, daß die Panzerabwehrkanonen immer unbeweglicher wurden. Dies führte schließlich dazu, daß selbst ein Stellungswechsel ohne Zugmaschine, nur im Mannschaftszug, nicht mehr möglich war. Dadurch war eine Panzerabwehr nur statisch und nicht beweglich möglich. Darüber konnte auch die 1940 geänderte Bezeichnung der Panzerabwehreinheiten in Panzerjägereinheiten nicht hinwegtäuschen. Die einfachste und schnellste Lösung bestand daher darin, die Kanonen auf ungepanzerte oder gepanzerte Fahrgestelle aufzubauen. Die solcherart entstandenen Selbstfahrlafetten wurden vor allem im Deutschen Reich in großer Anzahl gefertigt. Als Fahrgestelle wurden auch zahlreiche erbeutete Fahrzeuge verwendet. Näher auf die einzelnen Modelle einzugehen erlaubt der Rahmen dieses Buches nicht. Die einschlägige Literatur gibt darüber Auskunft. Im nachstehenden soll nur eine tabellarische Übersicht über die für die verschiedenen Waffen verwendeten Fahrgestelle gebracht werden. Um einen Eindruck von der gefertigten Stückzahl zu geben, sei nur angeführt, daß vom Jänner 1941 bis zum Feber 1945 allein 2954 gepanzerte Selbstfahrlafetten für Panzerabwehrkanonen mit einem Kaliber zwischen 75 und 88 mm gebaut wurden.

Fahrgestelle für die 2,8 cm schwere Panzerbüchse 41:
- leichter Schützenpanzerwagen Sd. Kfz. 250/11,
- Panzerspähwagen Sd. Kfz. 222.

Fahrgestelle für 3,7 cm Panzerabwehrkanone 35/36:
- Zugkraftwagen 1 t Sd. Kfz. 10/5,
- Zugkraftwagen 1 t Sd. Kfz. 10/5 mit leichter Behelfspanzerung,
- leichter Schützenpanzerwagen Sd. Kfz. 250/10,
- Schützenpanzerwagen Sd. Kfz. 251/10,
- Panzerkampfwagen I Ausf. B,
- französischer Infanterie-Schlepper UE (f),
- britischer Schützenpanzerwagen Bren Carrier.

Fahrgestelle für die tschechoslowakische 47 mm Panzerabwehrkanone M 38 (4,7 cm Panzerabwehrkanone (t)):
- Panzerkampfwagen I Ausf. B,
- französischer Panzerkampfwagen 35 R (f).

Fahrgestelle für die französische 47 mm Panzerabwehrkanone M. 1937 (4,7 cm Panzerabwehrkanone (f):
- Panzerkampfwagen I Ausf. B,
- französischer Lorraine Schlepper 38 L (f) Sd. Kfz. 135,
- französischer Panzerkampfwagen 35 R (f).

Fahrgestelle für die 5 cm Panzerabwehrkanone 38:
- gepanzerter Munitionsschlepper Borgward, Bez. Panzerselbstfahrlafette Ia,
- Panzerkampfwagen II n. A. VK 901, Bez. Panzerselbstfahrlafette Ic,
- Panzerkampfwagen II,
- Zugkraftwagen 1 t Sd. Kfz. 10/5.

Fahrgestelle für die 7,5 cm Panzerabwehrkanone 40:
- Raupenschlepper Ost (RSO),
- Panzerkampfwagen II Ausf. A, C, F, Bez. »Marder II« Sd. Kfz. 131,
- Panzerkampfwagen II Ausf. D und E, Bez. »Marder II« Sd. Kfz. 132,
- Panzerspähwagen Sd. Kfz. 234/4,
- Schützenpanzerwagen Sd. Kfz. 251/22,
- tschechoslowakischer Kampfpanzer LT 38 (38 t), Bez. »Marder III« Ausf. M Sd. Kfz. 138,
- tschechoslowakischer Kampfpanzer LT 38 (38 t), Bez. »Marder III« Ausf. H Sd. Kfz. 138,
- französischer Kampfpanzer FCM (f),
- französischer Kampfpanzer 39 H (f),
- französischer Schützenpanzerwagen SOMUA S 307 (f),
- französischer Lorraine Schlepper 38 L (f), Bez. »Marder I« Sd. Kfz. 135,
- französische Selbstfahrlafette 194 mm GPF.

Fahrgestelle für die 7,62 cm Panzerabwehrkanone 36(r):
- Panzerkampfwagen II Ausf. A, C, D, E und F, Bez. »Marder II« Sd. Kfz. 132,
- tschechoslowakischer Kampfpanzer LT 38 (38 t), Bez. »Marder III« Sd. Kfz. 139.

Fahrgestelle für die sowjetische 7,62 cm Feldkanone 296(r):
- Zugkraftwagen 5 t Sd. Kfz. 6, Bez. »Diana«,
- Panzerkampfwagen II Ausf. D und E, Sd. Kfz. 132.

Fahrgestelle für die 8,8 cm Panzerabwehrkanone 43:
- Panzerkampfwagen III/IV, Bez. »Nashorn«, früher »Hornisse«, Sd. Kfz. 164,

- Waffenträger Krupp/Steyr,
- Waffenträger Rheinmetall-Borsig/Ardelt,
- Waffenträger Ardelt,
- Schützenpanzerwagen Sd. Kfz. 251 mit abgenommenem Panzerkasten.

Fahrgestell für die 10,5 cm Kanone 18:
- Panzerkampfwagen IV A.

Fahrgestell für die 12,8 cm Kanone 40 L/61:
- Panzerkampfwagen V VK 3001, Bez. Panzerselbstfahrlafette V.

Fahrgestell für die 12,8 cm Kanone 44:
- Einheitswaffenträger II.

Zahlreiche der angeführten Modelle wurden nur in Form von Prototypen oder in geringer Stückzahl gefertigt. Die in großem Umfang hergestellten Typen sind im folgenden samt der Fertigungszahl zusammengestellt:
- »Marder I« Sd. Kfz. 135 184 Stück,
- »Marder II« Sd. Kfz. 131 1217 Stück,
- »Marder III« Sd. Kfz. 138 Ausf. H 418 Stück,
- »Marder III« Sd. Kfz. 138 Ausf. M 799 Stück,
- »Marder III« Sd. Kfz. 139 344 Stück und
- »Nashorn« Sd. Kfz. 164 494 Stück.

Allgemein gesehen stellten all diese Selbstfahrlafetten natürlich nur Notlösungen dar. Ihre schwache Panzerung, die noch dazu oben und meist auch hinten offen war, sowie der hohe Aufzug beschränkten ihre Einsatzmöglichkeit. Die logische Folgerung war daher die Ausbildung des berühmten Sturmgeschützes zum Jagdpanzer. Von den Modellen mit einer 7,5 cm Kanone L/48 wurden im Laufe des Krieges nicht weniger als 12 499 Stück hergestellt. Dazu kamen 431 mit der 8,8 cm Panzerabwehrkanone L/71 und 74 mit der 12,8 cm Panzerabwehrkanone L/55. Diese Jagdpanzer stellten in der zweiten Hälfte des Krieges das Rückgrat der deutschen Panzerabwehr dar. Erst mit ihnen konnte eine echte »Panzerjagd« durchgeführt werden.

Eine komplette Übersicht über alle Panzerabwehreinheiten, bzw. Panzerjägereinheiten wie sie ab 1940 bezeichnet wurden, kann an dieser Stelle nicht gegeben werden. Zu vielfältig war die Gliederung. Es darf nicht vergessen werden, daß vor allem in den beiden ersten Kriegsjahren zahlreiche neue Divisionen aufgestellt wurden. Das vorhandene Material reichte nicht aus, um alle gleichmäßig auszustatten. In der zweiten Kriegshälfte war andererseits durch die aufgetretenen Verluste der Bestand in den verschiedenen Verbänden stark unterschiedlich. Daher sollen im folgenden nur die planmäßigen Stärken der wichtigsten Divisionen angeführt werden.

Bis zum Juni 1941, also dem Beginn des Feldzuges gegen die Sowjetunion, blieb die Gliederung der Panzerjägereinheiten gegenüber dem Stand zu Anfang des Zweiten Weltkrieges im wesentlichen unverändert. Der einzige Unterschied ergab sich bei den bestehenden Verbänden durch den Zulauf der 5 cm Panzerabwehrkanone 38. Im allgemeinen erhielt jede Panzerjägerkompanie nunmehr einen Zug zu zwei dieser Geschütze, wofür sie drei der 3,7 cm Panzerabwehrkanonen abgab. Interessant ist hierbei, daß zuerst die Kompanien der Infanterieregimenter das schwerere Kaliber erhielten, während die Panzerjägerabteilung der Division vorerst das kleinere Kaliber beibehielt. Neu hinzu kam die leichte Infanteriedivision. Da sie an Stelle der drei Infanterieregimenter nur deren zwei besaß, wies auch die Panzerjägerabteilung nur zwei Panzerjägerkompanien auf. Andererseits behielten die motorisierten Infanteriedivisionen, die ebenfalls nur zwei Infanterieregimenter besaßen, ihre drei Kompanien in der Panzerjägerabteilung bei. Als neuer Verband war auch eine Kavalleriedivision aufgestellt worden. Sie erhielt in jeder Reiterabteilung einen bespannten Zug zu zwei 3,7 cm Panzerabwehrkanonen und in der schweren Schwadron einen motorisierten Zug. Außerdem besaß die Division die übliche Panzerjägerabteilung zu drei Kompanien.

Wesentliche Veränderungen brachte dann das Jahr 1942 mit sich. Die gezogene 3,7 cm Panzerabwehrkanone verschwand aus den Einheiten. Sie wurde allgemein durch das 5 cm Kaliber ersetzt. Allerdings war damit eine Verringerung der Zahl der Geschütze in den Panzerjägerkompanien von 12 auf 9 verbunden. Die Gebirgsdivisionen erhielten die 2,8 cm schwere Panzerbüchse 41. Jedes Bataillon wies einen Bestand von vier, die Gebirgsaufklärungsabteilung einen solchen von drei Stück dieser Waffe auf. Änderungen ergaben sich jedoch bei den Panzerdivisionen. Von den vier Schützenbataillonen der Schützenbrigade erhielt eines Schützenpanzerwagen. Damit besaß das Panzergrenadierregiment (gp.) nachstehende Panzerabwehrkanonen:

- in der Stabskompanie einen Zug zu drei 5 cm Panzerabwehrkanonen,
- in jeder Panzergrenadierkompanie (gp.) die drei Zugsführerwagen mit je einer 3,7 cm Panzerabwehrkanone (Sd. Kfz. 251/10),
- in der schweren Panzergrenadierkompanie (gp.) des Bataillons einen Zug zu drei 5 cm Panzerabwehrkanonen,
- in jeder Panzergrenadierkompanie (mot.) eine 2,8 cm schwere Panzerbüchse und
- in der schweren Panzergrenadierkompanie (mot.) gleichfalls drei 5 cm Panzerabwehrkanonen.

Daher wies das Panzergrenadierregiment (gp.) insgesamt drei schwere Panzerbüchsen, neun 5 cm Panzerabwehrkanonen und neun 3,7 cm Panzerabwehrkanonen auf Schützenpanzerwagen auf. Das Panzergrenadierregiment (mot.) hingegen sechs schwere Panzerbüchsen und gleichfalls neun 5 cm Panzerabwehrkanonen.

Dann aber machten sich die schweren Verluste an Menschen und Material bemerkbar. Ab 1943 wurden die Verbände immer wieder umgegliedert. Dennoch sank die Kampfkraft immer mehr. Im nachstehenden werden die planmäßigen Stärken der Panzerjägereinheiten der verschiedenen Divisionsarten in den letzten drei Kriegsjahren aufgezeigt. Bei einer Beurteilung muß jedoch berücksichtigt werden, daß meist der Bestand unter dem Plansoll lag. Dadurch unterschieden sich die deutschen Verbände besonders von jenen der amerikanischen Armee. Während hier ein Mangel an Ausrüstung herrschte, war dort ein Überfluß vorhanden. Dies führte vielfach dazu, daß amerikanische Truppen einen überplanmäßigen Bestand an Waffen und Gerät aufwiesen. Wenn eine Einheit in einem Depot oder auf dem Gefechtsfeld etwas Brauchbares fand, wurde es einfach mitgenommen.

Die im Herbst 1943 vom Oberkommando des Heeres befohlenen neuen Gliederungen brachten meist eine Verminderung der Größe der Divisionen mit sich. Andererseits sollte damit aber gleichzeitig die Zahl der schweren Waffen erhöht werden.

Aus der bisherigen Infanteriedivision wurde die Infanteriedivision (neuer Art). Sie war vor allem dadurch gekennzeichnet, daß jedes der drei Infanterieregimenter nur zwei Bataillone besaß.

Ihre Panzerjägereinheiten bestanden aus:
- einer Panzerjägerkompanie in jedem Regiment zu 12 Geschützen, wobei mangels an 7,5 cm Panzerabwehrkanonen 40 nur ein Zug zu drei Geschützen mit ihr ausgestattet war. Der Rest setzte sich aus 5 cm Panzerabwehrkanonen 38 oder überhaupt nur Panzernahbekämpfungsmitteln zusammen;
- einer Panzerjägerkompanie in der Division zu 12 gezogenen 7,5 cm Panzerabwehrkanonen, die später zu einer Panzerjägerabteilung ausgeweitet wurde, die eine zweite Kompanie zu 14 Jagdpanzern oder schweren Panzerabwehrkanonen auf Selbstfahrlafette erhielt.

Aus den bisherigen motorisierten Infanteriedivisionen entstand die Panzergrenadierdivision 43. In ihren beiden Grenadierregimentern wurden die Panzerabwehrkanonen zugsweise aufgeteilt. Der Bestand an Panzerabwehrwaffen setzte sich daher wie folgt zusammen:
- jedes Bataillon hatte in der schweren Kompanie einen Zug zu drei 7,5 cm Panzerabwehrkanonen,
- die Panzeraufklärungsabteilung in ihrer schweren Aufklärungskompanie gleichfalls einen Zug zu drei 7,5 cm Panzerabwehrkanonen,
- die Panzerjägerabteilung der Division im Stabszug einen Zug zu drei 7,5 cm Panzerabwehrkanonen auf Selbstfahrlafette sowie eine Kompanie mit 12 gleichartigen Selbstfahrlafetten und zwei Kompanien mit je 14 Jagdpanzern;
- dazu kam noch eine Sturmgeschützabteilung mit drei Kompanien zu je 14 Wagen.

Die Einheiten der Panzerdivision 43 waren ähnlich wie bei der älteren Gliederung. Der Hauptunterschied lag im Ersatz der 5 cm Panzerabwehrkanonen durch das Kaliber von 7,5 cm und im Wegfall der 2,8 cm schweren Panzerbüchsen. Weiterhin besaß die Division in ihren beiden Panzergrenadierregimentern, eines gepanzert, eines motorisiert, nur ein einziges gepanzertes Bataillon. An Panzerabwehrkanonen besaß die Division daher:
- in der Stabskompanie der Division einen Panzerjägerzug zu drei Geschützen,
- in der schweren Kompanie jedes Bataillons gleichfalls einen Zug zu drei Geschützen und auch
- in der Panzeraufklärungsabteilung einen solchen Zug; überdies

- in jeder Panzergrenadierkompanie (gp.) die drei Zugsführerwagen mit der 3,7 cm Panzerabwehrkanone (Sd. Kfz. 251/10) und
- in der Panzeraufklärungskompanie der Panzeraufklärungsabteilung drei Zugsführerwagen mit der 3,7 cm Panzerabwehrkanone (Sd. Kfz. 250/10). Dazu kam
- die Panzerjägerabteilung mit drei Kompanien zu je 14 Jagdpanzern und einem solchen Fahrzeug im Stabszug.

Aber schon im nächsten Jahr wurden die motorisierten Verbände neuerlich umgegliedert. Die Panzergrenadierdivision 44 entsprach etwa jener des Jahres 1943. Es kam jedoch der Panzerjägerzug in der Aufklärungsabteilung zum Wegfall und die Panzerjägerabteilung der Division erhielt statt der Kompanie mit Selbstfahrlafetten eine solche zu 12 gezogenen Panzerabwehrkanonen.

Auch bei der Panzerdivision 44 ergaben sich nur wenige Änderungen. Es wurden jedoch zahlreiche Panzerabwehrwaffen ausgeschieden. So besaß diese Division nur mehr:

- einen Panzerjägerzug zu drei Geschützen im Panzergrenadierregiment (mot.) und
- in der Divisionsstabskompanie einen gleichen Zug; außerdem
- die Panzerjägerabteilung mit zwei Kompanien zu je 14 Jagdpanzern und drei solcher Fahrzeuge in der Stabskompanie sowie eine Kompanie mit 12 gezogenen 7,5 cm Panzerabwehrkanonen;
- in der leichten Panzeraufklärungskompanie der Panzeraufklärungsabteilung ein Zug zu drei Jagdpanzern.

Allerdings ist dazu noch zu bemerken, daß in den Panzerjägerabteilungen sowohl der Panzer- als auch der Panzergrenadierdivisionen die Kompanien häufig nur 10 an Stelle der vorgesehenen 14 Jagdpanzer erhielten.

Auch die Infanteriedivisionen wurden weiter beschnitten. So besaß das Infanterieregiment 44 nur mehr einen Zug zu drei 7,5 cm Panzerabwehrkanonen, während die beiden anderen Züge der Panzerabwehrkompanie überhaupt nur je 18 der 8,8 cm Raketen-Panzerbüchse 44 »Panzerschreck« erhielten. Noch schlechter erging es den Volksgrenadierregimentern. Sie besaßen statt einer Panzerjägerkompanie eine Panzerzerstörerkompanie mit 72 dieser Panzernahkampfwaffen. Daneben wiesen sowohl die Infanteriedivision 44 als auch die Volksgrenadierdivision nur mehr eine Panzerjägerabteilung auf, die aus einer Kompanie zu 12 gezogenen 7,5 cm Panzerabwehrkanonen 40 und einer Kompanie mit 14 der leichten Jagdpanzer »Hetzer« bestand.

Gegen Kriegsende war aber selbst diese vielfach bescheidene Ausstattung für die einzelnen Verbände nicht mehr vorhanden. Daher wurde im März 1945 eine Zusammenlegung der Panzer- und Panzergrenadierdivision zu einer Einheitsdivision vorgesehen, die den Namen »Panzerdivision 1945« erhielt. Nur um die damalige Schwäche aufzuzeigen, sei hier die Stärke der Kampfeinheiten kurz angeführt. Sie bestand lediglich aus:

- einem gemischten Panzerregiment mit zwei Panzerabwehrkanonen im Stab, zu dem eine Panzerabteilung mit 40 Kampfpanzern und ein Schützenpanzerwagen-Bataillon gehörten, wobei letzteres in der Stabskompanie einen Panzerjägerzug mit sechs 7,5 cm Panzerabwehrkanonen auf Schützenpanzerwagen (Sd. Kfz. 251/22) enthielt,
- zwei Panzergrenadierregimentern, die außer den Raketen-Panzerbüchsen keine panzerbrechenden Waffen besaßen,
- eine Panzeraufklärungsabteilung mit sechs Panzerabwehrkanonen,
- einer Panzerjägerabteilung mit zwei Jagdpanzern in der Stabskompanie und zwei Panzerjägerkompanien mit je 10 Jagdpanzern sowie einer Panzerjägerkompanie mit neun 7,5 cm Panzerabwehrkanonen auf Schützenpanzerwagen (Sd. Kfz. 251/22).

Dazu kamen noch das Panzerartillerieregiment, eine Heeres-Flakabteilung, ein Panzerpionierbataillon, eine Panzernachrichtenabteilung und die üblichen Nachschub- und Versorgungseinheiten. Die Panzerschwäche dieser Division ist offensichtlich. Gleichzeitig war sie aber auch durch die geringe Anzahl von Panzerabwehrkanonen in der Verteidigung nur bedingt brauchbar. Es ist übrigens nicht bekannt, ob und in welchem Umfang diese Gliederung überhaupt durchgeführt wurde.

FRANKREICH

Die französische Infanterie ging praktisch mit der Vorkriegsgliederung in den Zweiten Weltkrieg. Bis zum Beginn des Westfeldzuges wurden lediglich die Panzerabwehreinheiten aus der laufenden Produktion aufgefüllt, um den vorgesehenen planmäßigen Bestand zu erreichen. Dabei wurden keine neuen Modelle mehr entwickelt, sondern die bereits vor dem Kriege eingeführten Typen weiter gefertigt.

Die einzige Neuerung stellten etwa 70 Selbstfahrlafetten mit der 47 mm Panzerabwehrkanone dar. Es handelte sich dabei um Notlösungen, die nichts mit dem vor dem Krieg gebauten vollgepanzerten Panzerjäger mit der gleichen Kanone auf einem 6X6-Fahrgestell gemeinsam hatten.

Die bei der Befreiung Frankreichs 1944/45 zum Einsatz gelangenden französischen Verbände waren meist nach amerikanischem Muster gegliedert und auch von den Vereinigten Staaten mit den erforderlichen Waffen ausgestattet. Bei den Panzerabwehrwaffen handelte es sich also um die *57 mm Panzerabwehrkanone M1.* Daneben waren auch verschiedene amerikanische Jagdpanzer vorhanden.

GROSSBRITANNIEN

Die *40 mm Panzerabwehrkanone (2 pr)* hatte sich im Frankreichfeldzug gegen die leicht gepanzerten deutschen Kampfwagen gut bewährt. Die Räumung des Brückenkopfes von Dünkirchen hatte jedoch zu großen Verlusten geführt. Nicht weniger als 509 dieser Geschütze blieben zurück. Dies brachte gleichzeitig eine Entscheidung hinsichtlich der weiteren Produktion mit sich. Obwohl man bereits 1938 an einer stärkeren Panzerabwehrkanone gearbeitet hatte, zögerte man nun, diese in die Fertigung zu geben. Man befürchtete noch Schwierigkeiten bei der Erprobung eines neuen Baumusters und entschloß sich daher lieber, die bewährte Waffe in großer Stückzahl weiterzubauen. Man versuchte jedoch gleichzeitig, die Durchschlagsleistung der vorhandenen Kanone zu steigern. Der Gedanke dazu ging vom emigrierten tschechischen Ingenieur Janacek aus. Im Gegensatz zu den deutschen konischen Rohren schlug er vor, lediglich einen konischen Aufsatz auf die Mündung aufzuschrauben. Der im Juli 1940 eingebrachte Vorschlag wurde abgelehnt. Man wollte keine Änderungen an der Waffe vornehmen und auch nicht die Produktion einer neuen Munition einleiten. Aufgrund eines neuerlichen Antrages im März 1941 wurde mit der Entwicklung begonnen. Die Erbeutung einer deutschen 2,8 cm schweren Panzerbüchse im August des gleichen Jahres gab der Angelegenheit neuen Auftrieb. Aber erst gegen Ende des Jahres 1942 kamen die ersten »Littlejohn Adapter« zur Auslieferung, also zu einem Zeitpunkt, als die 40 mm Panzerabwehrkanone schon im Ausscheiden begriffen war. Die derart abgeänderten Waffen wurden als Mark IXB und XB bezeichnet. Die Länge dieses Adapters betrug 790,6 mm, und er wurde mittels einer Überwurfmutter auf die Rohrmündung aufgeschraubt. Zwei verschiedene Geschosse, die durch den konischen Fortsatz von 40 auf 30,35 mm zusammengequetscht wurden, waren vorgesehen. Das eine mit einem Gewicht des Kernes von 0,17 kg wurde mit einer Anfangsgeschwindigkeit von 1280 m/sec, das andere mit einem Kerngewicht von 0,245 kg mit einer solchen von 1143 m/sec verfeuert.

Als Behelfsgeschütz wurde nach dem Rückzug von Dünkirchen ein 57 mm Marinerohr auf eine einfache Lafette aufgebaut.

Dünkirchen hatte aber gleichzeitig auch das Ende der französischen *25 mm Panzerabwehrkanone M. 1934* in der britischen Armee bedeutet. Die 50 zurückgelassenen Geschütze stellten den Großteil des Bestandes dar. Der vorhandene Rest war so unbedeutend, daß sich eine Munitionsfertigung nicht rentierte.
Die Monate nach Dünkirchen waren gekennzeichnet von der Angst vor einer deutschen Invasion. Zur Abwehr einer solchen wurden alle nur verfügbaren Waffen herangezogen. Als Fundgrube erwiesen sich vor allem die Marinearsenale. Nahezu seit Beginn des Jahrhunderts hatte die britische Marine alle Geschütze aufbewahrt, wenn sie durch Ausscheiden oder Verschrotten eines Schiffes frei wurden. So wurde durch Einlegen eines 57 mm Marinerohres in eine einfache Lafette die Notlösung einer Panzerabwehrkanone geschaffen.
In Voraussicht der künftigen Panzerentwicklung war bereits im April 1938 die Ausarbeitung von Plänen für eine stärkere Panzerabwehrkanone in Auftrag gegeben worden. Da jedoch nur eine geringe Dringlichkeitsstufe zugeteilt wurde, schritt die Planung nur langsam vorwärts. Eine zusätzliche Verzögerung stellten die Ereignisse von Dünkirchen dar, die bereits bei der 40 mm Kanone erläutert wurden. So war der Prototyp erst im Frühjahr 1940 fertig. Der Auftrag für die Fertigung der ersten 500 Stück dieser *57 mm Panzerabwehrkanone (Ordnance, Q.F., 6 pr)* wurde im Dezember 1940 erteilt. Aber erst im November 1941 konnten die ersten 32 Waffen geliefert werden. Die höchste Produktion wurde im Mai 1942 erreicht, als 1517 Stück 57 mm Waffen für Panzerabwehrkanonen und Panzerkanonen hergestellt wurden. Die erste Serie als Mark I besaß ein verhältnismäßig langes Rohr, wurde jedoch nur in geringer Stückzahl gebaut und bald wieder ausgeschieden. Die Großserie begann mit der Mark II. Diese besaß mit einer Rohrlänge von 45 Kalibern ein etwas kürzeres Rohr als die erste Serie. Sie verfeuerte eine Panzergranate von 2,83 kg mit einer Anfangsgeschwindigkeit von 815 m/sec. Damit konnte noch auf 900 m Entfernung bei einem Auftreffwinkel von 60° eine 63 mm starke Panzerung durchschlagen werden. Später kam auch eine Panzergranate mit Kappe und ballistischer Haube im Gewicht von 3,18 kg zur Einführung, die etwa die gleiche Leistung erbrachte. Der mit der Spreizlafette erreichte Seitenrichtbereich von 90° war überdurchschnittlich. Das Gewicht der Waffe von 1143 kg lag im üblichen Rahmen. Eine Eigenheit dieses Geschützes lag darin, daß es keine Seitenrichtmaschine besaß. Die Betätigung erfolgte durch den Richtschützen direkt über eine Schulterstütze, worauf mittels eines Raststiftes die Waffe für den Schuß festgelegt wurde. Die nächste Ausführung war die Mark IV. Das Rohr war mit L/52 länger, die Anfangsgeschwindigkeit jedoch mit 823 m/sec nur unwesentlich gestiegen. Insgesamt wurden drei verschiedene Lafetten verwendet, Mark 1, 1a und 2. Sie wiesen nur geringe Unterschiede auf. Eine Sonderentwicklung stellte die *57 mm Panzerabwehrkanone Mark II in Lafette Mark 3* dar. Es handelte sich um eine Ausführung für die Luftlandetruppen. Die wesentlichsten Änderungen waren eine verringerte Spurweite, ein kleinerer Schutzschild und die in der Mitte umklappbaren Lafettenholme. Durch das geringere Gewicht konnte das Geschütz von einem Jeep gezogen werden.

Die erste Ausführung der britischen 57 mm Panzerabwehrkanone, die Mk. I mit langem Rohr, wurde nur in geringer Stückzahl gefertigt.

Die 57 mm Panzerabwehrkanone Mk. II mit Zusatzschilden zur Vergrößerung des Schutzraumes für die Bedienung. Diese Schilde wurden aber im Einsatz kaum verwendet.

Die Waffe kam erstmals im September 1944 bei Arnheim zum Einsatz. Die neuen 57 mm Geschütze kamen in Nordafrika gerade zurecht, um gegen die stärker gepanzerten deutschen Kampfwagen eingesetzt werden zu können. In der Schlacht von El Alamein konnten bereits 753 dieser Panzerabwehrkanonen zusätzlich zu den etwa 500 älteren kleinkalibrigen Waffen in den Kampf geworfen werden.

Bevor jedoch eine ausreichende Anzahl der neuen 57 mm Panzerabwehrkanone zur Truppe gelangte, erhob sich die Frage, wie man zwischenzeitlich die deutschen Panzer bekämpfen sollte. Mit den vorhandenen alten 40 mm Waffen war dies nur auf kürzeste Entfernung möglich. Man mußte sie daher in der Form von Hinterhalten aufstellen oder indem man die feindlichen Panzer durch eigene Panzer auf eine Panzerabwehrfront lockte. Inzwischen mußte wieder einmal die Feldartillerie zur Panzerabwehr herangezogen werden. Glücklicherweise besaß die britische Armee in ihrer *8,76 cm Kanonenhaubitze Mark II* (Ordnance, Q.F., 25 pr) hierzu die richtige Waffe. Durch die Verwendung einer Radkranzbettung konnte leicht ein Seitenrichtbereich von 360° erzielt werden. Außerdem war ihr Gewicht von unter 1800 kg noch hinlänglich bewegbar, es lag sogar unter jenem zahlreicher späterer Panzerabwehrkanonen. Die Lösung bestand daher in der Verwendung einer Panzergranate im Gewicht von etwa 9,1 kg, übrigens wie bei den beiden eingeführten Panzerabwehrkanonen ein Vollgeschoß ohne Sprengladung, mit dem auf 900 m Entfernung bei einem Auftreffwinkel von 60° immerhin Panzerungen von 64 mm durchschlagen werden konnten. Der Vorteil lag vor allem im großen Geschoßgewicht, wodurch die Wirkung im Panzer wesentlich erhöht wurde.

Nur wenige Monate, nachdem die ersten 57 mm Panzerabwehrkanonen zur Truppe gelangten, zeigten Berichte von der nordafrikanischen Front, daß die Frontpanzerung der deutschen Kampfwagen bis auf 80 mm verstärkt wurde. Zu ihrer Bekämpfung reichte das vorhandene Geschütz also nur mehr auf kürzere Entfernungen aus. Als Bedingung für die Neuentwicklung wurde gefordert, daß das neue Rohr in die vorhandenen Lafetten der 57 mm Kanone eingelegt werden sollte. Im Oktober 1942 faßte man den Entschluß zum Bau einer *8 pr Panzerabwehrkanone L/59*. Bereits im Dezember des gleichen Jahres wurde das Projekt wieder aufgegeben. Die Ursache dafür war vermutlich, daß zu diesem Zeitpunkt bereits die ersten 76,2 mm Geschütze zur Auslieferung gelangten.

An dieser Stelle muß auch die kanadische Entwicklung, die meist im britischen Auftrag erfolgte, erwähnt werden. Dazu gehört die *2 pr »David«-Hochgeschwindigkeitskanone*, die 1942 gebaut wurde. Es handelte sich dabei um das Rohr der 40 mm Panzerabwehrkanone, das einen Verschluß der 57 mm Waffe erhalten hatte. Die Kartuschhülse des letzteren Geschützes wurde so stark eingezogen, daß sie das 40 mm Geschoß aufnehmen konnte. Das Rohr legte man in die Lafette Mark III ein. Waffe und Munition wurden zur Durchführung der Versuche nach Großbritannien gesandt. Diese zogen sich bis zum Kriegsende hin. Erst kurz danach wurden sie endgültig eingestellt.

Gegenüber der Mk. II wies die 57 mm Panzerabwehrkanone Mk. IV ein längeres Rohr mit Mündungsbremse auf.

Als Notlösung setzte die britische Armee die 8,76 cm Kanonenhaubitze Mk. II auf einer Radkranzbettung zur Panzerabwehr ein. Zu beachten ist die Ausbildung des Lafettenschwanzes, durch die ein Eingraben des Spornes beim Schuß vermieden werden sollte.

Eine weitere kanadische Konstruktion war die *6 pr »Canuck«*. Die Waffe entstand im Jahre 1943. Außer daß das Rohr in die normale 57 mm Lafette eingelegt werden sollte, wurde nichts Näheres über dieses Geschütz bekannt. Vermutlich handelte es sich um eine weitere Hochgeschwindigkeitswaffe. Auch hier zogen sich die Versuche über das Kriegsende hinaus, bevor sie endgültig aufgegeben wurden.

Als letzte kleinkalibrige Panzerabwehrwaffe, die in Großbritannien zur Entwicklung gelangte, muß hier die *2 pr »Pipsqueak«* für die Infanterie angeführt werden. Es handelte sich dabei um ein Geschütz mit einer sehr geringen Feuerhöhe auf einer Spreizlafette. Aus dem 40 mm Rohr mit einer Rohrlänge von 60 Kalibern wurden Treibspiegelgeschosse verfeuert. Diese erreichten bei einem Gewicht von 0,57 kg eine Anfangsgeschwindigkeit von 1235 m/sec. Damit konnten bei senkrechtem Auftreffen auf 500 m Entfernung Panzerungen bis 113 mm durchschlagen werden. Das Gewicht der Waffe betrug 250 kg. Die Entwicklung erfolgte 1944, die Erprobung des Prototyps begann im März 1945 und zog sich bis nach dem Kriege hin.

Die zunehmenden Panzerstärken, wobei man von den eigenen Planungen auch auf die deutschen schließen konnte, zeigten, daß neue Panzerabwehrwaffen höherer Leistung dringend erforderlich wurden. Gleichzeitig hatte man aber erkannt, daß dies nicht allein durch eine Erhöhung der Anfangsgeschwindigkeit allein möglich war, sondern, daß man auf ein größeres Kaliber übergehen mußte. Im März 1941 wurde daher der Bau einer 76,2 mm Kanone vorgeschlagen. Bereits im August des gleichen Jahres war ein Holzmodell der neuen Waffe fertig. Da die ersten Schätzungen bei einem Gewicht von mehr als 3 t lagen, wurden von verschiedenen Seiten Bedenken wegen der Beweglichkeit des Geschützes laut. Trotzdem erfolgte die Bestellung einer Serie von 500 Stück. Die ersten fertigen *76,2 mm Panzerabwehrkanonen Mark I* (Ordnance, Q.F., 17 pr) wurden im August 1942 ausgeliefert. Hinsichtlich ihrer ballistischen Leistungen erfüllte die Waffe alle an sie gestellten Forderungen. Das Rohr besaß eine Länge von 58,4 Kalibern. Die 7,71 kg schwere Panzergranate durchschlug zufolge der hohen Anfangsgeschwindigkeit von 884 m/sec noch auf 900 m Entfernung Panzerungen bis 130 mm. Auch war es gelungen, das Gewicht mit 2965 kg knapp unter der 3 t Grenze zu halten. Trotzdem wurde ein Seitenrichtbereich von 60° erreicht. Die Größe der Waffe machte eine Tarnung sehr schwer. Vor allem die Länge der Kanone war beträchtlich. In konstruktiver Hinsicht muß der halbautomatische Fallblockverschluß und der doppelte Schutzschild erwähnt werden. Letzterer war ansonsten eine Eigenheit vieler deutscher Panzerabwehrwaffen. In Großbritannien trat er hier erstmals auf.

Die Lafette der 76,2 mm Kanone war verhältnismäßig umständlich und aufwendig. Anfangs wurden daher mehr Rohre gefertigt als Lafetten. Andererseits hatte der britische Geheimdienst Nachricht vom baldigen Eintreffen schwerer deutscher Panzer, des berühmten »Tigers«, in Nordafrika erhalten. Als Notmaßnahme wurden daher unverzüglich 100 der neuen Rohre auf dem Luftwege dorthin gebracht und in vorhandene

Die 76,2 mm Panzerabwehrkanone Mk. I war die schwerste im Zweiten Weltkrieg eingesetzte britische Panzerabwehrwaffe. Der doppelte Schutzschild ist deutlich zu erkennen.

Bei der 76,2 mm Panzerabwehrkanone Mk. II war das Rohr der Panzerabwehrwaffe in die Lafette der 8,76 cm Kanonenhaubitze eingelegt worden. Auch hier konnte das Geschütz durch die Radkranzbettung rasch um 360° verschwenkt werden.

Lafetten der Kanonenhaubitze eingelegt. Diese Kombination wurde inoffiziell als *76,2 mm Panzerabwehrkanone Mark II* oder auch als 17/25 Pfünder bezeichnet. Es spricht für die Güte der Lafette, daß sie auch dieser wesentlich höheren Beanspruchung standhielt. Sobald genügend normale Waffen eintrafen, wurde diese Notlösung ausgeschieden. In der Folge ereignete sich der umgekehrte Fall. Ein Überschuß an Lafetten trat ein, worauf man 50 alte 76,2 mm Rohre von Fliegerabwehrkanonen in die neue Lafette einlegte. Ein Teil dieser Kombination ging ebenfalls nach Nordafrika, der Rest blieb zur Heimatverteidigung in Großbritannien.

Aber die Kalibersteigerung war noch immer nicht am Ende. Bereits zwei Monate nach Auslieferung der ersten 76,2 mm Panzerabwehrkanonen forderte der Generalstab die Entwicklung einer neuen Waffe, die eine um 25 % höhere Durchschlagsleistung aufweisen sollte. Man entschloß sich zu einem Kaliber von 113 mm. Grundlage war das Rohr und der Verschluß der 114 mm Fliegerabwehrkanone. Nach dem Geschoßgewicht wurde dieses Geschütz auch als *55 pr Panzerabwehrkanone* bekannt. Es kam aber nicht zum Bau, da das Projekt schon im April 1943 wieder aufgegeben wurde.

Der Gedanke der Verwendung des Rohres einer schweren Fliegerabwehrkanone für eine Panzerabwehrwaffe wurde aber weiter verfolgt. Schließlich war diese Idee auch im Deutschen Reich und in den Vereinigten Staaten zur Ausführung gelangt. Warum sollte man also nicht das Rohr der 94 mm Fliegerabwehrkanone verwenden, die ohnehin eine höhere ballistische Leistung als jene der Waffen der beiden angeführten Staaten besaß. Das Ergebnis war die *94 mm Panzerabwehrkanone*. Ursprünglich auf Grund des vorgesehenen Geschoßgewichtes als 37 Pfünder (16,8 kg) bezeichnet, ergab die Abwage ein Gewicht der Panzergranate von 14,5 kg, worauf das Geschütz als 32 Pfünder bezeichnet wurde. Es handelte sich um eine äußerst aufwendige Waffe. Als Detail sei nur angeführt, daß ein eigenes Hydrauliksystem vorgesehen war, um das Rohr auf dem

Die 94 mm Panzerabwehrkanone war die schwerste von Großbritannien gebaute Panzerabwehrwaffe. Es wurden lediglich Prototypen fertiggestellt.

Marsch zurückzuziehen. Ein schwerer Schild der seitlich zurückgeführt war, sollte der Bedienung ausreichenden Schutz gewähren. Die Schießversuche wurden 1945 durchgeführt, wobei mit der Treibspiegelgranate 1219 m/sec erreicht wurden. Hinsichtlich der ballistischen Leistungen hätte die Waffe sicher allen Anforderungen entsprochen. Auch die schwersten feindlichen Panzer konnten noch auf größere Entfernungen durchschlagen werden. Das hohe Gewicht und die aufwendige Konstruktion standen dem aber gegenüber. Das Kriegsende brachte das Ende dieses Projektes mit sich.

Der Weg der Kalibersteigerung führte zu hohen Waffengewichten und damit zur Unbeweglichkeit. Neue Ideen mußten verfolgt werden. Die Möglichkeit einer größeren Querdichte des Geschosses versprach Erfolg. Das Ergebnis war ein der deutschen Panzergranate 40 ähnliches Geschoß. Ein Kern aus Wolframkarbid, der von einem Leichtmetallmantel umgeben war. Durch das geringere Gesamtgewicht konnten Anfangsgeschwindigkeiten an die 1000 m/sec erreicht werden. In Großbritannien war man aber mit dieser Lösung noch immer nicht zufrieden. Das Geschoß wurde zum echten Unterkalibergeschoß, dem Treibkäfiggeschoß, weiterentwikkelt. Solche wurden für alle in der zweiten Kriegshälfte verwendeten Panzerabwehrkanonen gefertigt. Als erstes gelangten sie bei der 57 mm Waffe Ende 1943 zur Einführung. Im folgenden Jahr auch bei der 76,2 mm Kanone. Bei dieser kam ein nur 3,7 kg schweres Geschoß zur Verwendung, das jedoch mit einer Anfangsgeschwindigkeit von 1204 m/sec das Rohr verließ. Damit wurde auf 900 m Entfernung eine Panzerung von 231 mm durchschlagen. Die Steigerung gegenüber der normalen Panzergranate betrug damit mehr als 70 %!

Aus den angeführten Geschützgewichten ist klar ersichtlich, daß die Beweglichkeit immer mehr absank. Die logische Folgerung führte zur Selbstfahrlafette. Die ersten Versuche wurden mit der 40 mm Panzerabwehrkanone auf leichten Universal oder Loyd Carriers durchgeführt. Weitere mit der 57 mm Kanone folgten. Zu diesen zählte die »Firefly« auf einem gepanzerten Vierradfahrgestell und die »Deacon«, bei der man die Waffe in einer Art Drehturm auf ein überpanzertes Lastkraftwagenfahrgestell aufsetzte. Letztere wurde in größerer Stückzahl gefertigt und kam in Nordafrika zum Einsatz, wo sie sich bestens bewährte. Das gleiche Geschütz wurde übrigens auch auf einem normalen Lastwagen verlastet und konnte auch von diesem aus feuern. Auch für die 76,2 mm Panzerabwehrkanone entwickelte Großbritannien Selbstfahrlafetten auf Rad- und Kettenfahrgestellen. Davon kam aber nur die »Archer« auf dem Fahrgestell eines Infanteriepanzers zur Einführung, die insofern interessant ist, als das Geschütz entgegen der Fahrtrichtung feuerte. Die Weiterführung des Gedankens führte dann schließlich auch in Großbritannien zum Jagdpanzer. Diese werden hier jedoch nicht mehr erörtert.

Noch eine weitere britische Konstruktion muß hier erwähnt werden, da sie nach dem Kriege von einigen Staaten wieder aufgegriffen wurde. Der ungarische Konstrukteur Straussler hatte bereits vor dem Kriege an Panzerspähwagen gearbeitet. 1943 entwickelte er auf der Basis der 76,2 mm Panzerabwehrkanone ein selbstfahrendes Geschütz. Er verlängerte die Achsen und brachte über einem Lafettenholm einen Motor an. Der Fahrersitz befand sich neben dem Schild. Unter den Holmenden baute er eine weitere Achse mit lenkbaren Rädern an. Die Munition wurde in einem eigenen Anhänger mitgeführt. Die Größe dieses Fahrzeuges und die ungenügende Antriebsleistung für die Fahrt im Gelände führten jedoch zur Ablehnung des Projektes. Über den Bau eines Prototyps kam diese Entwicklung nicht hinaus.

Neben den Eigenentwicklungen erhielt Großbritannien aber auch eine Anzahl amerikanischer Selbstfahrlafetten für die Panzerabwehr. Sämtliche verwendeten den amerikanischen Halbketten-Mannschaftstransportwagen als Basis. Dazu zählten der Typ T48 mit der amerikanischen 57 mm Panzerabwehrkanone M1, von der 680 Stück 1943 an Großbritannien geliefert wurden, der Typ M3 mit der 75 mm Kanone M1897A4 und der Typ M3A1, der nur eine geänderte Lafettierung aufwies. Näheres über diese Fahrzeuge ist im Abschnitt Vereinigte Staaten nachzulesen.

Ein kurzer Vermerk soll noch hinsichtlich der Verwendung erbeuteter Waffen gemacht werden. Normalerweise haben die Alliierten von solchen Geschützen nur wenig Gebrauch gemacht. Eine Ausnahme stellte hier aber das italienische *Infanteriegeschütz und Panzerabwehrkanone 47/32* dar. In Nordafrika hatten die briti-

schen Verbände eine große Anzahl von ihnen erbeutet. Sie wurden in den rückwärtigen Depots instand gesetzt. Rund 100 von ihnen gingen sofort wieder an die Front. Weitere 96 wurden für den Fallschirmabwurf abgeändert und den Luftlandeverbänden zugeteilt.
Während des ganzen Krieges waren die britischen Einheiten mit einer verhältnismäßig starken Panzerabwehr ausgestattet. Dies zeigt sich schon bei den teilmotorisierten Infanteriedivisionen, die 1940 in Frankreich eingesetzt wurden. Jede Infanteriebrigade, die einem deutschen Regiment entsprach, besaß eine Panzerabwehrkompanie mit neun der französischen 25 mm Panzerabwehrkanonen. Dazu kam die Panzerabwehrabteilung der Division mit nicht weniger als vier Batterien zu je 12 Geschützen. Dabei handelte es sich entweder um die französische Kanone oder die britische 40 mm Kanone. Noch stärker war die Ausstattung der teilmotorisierten Infanteriedivisionen, die in Nordafrika kämpften. Bei ihnen hatte jede Infanteriebrigade in der schweren Kompanie jedes Bataillons acht Stück 40 mm Panzerabwehrkanonen und die Unterstützungsgruppe dazu noch eine Kompanie mit 16 dieser Waffen. Damit wies die Division zu drei Brigaden nicht weniger als 120 Panzerabwehrkanonen auf. In der Folge wurden die 40 mm Geschütze allmählich durch die 57 mm Waffen ersetzt. Ähnlich stark war die Ausstattung der Panzerdivisionen auf dem gleichen Kriegsschauplatz. Bei ihnen besaß jedes motorisierte Infanteriebataillon in der Kompanie einen Panzerabwehrzug zu vier Geschützen. Dazu kam die Panzerabwehrkompanie in der Unterstützungsgruppe der Brigade zu 16 Kanonen. In Summe waren daher hier 96 Panzerabwehrkanonen vorhanden. Auch bei der Panzerdivision erfolgte der allmähliche Übergang vom 40 mm zum 57 mm Kaliber. Die große Panzerabwehrstärke wurde späterhin beibehalten, um nicht zu sagen, noch weiter verstärkt. Als Beispiel sei hier nur die Panzerdivision des Jahres 1945 angeführt. In ihr besaß das Schützenpanzerbataillon der Panzerbrigade eine Panzerabwehrkompanie zu 12 Stück 57 mm Kanonen und die Brigade selbst noch ein Panzerabwehrbataillon zu 12 solcher Geschütze. Das motorisierte Infanteriebataillon wies sechs dieser Waffen auf. Dazu kam noch das Panzerabwehrregiment der Division. Seine Stärke ist wohl einmalig. Nicht weniger als 24 Stück gezogener 76,2 mm Panzerabwehrkanonen und nochmals 24 dieser Waffen auf Selbstfahrlafette gehörten ihr an.
Wie in den Vereinigten Staaten zeichnete sich aber auch in Großbritannien gegen Kriegsende der große Wandel ab. Die Entwicklung war bei Panzerabwehrkanonen großen Kalibers mit einem Gewicht angelangt, das die Beweglichkeit sehr stark vermindert hatte. Gleichzeitig war aber die Erprobung verschiedener rückstoßloser Geschütze bereits angelaufen, die nicht nur ein wesentlich geringeres Gewicht aufwiesen, sondern auch durch ihre Hohlladungs- oder Quetschkopfgranaten Leistungen erbrachten, die jenen der klassischen Kanonen durchaus entsprachen.

Eine Entwicklung, die nach dem Zweiten Weltkrieg ihre Nachahmer fand, war die britische selbstfahrende 76,2 mm Panzerabwehrkanone. Von dieser Waffe wurde aber nur ein Prototyp gebaut.

ITALIEN

Die geringe Leistungsfähigkeit der italienischen Industrie führte dazu, daß während des Krieges keine neuen Modelle eigener Fertigung zum Einsatz kamen. Man beschränkte sich darauf, die bereits vor dem Krieg eingeführte Konstruktion, das *Infanteriegeschütz und Panzerabwehrkanone 47/32 Modell 39* weiterzubauen. Es gelangte lediglich ein Hohlladungsgeschoß zur Einführung, das aber bei dem kleinen Kaliber keine wesentliche Verbesserung der Leistung erbrachte.
Auch hinsichtlich der Verstärkung der Panzerabwehr der verschiedenen Einheiten geschah lange nichts. Erst 1943 wurde die Zuteilung von 20 dieser Geschütze zu jedem Infanterieregiment beschlossen. Obwohl diese Waffe bereits bei Kriegsbeginn nicht mehr voll entsprochen hatte, blieb sie noch bis 1950 bei den Reserveverbänden. Erst dann schied sie endgültig aus.
Die nach dem Bruch mit dem Deutschen Reich auf alliierter Seite kämpfenden italienischen Verbände wurden mit britischem Material ausgerüstet. Jedes Regiment erhielt eine Kompanie mit der *57 mm Panzerabwehrkanone (6 pr)* und die Division eine Abteilung mit der *76,2 mm Panzerabwehrkanone (17 pr).* Damit besaß die Armee eine Panzerabwehrstärke, die sie bisher noch nie gehabt hatte. Die beiden Waffen blieben noch längere Zeit nach dem Kriege im Einsatz, bis auch sie durch rückstoßlose Geschütze und später zusätzlich durch Panzerabwehrlenkwaffen ersetzt wurden.
Auch einige Selbstfahrlafetten für die Panzerabwehr wurden geschaffen. Der erste Versuchstyp verwendete das Fahrgestell des leichten Panzers L. 3, auf das die 47 mm Panzerabwehrkanone Modell 35 im Bug aufgebaut wurde. Die Besatzung war kaum geschützt. In einer Serie von 1960 Stück sollte die Selbstfahrlafette L 40 mit dem 47/32 Panzergeschütz, das die gleiche Leistung wie die Panzerabwehrkanone aufwies, gebaut werden. Ab 1942 wurden dann insgesamt 280 Stück fertiggestellt. Die beste Lösung stellte aber die 90 mm Fliegerabwehrkanone L/53 auf dem Fahrgestell des Panzers M.14/41 dar, von der aber nur 48 Stück gebaut wurden. Sie kam ab 1942 zur Truppe und die Panzergranate konnte auf 500 m Entfernung 140 mm durchschlagen. Die Jagdpanzer mit ihren 75 mm Kanonen werden in der einschlägigen Literatur behandelt.

JAPAN

Wie schon im Zeitabschnitt vor dem Zweiten Weltkrieg angeführt, hatte die japanische Armee die Panzerabwehr nie besonders vorrangig behandelt. Sie rechnete nicht damit, bei den Kämpfen in der pazifischen Inselwelt starke gegnerische Panzerverbände anzutreffen.
So ist es nicht weiter verwunderlich, daß während der gesamten Kriegsjahre nur ein einziges Modell neu eingeführt wurde. Wie die Mehrzahl der japanischen Geschütze wurde auch dieses vom Arsenal Osaka entwickelt. Die *47 mm Panzerabwehrkanone Modell 1 (1941)* war schon zum Zeitpunkt ihrer Einführung den meisten anderen vergleichbaren Waffen dieser Gattung unterlegen. Wie immer war das Schwergewicht auf eine hohe Beweglichkeit gelegt worden. So betrug ihr Gewicht nur 753 kg. Typisch japanisch war auch die verhältnismäßig geringe Feuerhöhe. Der Schild war klein gehalten worden, um Gewicht zu sparen. In den Leistungen lag die Waffe etwa im Bereich jener zu Kriegsbeginn von den anderen Staaten eingeführten Panzerabwehrwaffen. Das Rohr besaß eine Länge von 54 Kalibern. Auch der Höhenrichtbereich von −11 bis +19° und der Seitenrichtbereich von 60° entsprachen den üblichen Werten. Die Anfangsgeschwindigkeit der 1,59 kg schweren Panzergranate betrug 824 m/sec. Damit konnte jedoch auf 450 m Entfernung nur eine Panzerung von 69 mm Stärke durchschlagen werden. Die Wirkung gegen die Front der von den Amerikanern eingesetzten Kampfpanzer vom Typ »Sherman« reichte daher nur unter günstigen Bedingungen aus. Die Kanone wurde meist aus bunkerartig ausgebauten Stellungen zur Abwehr von Landungen auf den Inseln eingesetzt. Geschlossene Panzerabwehrverbände wurden kaum verwendet. Eine der stärksten Konzentrationen stellte noch die Verteidigung der Insel Iwojima dar. Den rund 23 000 Mann standen dort insgesamt 20 Panzerabwehrkanonen des Kalibers 37 mm und 40 des Kalibers 47 mm mit jeweils 500 Schuß pro Waffe zur Verfügung. Selbst bei den für die Verteidigung des Mutterlandes aufgestellten Einheiten waren nur 74 % der ohnehin gliederungsmäßig wenigen Panzerabwehrwaffen vorhanden.
Ab 1942 gelangten einige Selbstfahrlafetten bei der Panzerabwehr zum Einsatz. Die »HO-NI I« verwendete

Als einzige Neuentwicklung kam während des Zweiten Weltkrieges die 47 mm Panzerabwehrkanone Modell 1 (1941) bei der japanischen Armee zur Einführung.

das Rohr einer 75 mm Feldkanone. Mit dieser Waffe konnten auf 450 m Entfernung etwa 89 mm durchschlagen werden. Die »HO-NI III« hingegen erhielt das Rohr einer 75 mm Fliegerabwehrkanone mit einer etwas höheren Anfangsgeschwindigkeit. Beide Waffen waren auf das Fahrgestell des mittleren Kampfpanzers Typ 97 »CHI-HA« aufgesetzt. Außerdem wurde noch ein weiteres Modell mit einem 75 mm Geschütz und der Bezeichnung »NA-TO« bekannt. Jagdpanzer gelangten nicht zur Einführung.

SOWJETUNION

In der Entwicklung der Panzerabwehrkanonen nimmt die Sowjetunion eine gewisse Sonderstellung ein. Wohl kaum ein anderer Staat hat im Zweiten Weltkrieg eine derart große Anzahl dieser Geschütze zum Einsatz gebracht. Andererseits wurde darauf verzichtet, am allgemeinen Kaliberwettlauf teilzunehmen. Man beschränkte sich auf ein verhältnismäßig kleines Kaliber. Es darf jedoch nicht vergessen werden, daß eine große Zahl von leichtgebauten Feldkanonen verschiedener Kaliber eingeführt wurde, die von vorneherein als Mehrzweckwaffe konzipiert waren, und in erster Linie der Panzerabwehr dienten. Daher sollen sie auch im folgenden in die Zusammenstellung aufgenommen werden.

Bereits im Jahre 1940 wurde die Entwicklung einer neuen Panzerabwehrwaffe in Angriff genommen. Für die ballistischen Leistungen wurde von den zu diesem Zeitpunkt in der Sowjetunion in Entwicklung stehenden Kampfpanzern ausgegangen. Dementsprechend hoch waren die Forderungen. Das Ergebnis war die *57 mm Panzerabwehrkanone 41.* Bei der Fertigung traten vorerst Schwierigkeiten auf, da das Rohr mit 73 Kali-

Die 57 mm Panzerabwehrkanone 41 wurde nur in geringer Stückzahl gebaut. Sie bildete jedoch die Grundlage für das spätere Modell 43.

bern sehr lang war. Dafür wurde aber mit der 3,14 kg schweren Panzergranate eine Anfangsgeschwindigkeit von nicht weniger als 990 m/sec erreicht. Damit konnten auf 500 m Entfernung selbst bei einem Auftreffwinkel von 60° noch Panzerungen bis 86 mm Stärke durchschlagen werden. Trotz des großen Seitenrichtbereiches von 56° konnte das Gewicht der Waffe mit 1125 kg sehr niedrig gehalten werden. Die Lafette wurde übrigens auch für eine 76 mm Feldkanone verwendet. Von den weiteren technischen Einzelheiten seien der halbautomatische Fallblockverschluß, die Spreizlafette mit Kastenholmen und die beschußsichere Schwammgummibereifung angeführt. Aufgrund verschiedener Umstände wurde die Waffe vor dem deutschen Angriff nicht eingeführt, die Vorserie jedoch erprobt und gegen Ende 1941 auf eine Selbstfahrlafette gesetzt. Die gegenüber den verhältnismäßig schwach gepanzerten deutschen Kampffahrzeugen hohe Durchschlagsleistung führte zu dem Vorschlag, das Rohr um 1,5 m zu kürzen. Dies gelangte jedoch nicht zur Ausführung. Da noch 1941 beschlossen wurde, die Serienproduktion nicht aufzunehmen, hat man alle vorgefertigten Rohre konserviert gelagert und die Pläne aufbewahrt, um im Falle der entstehenden Notwendigkeit sofort die Produktion wieder aufnehmen zu können.

Diese 45 mm Panzerabwehrkanone war eine Notlösung, bei der eine Panzerkanone in eine einfache Kastenlafette eingelegt wurde.

Die hohen Materialverluste der ersten Kriegsmonate zwangen zu schnellen Maßnahmen, um den Bestand zu ergänzen. Man fertigte daher eine *45 mm Panzerabwehrkanone*, indem man die Panzerkanone 38 in eine einfache Kastenlafette einlegte. In der Rohrlänge und den ballistischen Leistungen glich die Waffe den älteren Panzerabwehrkanonen gleichen Kalibers. Lediglich der Rohraufbau war anders. Anstelle eines Halbmantelrohres kam hier ein Seelenrohr mit aufgeschrumpftem Mantelrohr mit angeschmiedetem Bodenstück zur Verwendung. Das Seitenrichtfeld war auf 15° beschränkt. Das Gesamtgewicht dieser Notlösung lag bei 650 kg, wobei trotz der Scheibenräder mit Schwammgummibereifung lediglich Pferdezug vorgesehen war, da zwecks schnellerer Fertigung nur eine ungefederte Achse eingebaut war.

Auch in der Folge blieb man weiter beim kleinen Kaliber. Die erste Verbesserung versuchte man durch die Einführung einer Kerngranate. Aus der *45 mm Panzerabwehrkanone 37*, die während der gesamten Kriegszeit beibehalten wurde, erreichte dieses Geschoß bei einem Gewicht von 0,85 kg immerhin 970 m/sec.

Eine weitere Leistungssteigerung wurde mit der *45 mm Panzerabwehrkanone 42* angestrebt. Die Geschosse blieben die gleichen. Durch die Vergrößerung der Rohrlänge von 46 auf 68 Kaliber wurde die Anfangsgeschwindigkeit jedoch wesentlich gesteigert. Sie betrug bei der Panzergranate 870 statt bisher 760, bei der Kerngranate 1070 statt bisher 970 m/sec. Dementsprechend stieg auch die Durchschlagsleistung für die Panzergranate auf 66 mm bei 500 m und für die Kerngranate auf 95 mm bei 300 m Entfernung. Die alte Lafette war im wesentlichen beibehalten worden. Allerdings stieg durch das längere Rohr das Gewicht auf 625 kg an. Verglichen mit den Waffen gleicher Leistung anderer Staaten lag dieser Wert jedoch sehr niedrig.

Im Jahre 1942 kam schließlich ein Geschütz zur Truppe, das zu einem der meistgefertigten des Zweiten Weltkrieges werden sollte. Es war dies die *76 mm Kanone 42 (SIS-3)*. Es handelte sich dabei um eine der sowjetischen Mehrzweckwaffen. Bei der Entwicklung wurde vor allem auf eine einfache Fertigung Wert gelegt. Besaß eine sowjetische Feldkanone des Musters 1939 noch 2080 Teile, so wurde diese Zahl nun auf 719 gesenkt. Die Fertigungsstunden sanken gleichzeitig von 2034 auf 475 ab. Das Geschütz wurde im Fließbandverfahren hergestellt. Verschiedene Konstruktionsmerkmale kamen erstmals in der sowjetischen Artillerie zur Verwendung. So besaß das Rohr mit einer Länge von 42,6 Kalibern eine Mündungsbremse. Damit war der Bau einer leichteren Lafette möglich. Anstelle der Mantelrohre wurde ein Vollrohr verwendet. All diese Maßnahmen trugen dazu bei, daß das Geschütz mit einem Gewicht von 1116 kg zum leichtesten seiner Klasse wurde. Dabei waren die ballistischen Leistungen aber beachtlich. Immerhin durchschlug die 6,5 kg schwere Panzergranate bei einer Anfangsgeschwindigkeit von 662 m/sec auf 500 m 69 mm, die Kerngranate von 3,05 kg bei 965 m/sec 92 mm auf die gleiche Entfernung. Die Spreizlafette mit Rohrholmen ermöglichte einen Seitenrichtbereich von 54° und einen Höhenrichtbereich bis +37°.

Das Auftreten des deutschen »Tigers« zwang aber im folgenden Jahr die sowjetische Führung doch zur Einführung einer neuen leistungsfähigen Waffe. Nunmehr kamen die Vorarbeiten der Jahre 1940/41 zum Tragen. Innerhalb von nur drei Wochen konnte die Fertigung der *57 mm Panzerabwehrkanone 43* aufgenommen werden. Es kamen lauter bewährte Bauteile zur Verwendung. Das Rohr des Modells 41 wurde in die Lafette der 76 mm Kanone eingelegt. Damit hatte man abermals die gleiche Lafette für zwei verschiedene Geschütze, ein wesentlicher Vorteil für den Serienbau. Das Gewicht lag mit 1150 nur unwesentlich über jenem des alten Modells. Die Leistungen mit der Panzergranate waren gleich geblieben. Daneben wurde aber auch eine Kerngranate verfeuert. Dank der höchsten Anfangsgeschwindigkeit eines panzerbrechenden Geschosses im Zweiten Weltkrieg, wenn man von den konischen Rohren absieht, nämlich 1270 m/sec, wurden bei einem Geschoßgewicht von 1,76 kg auf 500 m bei einem Auftreffwinkel von 60° noch 100 mm durch-

Von den älteren Modellen unterschied sich die 45 mm Panzerabwehrkanone 42 vor allem durch die größere Rohrlänge.

Zu den wichtigsten sowjetischen Panzerabwehrwaffen des Zweiten Weltkrieges, die auch nach dem Kriege von zahlreichen Staaten verwendet wurde, zählte die 76 mm Kanone 42 (SIS-3).

Aus bewährten Bauteilen entstand die 57 mm Panzerabwehrkanone 43.

schlagen. Für die Leistung der Waffe spricht vielleicht am besten der Umstand, daß sie noch heute von zahlreichen Armeen verwendet wird.

Die weitere Entwicklung während des Zweiten Weltkrieges konzentrierte sich in der Folge ausschließlich auf Mehrzweckwaffen. Hier wurde zwecks größerer Wirkung das Kaliber laufend gesteigert. Die erste von ihnen ist etwas geheimnisumwittert. Lediglich in der ostzonalen Presse wurde bisher eine *85 mm Divisionskanone 43* erwähnt. Sie soll bei einer Rohrlänge von 55 Kalibern eine Anfangsgeschwindigkeit von 900 m/sec erreicht und nur ein Gewicht von 1704 kg aufgewiesen haben.

Der nächste Sprung wurde gleich zum 10 cm Kaliber gemacht. So konnte mit der Sprenggranate eine entsprechende Wirkung gegen ungepanzerte Ziele ermöglicht werden, wobei auch die Höchstschußweite von 20 km beachtlich ist. Die *100 mm Kanone 44 (BS-3)* erreichte dies vor allem dank einer Rohrlänge von 56 Kalibern. Logistisch wirkte sich vor allem die Munitionsgleichheit mit der Panzerkanone, die später auch im Kampfpanzer T-54 eingebaut wurde, und mit der nach dem Kriege eingeführten Fliegerabwehrkanone günstig aus. Verfeuert wurde eine Panzergranate von 15,7 kg mit einer Anfangsgeschwindigkeit von 900 m/sec. Die Durchschlagsleistung auf 1000 m Entfernung bei einem Auftreffwinkel von 60° betrug immerhin 110 mm. Noch höher lagen die Werte für die Kerngranate. Hier durchschlug die 10,2 kg schwere Granate bei einer Anfangsgeschwindigkeit von 1200 m/sec auf 1000 m bei senkrechtem Auftreffen 185 mm. Wie bei allen sowjetischen Geschützen ist auch hier das für das Kaliber und den großen Seitenrichtbereich von 55° geringe Gewicht von 3455 kg zu beachten. Es ist daher nicht weiter verwunderlich, daß dieses Geschütz auch heute, mehr als 30 Jahre nach seiner ersten Einführung, noch immer in großen Stückzahlen von zahlreichen Staaten des Ostblockes und mit ihnen befreundeten Ländern verwendet wird.

Die letzte Entwicklung des Zweiten Weltkrieges kam nicht mehr rechtzeitig an die Front. Es war dies die *85 mm Kanone 45 (D-44)*. Bei dieser Mehrzweckwaffe war die Munitionsgleichheit mit der Panzerkanone und der Fliegerabwehrkanone gegeben. Die nunmehr typische sowjetische Bauweise mit der Spreizlafette mit Rohrholmen wurde beibehalten. Durch die Mündungsbremse konnte das Gewicht mit 1725 kg sehr niedrig gehalten werden. Die Standsicherheit beim Schuß ist aber auch hier nicht besonders. Physikalische Grundsätze lassen sich einfach nicht umgehen. Trotzdem sind die Leistungen beachtlich. Aus dem Rohr L/53 werden Panzer- und Kerngranaten verfeuert. Erstere mit einem Gewicht von 9,2 kg und einer Anfangsgeschwindigkeit von 792 m/sec durchschlagen auf 500 m bei einem Auftreffwinkel von 60° 91 mm. Letztere weist Werte von 5,0 kg, 1200 m/sec und 113 mm bei den gleichen Bedingungen auf. Auch dieses Geschütz wird heute noch verwendet.

Die sowjetische Entwicklung der Selbstfahrlafetten begann wie üblich mit dem kleinsten Kaliber. Schon im Winterkrieg gegen Finnland kam die SU-45 mit der 45 mm Panzerabwehrkanone 37 zum Einsatz. 1941 wurden dann die vorhandenen Versuchsgeschütze der 57 mm Panzerabwehrkanone 41 auf den gleichen Komsomoletz-Traktor als Selbstfahrlafette SU-57 aufgebaut.

Als Panzerabwehrwaffe mit dem größten Kaliber im Zweiten Weltkrieg verwendete die Rote Armee die 100 mm Kanone 44 (BS-3).

In großer Stückzahl kam aber erst die Selbstfahrlafette SU-76 mit der 76 mm Kanone 42 zur Truppe. Dieses Modell wurde nach dem Krieg an zahlreiche Staaten abgegeben und steht noch heute in Albanien in Verwendung. Eine etwas verbesserte Form stellte die SU-76 M dar. Zu den wenigen Fällen, in denen erbeutete deutsche Panzerfahrgestelle während des Krieges von den Feindstaaten verwendet wurden, zählt die Selbstfahrlafette SU-76i, bei der die gleiche 76 mm Kanone auf Fahrgestelle des Panzers III gesetzt wurde. Die weitere Entwicklung ging aber in der Sowjetunion wie im Deutschen Reich zum Jagdpanzer in Sturmgeschützform.

Wie schon an anderer Stelle berichtet, hat die sowjetische Armee bei ihren Abwehrkämpfen immer wieder die Panzerabwehrkanonen als eine der Hauptwaffen eingesetzt. Dementsprechend hoch war ihre Zahl. Dies zeigt wohl am besten die nachstehende Zusammenstellung der Geschütze einer Schützendivision:

- April 1941: 54 – 45 mm, 34 – 76 mm.
- Juli 1941: 18 – 45 mm, 28 – 76 mm. In diesem Abfall zeigt sich die Größe der Verluste zu Kriegsbeginn und die Abgabe an neu aufgestellte Einheiten.
- Dezember 1942 bis Juli 1943: 48 – 45 mm, 32 – 76 mm.
- Dezember 1944: 36 – 45 mm, 30 – 57 mm, 32 – 76 mm.

Ähnlich sah die Lage bei den Panzertruppen aus, wo die einer Division entsprechende Einheit in der Sowjetunion die Bezeichnung Korps trug. Jedes motorisierte Schützenbataillon besaß in der zweiten Kriegshälfte eine Batterie zu vier 76 mm Geschützen. Dazu kam in der motorisierten Schützenbrigade, einem regimentsstarken Verband, ein Panzerabwehrbataillon zu drei Batterien zu je vier 76 mm Geschützen. Hierzu wies noch das Korps ein Panzerabwehrregiment zu sechs Batterien zu je vier dieser Kanonen und ein Panzerabwehrbataillon zu drei Batterien mit je vier 45 oder später 57 mm Panzerabwehrkanonen auf.

Daneben besaß die Sowjetunion immer eine große Zahl heereseigener Panzerabwehrverbände bis zur Brigadestärke. Ihr Einsatz erfolgte jeweils in den Schwerpunkten. Das beste Beispiel ist hier die Schlacht bei Kursk, in der durch tiefgestaffelte Panzerabwehrfronten der deutsche Panzerstoß gestoppt wurde. Einige weitere Zahlen mögen auch die Steigerung der Kaliber der Panzerabwehrkanonen kennzeichnen. Während zu

Die letzte sowjetische Entwicklung des Zweiten Weltkrieges stellte die 85 mm Kanone 45 (D-44) dar.

Kriegsbeginn praktisch ausschließlich die 45 mm Waffen vorhanden waren, stellten sie schon bei Stalingrad nur etwa die Hälfte der eingesetzten Panzerabwehrkanonen dar. In der zitierten Schlacht bei Kursk waren es nur mehr 10 %. Überhaupt muß festgehalten werden, daß die sowjetische Armee ein Meister im Einsatz ihrer Panzerabwehrkanonen war.

VEREINIGTE STAATEN

Die amerikanische Armee verfolgte aufmerksam die Ereignisse des Krieges in Europa. Die ungenügende Leistung der kleinkalibrigen Panzerabwehrkanonen wurde bald ersichtlich. Trotzdem wurden aber vorerst die Geschütze der 37 mm M3-Serie weitergefertigt. Auf dem pazifischen Kriegsschauplatz gegen die schwach gepanzerten japanischen Kampfpanzer reichte ihre Leistung aus, so daß sie dort bis 1945 im Einsatz verblieben.

Lediglich eine Versuchswaffe dieses Kalibers wurde bekannt. Es handelte sich um die *37 mm Panzerabwehrkanone T47*. Um die Treibladung zu vergrößern, hat man hier die Kartuschhülse der 40 mm Fliegerabwehrkanone verwendet. Außerdem besaßen die Führungsringe der Granate vorgeschnittene Züge. Mit den beiden tatsächlich gebauten Waffen wurden 1944 Anfangsgeschwindigkeiten von 1067 m/sec erreicht.

Die Lösung für den Bau stärkerer Panzerabwehrwaffen war typisch amerikanisch. Anstatt ein eigenes Geschütz zu entwickeln, wurden einfach von Großbritannien im Rahmen des Lend-Lease-Geschäftes die Zeichnungen der britischen 57 mm Panzerabwehrkanone übernom-

Bei der 57 mm Panzerabwehrkanone M1 handelte es sich um einen auf die Erfordernisse der amerikanischen Produktion abgeänderten Nachbau der britischen Waffe des gleichen Kalibers.

men. Man paßte sie den amerikanischen Fertigungsmethoden an und nahm einige Veränderungen vor. Die solcherart entstandene Waffe wurde dann als *57 mm Panzerabwehrkanone M1 in der Lafette M1* eingeführt. Die wesentlichsten Unterschiede lagen in der Verwendung eines etwas längeren Rohres von 52,1 Kalibern und dem Einbau einer Seitenrichtmaschine. Durch die erstere Maßnahme stieg die Anfangsgeschwindigkeit mit der britischen Munition auf 899 m/sec an. Mit der amerikanischen Munition, die ein höheres Gewicht von 3,30 kg für die Panzergranate aufwies, wurden 823 m/sec erreicht. Damit konnte auf 900 m Entfernung eine Panzerung von 91 mm durchschlagen werden. Prinzipiell war die Munition beider Länder für die amerikanische und die britische Waffe geeignet. In der Folge wurden verschiedene Änderungen an der Lafette vorgenommen. Bei der M1A1 waren die handelsüblichen Räder gegen solche einer speziellen militärischen Ausführung mit beschußsicherer Bereifung ausgetauscht worden. Die M1A2 stellte die Rückkehr zur britischen Ausführung ohne Seitenrichtmaschine dar und die M1A3 wies eine geänderte Anhängevorrichtung auf. Insgesamt wurden während des Krieges nicht weniger als 16 037 dieser 57 mm Panzerabwehrkanonen in den Vereinigten Staaten gefertigt.

Eine Alternative zu diesem Geschütz sollte die *57 mm Panzerabwehrkanone T2* darstellen. Es war dies eine vergrößerte Version des 37 mm Geschützes. Da aber der Typ M1 bereits in Serienfertigung stand, wurde die Idee bald fallengelassen.

Schon im September 1940 forderte die Armee eine neue stärkere Panzerabwehrwaffe. Wieder standen fertigungstechnische Forderungen im Vordergrund. Es sollten nicht nur alle zu dieser Zeit bekannte Panzerungen durchschlagen werden, sondern auch so viele Teile als möglich aus der laufenden Fertigung anderer Waffen oder sonstige vorhandene Bauteile Verwendung finden. Die Lösung gelang. Von der 76,2 mm Fliegerabwehrkanone M3 wurde das Rohr T9 übernommen, von der bekannten 105 mm Feldhaubitze M2A1 die Lafette samt der Rücklaufeinrichtung und dem Verschluß. Das Ergebnis war die *76,2 mm Panzerabwehrkanone M5 in der Lafette M1.* Die Waffe war zwar etwas groß und schwer geraten, dafür aber in kürzester Zeit fertiggestellt und bewährte sich dann auch im Einsatz. Schon im Dezember 1941 wurden die ersten an die

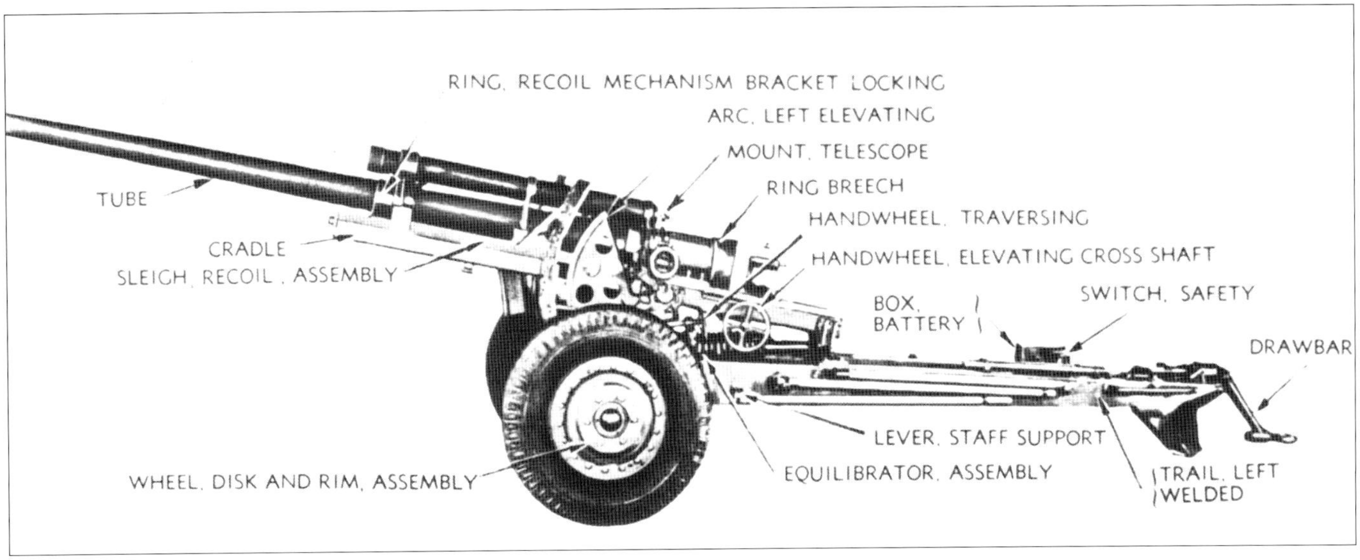

Durch Einlegen des Rohres einer Fliegerabwehrkanone in die Lafette der leichten Feldhaubitze entstand die amerikanische 76,2 mm Panzerabwehrkanone M5.

Truppe ausgeliefert. Das Rohr besaß eine Länge von 52,8 Kalibern, 50 nach amerikanischer Berechnungsart, und verfeuerte eine 7,0 kg schwere Panzergranate mit einer Anfangsgeschwindigkeit von 792 m/sec. Damit konnten auf 500 m Entfernung bei einem Auftreffwinkel von 60° immerhin 105 mm durchschlagen werden. Gegenüber der Feldhaubitze war der Höhenrichtbereich von 66° auf 31° eingeschränkt worden. Zufolge des längeren Rohres war das Gewicht auf 2211 kg gestiegen. Es wurden aber lediglich 2500 dieser Geschütze gefertigt, wobei teilweise eine geänderte Lafette M6 zur Verwendung gelangte.

Um die Nachteile dieser Kanone zu beseitigen, wurde eine Neukonstruktion in Angriff genommen. Solcherart entstand die *76,2 mm Panzerabwehrkanone T3 in der Lafette T4 oder T5.* Das Rohr besaß eine Länge von 54,6 Kalibern und verfeuerte Panzergranaten mit einer Anfangsgeschwindigkeit von 823 m/sec. Beide Lafetten besaßen einen Schießpilz, so daß sich in Verbindung mit den beiden Holmen eine Dreipunktlagerung ergab. Bei der Lafette T4 war der Schutzschild nur 6 mm stark und die Erdsporne fest montiert. Das Gesamtgewicht der Waffe in dieser Form betrug 1733 kg. Bei der Lafette T5 wurde ein 12,7 mm starker Schild verwendet, klappbare Sporne und Räder, die beim Spreizen der Holme vom Boden abgehoben wurden. Das Gewicht war jedoch mit 1901 kg etwas höher. In der Folge wurden verschiedene Verschlüsse und Änderungen an der Lafette erprobt. Erst das Kriegsende machte den Versuchen ein Ende.

Eine weitere Kanone dieses Kalibers war die *76,2 mm Panzerabwehrkanone T16.* Sie stellte eine Weiterentwicklung der M5 dar, wobei vor allem die Erhöhung der Anfangsgeschwindigkeit auf 915 m/sec im Vordergrund stand. Zufolge der Steigerung der ballistischen Leistung war die Verwendung der alten Lafette nicht mehr möglich. Das Rohr sollte daher in die Lafette der später noch zu beschreibenden 90 mm Panzerabwehrkanone T8 eingelegt werden. Die Entwicklung wurde im Juni 1944 in Angriff genommen, noch im gleichen Jahr aber wieder eingestellt.

Als letzte Waffe dieser Gruppe ist die *76,2 mm Panzerabwehrkanone T18* zu erwähnen. Bei ihr sollte durch eine größere Treibladung und ein leichteres Geschoß die Anfangsgeschwindigkeit auf 1175 m/sec erhöht werden. In der Planung trat sie im Oktober 1944 an die

Nur in geringer Stückzahl fertigten die Vereinigten Staaten die 90 mm Panzerabwehrkanone T8.

Stelle des Modells T16. Das Kriegsende führte zur Aufgabe dieses Projektes.
Inzwischen hatte man sich aber zu der Erkenntnis durchgerungen, daß gegenüber der zukünftigen Panzerentwicklung das 76,2 mm Kaliber nicht mehr ausreichen würde. Es wurde daher der Entschluß gefaßt, gleich auf ein größeres Kaliber überzugehen. Was lag nun näher, als dem Beispiel anderer Länder zu folgen und ein vorhandenes Rohr der 90 mm Fliegerabwehrkanone zu verwenden. Das Ergebnis war die *90 mm Panzerabwehrkanone T8 in der Lafette T5E2.* Für die Rohrlänge von 52,5 Kalibern und den Seitenrichtbereich von 60° war das Gewicht mit 3084 kg verhältnismäßig gering ausgefallen. Immerhin wurde eine Panzergranate von 10,95 kg mit einer Anfangsgeschwindigkeit von 853 m/sec verfeuert. Damit konnten auf 1000 m Entfernung Panzerungen von 150 mm durchschlagen werden. Später kam noch eine Kerngranate von 7,62 kg hinzu, deren Hartkern 3,63 kg wog. Bei einer Anfangsgeschwindigkeit von 1021 m/sec wurden auf die gleiche Entfernung noch 254 mm durchschlagen. Überdies konnten alle Geschosse der 90 mm Fliegerabwehrkanone verwendet werden. Von den konstruktiven Einzelheiten sollen lediglich der halbautomatische Fallblockverschluß, eine drehbar gelagerte Achse, die beim Schließen der Holme automatisch fixiert wurde und ein Hilfsrad unter den Holmenden zum leichteren Bewegen nach dem Abkuppeln vom Zugfahrzeug, erwähnt werden. Im Juni 1944 erfolgte die Bestellung von 600 dieser Geschütze. Bereits im August des gleichen Jahres wurde der Auftrag aber auf 200 gekürzt. Es ist fraglich, ob er zur Gänze erfüllt wurde.
Man gab sich mit dem Erreichten nicht zufrieden. Weitere Versuche mit dem 90 mm Kaliber wurden unternommen. Eine ausgesprochen unkonventionelle Lösung stellte die *90 mm Panzerabwehrkanone T13 in der Lafette T9* dar. Das Rohr war ähnlich jenem der T8, die Lafette aber vollkommen neu. Der Schutzschild war als tragender Bauteil ausgebildet. Die beiden Lafettenholme waren seitlich an seinem oberen Teil angelenkt. Auf dem Marsch wurden sie nach vorne parallel zum Rohr geklappt, um die Länge der Waffe zu verringern. Zum Feuern schwenkte man sie nach hinten, wobei ein kleines Rad unter einem der Holme dies erleichterte und außerdem zwei Bodenstützen unter dem Schild niedergelassen. Die Entwicklung war im Januar 1944 begonnen worden. Im Juli wurde sie zugunsten der 76,2 mm Waffen unterbrochen, um im September wieder aufgegriffen zu werden. Sie wurde nach dem Kriege weitergeführt und zu einem Abschluß gebracht. Obwohl die Leistungen entsprachen, wollte zu diesem Zeitpunkt niemand mehr etwas von einer solchen Waffe wissen.

Bei der 90 mm Panzerabwehrkanone T13 war der Schutzschild als tragender Bauteil ausgebildet, an dem die beiden Lafettenholme direkt angelenkt wurden.

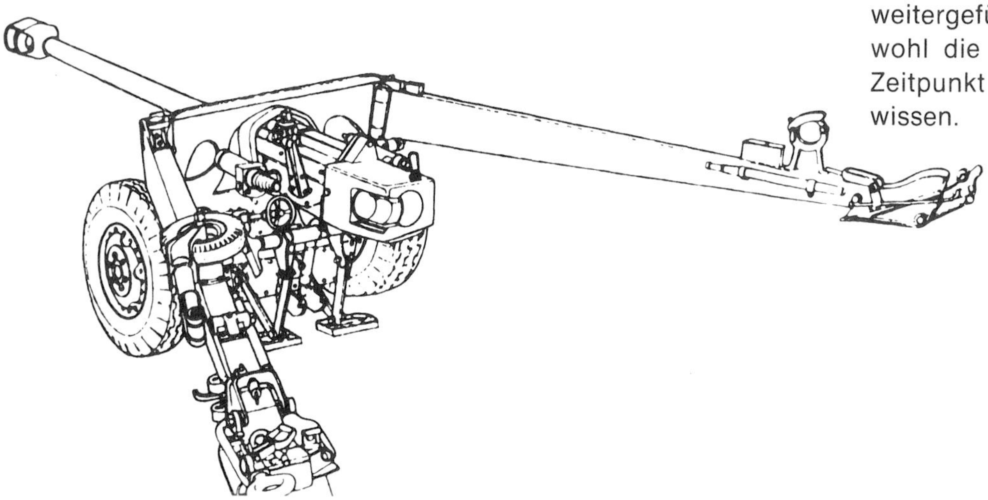

Die Prototypen der 105 mm Panzerabwehrkanone T8 wurden erst nach dem Kriegsende fertiggestellt.

Weitere Versuche wurden mit den *90 mm Panzerabwehrkanonen T18 und T21* unternommen, wobei mit verschiedenen Größen des Verbrennungsraumes Anfangsgeschwindigkeiten von 1067 bzw. 960 m/sec erreicht werden sollten. Andere Versuchsmodelle waren die *90 mm Panzerabwehrkanone T20,* eine Verbesserung der T8, und die *90 mm Panzerabwehrkanone T22.* Letztere erhielt die Kammer der 105 mm Fliegerabwehrkanone, um durch die Verwendung deren Treibladung eine höhere Leistung zu erzielen. Für den Luftlandeeinsatz wurde schließlich noch die *90 mm Panzerabwehrkanone T9E2* entwickelt. Sie konnte in acht Teile zerlegt werden. Die amerikanische Angabe, daß das Zusammensetzen der Waffe innerhalb von nur 15 Sekunden möglich war, muß als mehr als optimistisch betrachtet werden.

In der letzten Stufe der amerikanischen Entwicklung des Zweiten Weltkrieges wurde nochmals das Kaliber gesteigert und eine Mehrzweckwaffe geschaffen, die auch als Feldkanone eingesetzt werden sollte. Es war dies die *105 mm Panzerabwehrkanone T8 in der Lafette T19.* Das Rohr besaß eine Länge von 65 Kalibern und konnte für den Marsch um 180° parallel zu den Holmen verschwenkt werden. Die Anfangsgeschwindigkeit sollte nach der Planung vom November 1944 bei 915 m/sec liegen, die Schußweite bei 18,3 km. Diese Werte wurden im Juni 1945 auf 945 m/sec und 24,7 km abgeändert. Das Gewicht der Panzergranate lag dabei um 18,6 kg. Die Entwicklung wurde nach dem Krieg weitergeführt und im Februar 1946 zwei Prototypen gebaut. Da zu diesem Zeitpunkt kein Bedarf für eine solche Waffe mehr bestand, wurde die Serienfertigung nicht aufgenommen. Vor allem wäre auch die Feuergeschwindigkeit trotz des halbautomatischen Fallblockverschlusses wegen der getrennten Munition für eine Panzerabwehrwaffe zu gering gewesen. Außerdem wog das Geschütz schon 6350 kg.

Weitere Überlegungen führten zur *105 mm Panzerabwehrkanone T18.* Durch einen vergrößerten Verbrennungsraum und leichtere Geschosse sollte eine Anfangsgeschwindigkeit von 1158 m/sec erzielt werden. Das Projekt wurde aber später aufgegeben.

Großbritannien hat während des Krieges den Vereinigten Staaten Muster ihrer Kern- und Treibspiegelgranaten zur Verfügung gestellt. Die Form der Züge der amerikanischen Geschütze verhinderte jedoch eine Verwendung der letzteren. Daher konzentrierte man sich dort auf die Entwicklung der Kerngeschosse. Für die meisten Geschütze kam dies aber erst nach dem Kriegsende zum Tragen.

Wie alle anderen Staaten konstruierten auch die Vereinigten Staaten eine große Anzahl gepanzerter und ungepanzerter Selbstfahrlafetten. Der einzige Unterschied lag darin, daß hier bei Einführung einer solchen gleich eine große Serie gebaut wurde. Es begann mit der 37 mm Panzerabwehrkanone. Zahlreiche Fahrzeuge, zweiachsige und dreiachsige sowie Sonderfahrzeuge, gingen in die Erprobung, darunter natürlich auch der Jeep. Eingeführt wurde davon aber lediglich die 37 mm Selbstfahrlafette M6 auf dem 0,75 t Dodge. Dafür baute man aber nicht weniger als 5380 davon, die ab 1942 ausgeliefert wurden. Weitere Versuche wurden mit 57 und 75 mm Waffen auf verschiedenen Kraftfahrzeugen unternommen. In die Fertigung gingen aber nur gepanzerte Selbstfahrlafetten, die sämtliche den Halbketten-Mannschaftstransportwagen M3 als Basis hatten. Schon im November 1941 kam die 75 mm Selbstfahrlafette M3 und später die M3A1 zur Einführung. Bei ihnen war die alte 75 mm Feldkanone M1897A4 eingebaut, die immerhin bei einer Anfangsgeschwindigkeit von 610 m/sec auf 900 m Entfernung noch 76 mm Panzerung durchschlug. Nach dem Eintreffen von genügend Jagdpanzern wurden diese Fahrzeuge an die britische Armee abgetreten. Später trat an ihre Stelle die modernere 75 mm Feldkanone M3, das Modell kam aber nicht über den Prototyp hinaus. 1942/43 wurde die 57 mm Selbstfahrlafette T48 gebaut. Sie trug die amerikanische Panzerabwehrkanone. Von 962 bestellten Fahrzeugen gingen 680 nach Großbritannien, wo viele von ihnen ebenso wie die in Amerika verbliebenen wieder zu Mannschaftstransportfahrzeugen zurückumgebaut wurden. Die 76,2 mm Kanone wurde auch auf verschiedene Panzerfahrgestelle aufgesetzt. Aus dem leichten Kampfpanzer M3 entstanden so die Selbstfahrlafetten T56, T57 und T40 (M9), aus dem mittleren Kampfpanzer M3 die Selbstfahrlafette T24. Bei den amerikanischen Angaben über Selbstfahrlafetten muß insofern Obacht gegeben werden, als dort die Jagdpanzer mit den meist oben offenen Drehtürmen als Selbstfahrlafette geführt wurden. Wie bei den anderen Staaten wird aber auch hier von ihrer Behandlung abgesehen.

Die amerikanischen Divisionen waren verhältnismäßig panzerabwehrstark. So verfügte 1942 die Infanteriedivision über nicht weniger als 109, die Panzerdivision über 68 der 37 mm Panzerabwehrkanonen. In der Folge, mit der Einführung der schwereren Kaliber, sank die Zahl natürlich ab. Nach der Umgliederung von 1943 besaß in der Infanteriedivision jedes Bataillon einen Zug zu drei 57 mm Panzerabwehrkanonen, jedes Regiment eine Kompanie zu neun dieser Waffen. Die Division damit insgesamt 57. Dazu kam häufig noch die Unterstellung eines Panzerjägerbataillons. Die Panzerdivision hatte in jeder Kompanie der Panzergrenadiere einen Zug zu drei 57 mm Geschützen, dazu einen im Aufklärungsbataillon. In Summe also 30 dieser Waffen. Es darf hier aber nicht vergessen werden, daß nach amerikanischer Auffassung immer der Panzer der größte Feind des Panzers ist, also vordringlich gegen diesen wirken muß. Damit erklärt sich die geringere Zahl an gezogenen Panzerabwehrkanonen in den Panzerdivisionen.

RUMÄNIEN

Wie im vorhergehenden Kapitel gezeigt wurde, bestand die Masse der rumänischen Panzerabwehrwaffen aus der französischen 47 mm Panzerabwehrkanone L/44. Da die Ereignisse des Polenfeldzuges klar die Erfordernisse einer Verstärkung gerade auf diesem Gebiet gezeigt hatten, trachtete Rumänien danach, derartige Waffen anzukaufen. Die beste Möglichkeit dazu bot ein Kompensationsgeschäft mit dem Deutschen Reich. Im sogenannten Öl-Waffen-Pakt wurde daher im Austausch für rumänisches Öl die Lieferung von Waffen vereinbart. Dabei handelte es sich in der Masse um Beutewaffen aus Polen und der Tschechoslowakei. Bei den Verhandlungen im Jahre 1940 wurde zuerst der Ankauf von 360 der von Polen in Lizenz gefertigten *37 mm Panzerabwehrkanone M 37,* einer Bofors-Konstruktion beschlossen, die Stückzahl jedoch bald auf 600 erhöht. Damit stellte dieses Geschütz auch die Hauptausstattung der rumänischen Armee dar. In der Folge wurden auch noch andere Modelle geliefert, so daß 1942 außer dem französischen und polnischen Typ noch nachstehende Panzerabwehrkanonen in Verwendung standen:

- die ehemals österreichische 4,7 cm Infanteriekanone M 35/36,
- das italienische Infanteriegeschütz und Panzerabwehrkanone 47/32 Modell 35,
- die deutsche, aus der französischen Feldkanone M 1897 entstandene, 7,5 cm Panzerabwehrkanone 97/38.

Dazu kamen noch erbeutete sowjetische 45 mm Panzerabwehrkanonen 32.

Da die Beschaffung von Waffen aus dem Ausland während des Krieges große Schwierigkeiten bereitete, wurde beschlossen, in Rumänien eine eigene Fertigung aufzuziehen. Da eine komplette Neukonstruktion zu lange Zeit in Anspruch genommen hätte, gelangten bewährte Bauteile ausländischer Herkunft zur Verwendung. Das Ergebnis war die 1943 geschaffene *75 mm Schnellfeuer-Panzerabwehrkanone »Resita«,* die ihren Namen nach der Herstellerfirma erhielt. Wie das Bild zeigt, stammen das Rohr mit der Rücklauf- und Vorholeinrichtung sowie die Räder von der sowjetischen 76 mm Kanone 42. Die Unterlafette mit den Rohrholmen

Aus Bauteilen einer deutschen und einer sowjetischen Waffe entstand die rumänische 75 mm Schnellfeuer-Panzerabwehrkanone »Resita«.

entspricht ebenso wie die Mündungsbremse der deutschen 7,5 cm Panzerabwehrkanone 40. Der Schutzschild stellt eine Kombination der beiden dar. Das Gewicht der Waffe mit 1450 kg war ähnlich jenem der deutschen Kanone, das Geschoßgewicht von 6,6 kg wieder ähnlich jenem des sowjetischen Geschützes.

Trotz der verschiedenen Lieferungen reichte die Ausstattung mit Panzerabwehrwaffen nicht aus. So mußte immer wieder die Zuteilung gekürzt werden. Als Beispiel sei hier die Gliederung der rumänischen 1. Panzerdivision angeführt. Im Mai 1942 war die Eingliederung folgender Panzerabwehrwaffen vorgesehen:

- ein Zug zu vier Geschützen in jedem der vier Infanteriebataillone,
- zwei Züge zu je vier Geschützen in jedem der beiden Infanterieregimenter,
- eine Panzerabwehrabteilung zu zwei Kompanien mit je 12 Geschützen,
- ein Zug zu vier Geschützen in der Aufklärungsabteilung und
- eine Panzerabwehrkompanie im Artillerieregiment der Division.

Aber schon im September des gleichen Jahres wurde diese Zuteilung wie folgt gekürzt:

- je ein Zug zu zwei Geschützen in jedem Infanteriebataillon,
- ein Zug zu zwei Geschützen in der Aufklärungsabteilung und
- eine Panzerabwehrabteilung zu zwei Kompanien mit je 12 Geschützen.

In den Infanteriedivisionen herrschte vielfach eine bunte Mischung der vorhandenen Modelle vor. So wiesen die nachstehend angeführten Einheiten im Dezember 1942 folgende Bestände auf:

7. Infanteriedivision:

- 29 Stück 37 mm M 37,
- 8 Stück 47 mm Modell 35,
- 12 Stück 47 mm L/44 und
- 5 Stück 7,5 cm 97/38.

Bei der 11. Infanteriedivision lauteten die Zahlen:

- 34 Stück 37 mm M 37,
- 11 Stück 47 mm Modell 35,
- 11 Stück 47 mm L/44 und
- 6 Stück 7,5 cm 97/38.

In ihrem Aufbau entsprach die schwedische 57 mm Panzerabwehrkanone M 1943 einer vergrößerten Ausführung der alten 37 mm Waffe.

Allerdings muß betont werden, daß es sich bei diesen beiden Divisionen um die am stärksten mit Panzerabwehrkanonen ausgestatteten Verbände handelte.
Die der eigenen Fertigung entstammende 75 mm Panzerabwehrkanone »Resita« wurde nur bei den Panzerabwehrregimentern der Armeekorps verwendet.
Nach dem Abfall vom Deutschen Reich und dem Kriegseintritt an der Seite der Alliierten wurde die Armee natürlich mit sowjetischem Kriegsmaterial ausgestattet. Dazu zählten vor allem die

- 45 mm Panzerabwehrkanone 42,
- 57 mm Panzerabwehrkanone 43 und
- 76 mm Kanone 42.

Nicht unerwähnt bleiben darf an dieser Stelle die im Jahre 1943 erfolgte Konstruktion eines leichten, etwa 6 t schweren Panzerjägers, der den Namen »Marschall« erhielt. Es wurden aber nur Prototypen fertiggestellt, für die sich auch die Deutsche Wehrmacht interessierte.

SCHWEDEN

Die schwedische Armee entschloß sich erst verhältnismäßig spät zur Einführung stärkerer Panzerabwehrkanonen. Beide zur Einführung gelangenden Modelle wurden, wie nicht anders zu erwarten, von der Firma Bofors gebaut. Bei der *57 mm Panzerabwehrkanone M 1943* handelte es sich nahezu um eine lineare Vergrößerung des 37 mm Modells 1934. Sie besaß einen halbautomatischen Fallblockverschluß und eine Spreizlafette mit Rohrholmen. Selbst der Schild und die Mündungsbremse besaßen das gleiche Aussehen. Die Leistungen der Waffe waren ähnlich jenen der um das Jahr 1940 eingeführten Geschütze der kriegführenden Staaten. Die Rohrlänge betrug 50 Kaliber, die 2,5 kg schwere Panzergranate wurde mit einer Anfangsgeschwindigkeit von 850 m/sec verfeuert. Auch der Höhenrichtbereich von −10 bis +20° und der Seiten-

Nur kurze Zeit wurde die 75 mm Panzerabwehrkanone M 1943 verwendet. Das Rohr war dabei in die vorhandene Einheitslafette der Feldkanone und der leichten Feldhaubitze eingelegt worden.

richtbereich von 56° entsprachen dem Standard. Mit 925 kg war sie jedoch leichter als die anderen Waffen des gleichen Kalibers.
Nur kurz danach wurde auch die *75 mm Panzerabwehrkanone M 1943* eingeführt. Man verwendete für sie die Einheitslafette der 75 mm Feldkanone M 40 und der 105 mm Feldhaubitze M 40. In die Spreizlafette mit Kastenholmen wurde einfach ein neues Rohr mit einer Rohrlänge von 54 Kalibern eingelegt. Durch diese Bauart war das Geschütz mit 2150 kg verhältnismäßig schwer geworden. Die ballistischen Leistungen waren mit einem Gewicht der Panzergranate von 6,5 kg und einer Anfangsgeschwindigkeit von 815 m/sec ungefähr auf dem üblichen Standard.
Aber auch hier brachte das Jahr 1945 mit der Einführung eines rückstoßlosen Geschützes das Ende der klassischen Panzerabwehrkanone mit sich.
Durch Aufsetzen der 75 mm Panzerabwehrkanone auf ein Panzerfahrgestell entstand die Selbstfahrlafette PVKV 71, die zuerst mit oben offenem, später mit geschlossenem Kampfraum gebaut wurde.

SCHWEIZ

Die Eidgenössische Konstruktionswerkstätte Thun fertigte während des Krieges weiter die nach Böhler-Lizenzen hergestellten Geschütze. Änderungen führten zur *4,7 cm Infanteriekanone 35/41*. Diese beschränkten sich jedoch in erster Linie auf die Anbringung eines Schutzschildes und gewisser Verstärkungen. Dadurch stieg das Gewicht der Waffe auf 349 kg an. Die sonstigen technischen Daten blieben unverändert. In dieser Form stellte das Geschütz die Panzerabwehr der schweizerischen Armee bis zum Jahre 1950 dar. Erst dann wurde es nach und nach durch Neuentwicklungen ersetzt.
Auch die Schweiz, die bisher keine eigenen Panzerkampfwagen gebaut hatte, entwickelte zwischen 1942 und 1945 Selbstfahrlafetten für die Panzerabwehr. Auf einem verlängerten Fahrgestell des vor dem Kriege angekauften Praga-Kampfpanzers wurde eine 75 mm Kanone aufgesetzt. Dieses Modell erhielt die Bezeichnung Nahkampfkanone I. Später entstand noch aus einem Berna-Fahrgestell mit einem Gußstahlaufbau und gleichfalls einer 75 mm Kanone die Nahkampfkanone II. Wegen der hohen Kosten und der technischen Schwierigkeiten blieb es bei Prototypen.

UNGARN

Die erste Entwicklung während des Krieges stellte keine wesentliche Verbesserung dar. Man wollte die Erfahrungen der eigenen Industrie auswerten, gleichzeitig vom Deutschen Reich unabhängig werden. Bereits vor dem Krieg hatte die MÁVAG die bekannte schwedische Bofors 40 mm Fliegerabwehrkanone L/60 in Lizenz gefertigt und auch exportiert. Nunmehr entschloß man sich, sowohl die Fertigungskapazität für die Rohre und die Munition für die Belange der Panzerabwehr auszunützen. Aus diesem Bestreben heraus entstand die *40 mm Panzerabwehrkanone 40 M.* Man verwendete dazu das auf 52 Kaliber gekürzte Rohr, das man in die Lafette

Eine verbesserte Form des Vorkriegsmodells war die schweizerische 4,7 cm Infanteriekanone 35/41.

Durch Einlegen eines neuen Rohres in die alte 37 mm Lafette entstand die 40 mm Panzerabwehrkanone 40 M.

der 37 mm Kanone einlegte. Die 0,965 kg schwere Panzergranate der FIAMK wurde mit einer Anfangsgeschwindigkeit von 824 m/sec verfeuert. Sie durchschlug bei einem Auftreffwinkel von 60° auf 500 m Entfernung 38 mm. Weiter beibehalten wurde aber die Unterscheidung in zwei Bauarten für Pferde- und Kraftzug, woraus sich das unterschiedliche Gewicht von 495 und 540 kg ergab. Zur weiteren Leistungssteigerung übernahm man in der Folge zwei deutsche Entwicklungen, sowohl eine Kerngranate als auch eine auf das Rohr aufzusteckende Überkalibergranate mit Hohlladung. Letztere konnte bis zu 180 mm Panzerung durchschlagen. Die Einsatzschußweite war jedoch sehr gering. Auch für die *37 mm Panzerabwehrkanone 36 M* wurden diese beiden Sondergeschosse eingeführt. Es handelte sich hierbei nur um eine Notlösung.

Das Deutsche Reich stellte zusätzlich aus der Beute des Westfeldzuges eine Anzahl der belgischen 47 mm Kanonen zur Verfügung, die als *47 mm Panzerabwehrkanone 36 M* eingesetzt wurden. Als Anachronismus muß vermerkt werden, daß die von Belgien rein für den Kraftzug gebaute Waffe in Ungarn hinter einer Protze im Pferdezug gefahren wurde.

In der Folge baute Ungarn deutsche Panzerabwehrwaffen nach. Meist wurden sie dabei geringfügig abgeändert und mit einer selbstentwickelten Munition versehen. Dadurch entstanden natürlich Nachschubschwierigkeiten. So wurde die deutsche 5 cm Panzerabwehrkanone 38 als *50 mm Panzerabwehrkanone 38 M* gefertigt. Sie unterschied sich äußerlich nur wenig vom deutschen Vorbild. Sie war jedoch etwas leichter und verfeuerte mit 2,6 kg eine schwerere Panzergranate, die auch eine höhere Anfangsgeschwindigkeit von 835 m/sec aufwies. Auch bei dieser Waffe kam eine Kerngranate und eine aufsteckbare Überkaliber-Hohlladungsgranate mit einer Durchschlagsleistung von 180 mm zur Verwendung.

Auch die 7,5 cm Panzerabwehrkanone 40 wurde als *75 mm Panzerabwehrkanone 40 M* eingeführt. Äußerlich unterschied auch sie sich nicht vom deutschen Vorbild. Neben der ursprünglichen Munition verfeuerte sie eine eigene ungarische. Die Panzergranate war hierbei mit 7,5 kg schwerer, die Anfangsgeschwindigkeit mit 770 m/sec geringer als bei der deutschen Waffe. Es soll gleich an dieser Stelle vermerkt werden, daß die Deutsche Wehrmacht einen Auftrag zur Fertigung von 718 Stück der 75 mm Panzerabwehrkanone an die ungarische Industrie vergab. Er sollte bis 1946 erfüllt werden. Da aber nur Material für maximal 240 Waffen vorhanden war, kam er nie zur Ausführung.

Die Panzerabwehrschwäche der ungarischen Verbände blieb praktisch während des ganzen Krieges bestehen. So besaß z. B. in den Jahren 1941/42 eine Panzerdivision, bestehend aus einem Infanterieregiment und einem Panzerregiment, lediglich vier gezogene Panzerabwehrkanonen im Aufklärungsbataillon. Diese Schwäche konnte auch durch das Panzerjägerbataillon mit 21 zur Panzerabwehr eingesetzten 40 mm Fliegerabwehrselbstfahrlafetten nicht aufgehoben werden. Erst 1943 erhielt jedes Bataillon einen Panzerabwehrzug zu vier Geschützen und das Regiment eine Panzerabwehrkompanie zu acht Geschützen.

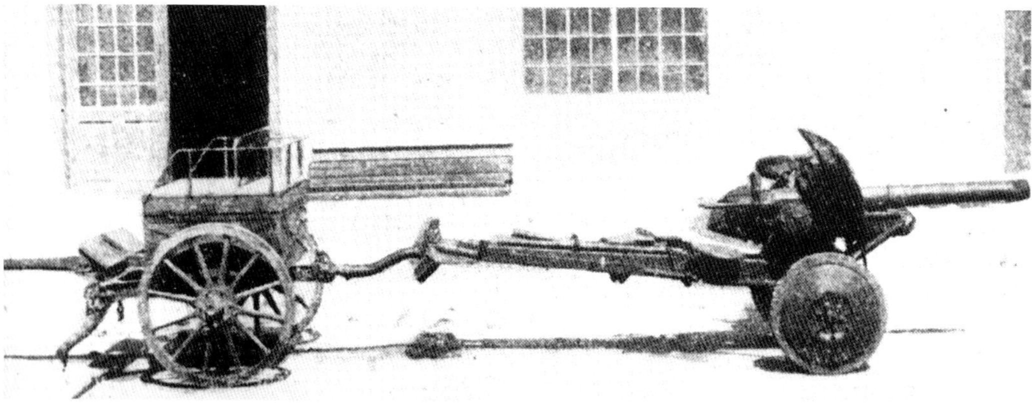

Die in Belgien für den Kraftzug gebaute 47 mm Panzerabwehrkanone wurde in Ungarn im Pferdezug hinter einer Protze gefahren.

BULGARIEN

Mangels einer eigenen Fertigung auf dem Gebiet der Panzerabwehrwaffen war das Land auf deutsche Lieferungen angewiesen. Daher besaßen die Streitkräfte außer den vor dem Krieg in der Tschechoslowakei angekauften Geschützen noch die deutsche
- 5 cm Panzerabwehrkanone 38 und die
- 7,5 cm Panzerabwehrkanone 40.

DÄNEMARK

Die 37 mm Panzerabwehrkanone M 1937 wurde beim deutschen Einmarsch im April 1940 erfolgreich gegen die leichten Panzer I eingesetzt. Kurioserweise wurde in der Folge die weitere Fertigung dieses Geschützes für die dänische Armee erlaubt. Sie lief bis 1943 weiter. Durch die Aufstellung einer »Dänischen Brigade« in Schweden in den Jahren 1943/45 kam auch das Vorbild dieser Kanone, die 37 mm Panzerabwehrkanone M 1934 der Bofors-Werke, wieder in die Ausstattung der dänischen Streitkräfte.

FINNLAND

Wie bereits im vorhergehenden Zeitabschnitt angeführt, begann der Zulauf von Panzerabwehrkanonen erst im Laufe des Jahres 1940. Während des Winterkrieges mit der Sowjetunion lieferten zahlreiche Staaten Kriegsmaterial. Dies führte zu einer bunten Sammlung. So erhielt die Armee
- vom Deutschen Reich die 3,7 cm Panzerabwehrkanone 35/36,
- von Frankreich vierzig 25 mm Panzerabwehrkanonen M. 1934,
- von Italien zwölf 47 mm Panzerabwehrkanonen Modell 35 und
- von Schweden achtzehn 37 mm Panzerabwehrkanonen M 1934.

Die geplante Lieferung von zehn 47 mm Panzerabwehrkanonen M. 1937 aus Frankreich kam nicht zustande. Trotzdem war es nicht möglich, jeder Division mehr als 18 solcher Geschütze zuzuteilen. Nachdem das Land an der Seite des Deutschen Reiches in den Krieg eingetreten war, wurde es von diesem weiter mit Waffen versorgt.

POLEN

Nach der Niederlage im Jahre 1939 flüchteten zahlreiche Angehörige der polnischen Armee sowohl nach Osten als auch nach Westen. Je nach dem Kriegsschauplatz, auf dem die aus ihnen gebildeten Einheiten dann eingesetzt wurden, änderte sich auch ihre Ausstattung. So kommt es, daß nahezu eine Sammlung aller bei Kriegsbeginn verwendeten Panzerabwehrwaffen hier vertreten war. Dazu gehörten:
- die britische 40 mm Panzerabwehrkanone (2pr),
- die britische 57 mm Panzerabwehrkanone,
- die britische 76,2 mm Panzerabwehrkanone,
- die französische 25 mm Panzerabwehrkanone M. 1934 und
- die französische 47 mm Panzerabwehrkanone M. 1937.

Nach 1943 gelangten zum Teil auch neue Verbände in den von der Sowjetunion befreiten Gebieten Polens zur Aufstellung. Diese waren natürlich ausschließlich mit sowjetischem Gerät ausgerüstet. In der Folge wurde auch nur dieses Material nach dem Kriege weiter verwendet, während die britischen und französischen Geschütze in diesen Ländern verblieben. Die erste Ausstattung mit sowjetischem Material umfaßte
- die 45 mm Panzerabwehrkanone 42,
- die 57 mm Panzerabwehrkanone 43 und
- die 76 mm Kanone 42.

Dazu kamen noch die Selbstfahrlafette SU-76 und der Jagdpanzer SU-85.

TSCHECHOSLOWAKEI

Die leistungsfähige Waffenindustrie wurde während des Krieges vom Deutschen Reich natürlich voll ausgenützt. Über die Neuentwicklungen der Škoda-Werke in diesem Zeitraum wurde bereits im Abschnitt über das Deutsche Reich berichtet. Daneben lief aber die Produktion der noch von der tschechoslowakischen Armee

bestellten Waffen auf Rechnung des Oberkommandos des Heeres weiter. Es handelte sich dabei um 578 Stück der 37 mm Panzerabwehrkanone M 37 und 132 Stück der 47 mm Panzerabwehrkanone M 38. Von letzterer wurden weitere 541 Stück nachbestellt.
In der Folge wurde die Firma auch in die Produktion deutscher Waffen eingeschaltet. So sind bis 1941 die 3,7 cm Panzerabwehrkanone 35/36 und später die 7,5 cm Panzerabwehrkanone 40 gefertigt worden.
Im Laufe des Krieges kämpften tschechoslowakische Einheiten gegen das Deutsche Reich sowohl auf Seite Großbritanniens als auch auf Seite der Sowjetunion. Von der britischen Armee erhielten sie dabei die 57 mm Panzerabwehrkanone und die 76,2 mm Panzerabwehrkanone. Mit diesen waren sie besonders auf dem nordafrikanischen Kriegsschauplatz vertreten.
Im Osten wurden die Infanteriebataillone mit Zügen zu je zwei der sowjetischen 45 mm Panzerabwehrkanonen 42 ausgestattet. Zum Teil waren auch Batterien zu je vier dieser Geschütze in den Artillerieverbänden eingesetzt. Ab 1943 kam die 57 mm Panzerabwehrkanone 43 und ab Mai 1945 die 76 mm Kanone 42 hinzu. Neben Panzerabwehrregimentern zu je fünf Batterien mit je vier Gechützen, die gegen Kriegsende bei den Korps vorhanden waren, war noch die Aufstellung einer Panzerjägerbrigade mit 24 Stück 76 mm Kanonen 42 und 48 Stück 57 mm Panzerabwehrkanonen 43 geplant.

TÜRKEI

Zu den wenigen bereits vor dem Kriege beschafften Panzerabwehrwaffen wurden in der Folge eine Anzahl deutscher *5 cm Panzerabwehrkanonen 38* angekauft.
Nach dem Ende der Kämpfe in Nordafrika lieferte Großbritannien die Radselbstfahrlafette »Deacon«, die mit der 57 mm Panzerabwehrkanone bewaffnet war.

Technische Daten

ERLÄUTERUNGEN ZU DEN TABELLEN

Die *Reihenfolge* innerhalb der Herstellerländer ist in den einzelnen Zeitabschnitten im allgemeinen nach den Baujahren angeordnet. Fallweise kann dies auch nach Kalibern erfolgen.
Bei der *Bezeichnung* wird entweder die deutsche Übersetzung angeführt oder die in der deutschsprachigen Literatur übliche Benennung.
An Stelle der *Herstellerfirma* kann auch der Name des Konstrukteurs auftreten, wie dies in einzelnen Ländern üblich ist. Es ist zu beachten, daß die Geschütze vielfach auch von anderen Firmen als der Konstruktionsfirma gefertigt wurden.
Die *Rohrlänge* wird in den einzelnen Ländern oft unterschiedlich berechnet. So weit als bekannt, wurde für die Tabelle eine einheitliche Berechnungsart zugrunde gelegt.
Bei den *Richtbereichen* werden nur die Maximalwerte angegeben. Teilweise war der Höhenrichtbereich von der jeweiligen Seitenrichtung abhängig und umgekehrt.
Für das *Gewicht in Feuerstellung* wird allgemein das Konstruktionsgewicht bzw. das Durchschnittsgewicht angeführt. Abweichungen sind oft dadurch aufgetreten, daß die Geschütze von verschiedenen Firmen gebaut wurden.
Bei der *Munition* wird immer nur das jeweils wichtigste Geschoß aufgenommen. Bei vielen Geschützen waren oft mehrere Munitionsarten gleicher Art eingeführt.
Es wird nur die jeweils größte *Anfangsgeschwindigkeit* angegeben. Werte für geringere Treibladungen finden keine Beachtung.
Auch bei der *Höchstschußweite* wird nur der Maximalwert, unabhängig von der Munitionsart angeführt. Teilweise reichten die Visiere nur für geringere Schußweiten aus.
Bei den *Lafetten* wird im allgemeinen nur zwischen Kasten- und Spreizlafetten sowie Dreibeinen unterschieden.
In der Zeile *»Eingeführt in«* werden nur die europäischen Staaten und die außereuropäischen Großmächte Japan und USA berücksichtigt. Die Verwendung von Beutegeschützen wird nur in den wichtigsten Fällen, wo dies in großer Zahl erfolgte, aufgenommen.
Bei den *Bemerkungen* ist die Zahl der Lasten für den Transport angeführt. Außerdem ob es sich nur um Versuchswaffen oder Notlösungen handelt. Auch ähnliche Geschütze können hier vermerkt sein.

HERSTELLERFIRMEN VON PANZERABWEHRKANONEN

Belgien
F.R.C. – Fonderie Royale des Canons
Dänemark
Madsen – A/S Dansk Industri Syndikat
Vaabenarsenalet – staatlich
Deutsches Reich
Artillerie-Werkstatt München
Krupp – Friedr. Krupp AG
Rheinmetall – Rheinmetall-Borsig AG, jetzt Rheinmetall GmbH.
Frankreich
APX – Atélier Puteaux
Hotchkiss
Schneider – Schneider & Cie
St. Chamond – Compagnie des Forges et Aciéries de la Marine et d'Homécourt in Saint Chamond
Rumänien
Resita – Stahlwerk Resita
Schweden
Bofors – Aktiebolaget Bofors
Schweiz
Konstruktionswerkstätte Thun – Eidgenössische Konstruktionswerkstätte Thun
Sowjetunion
staatlich
Großbritannien
Beardmore
staatlich – Arsenal Woolwich, Royal Gun Factory, usw.
Vickers – Vickers-Armstrong Ltd
Italien
Breda – Ernesto Breda
Japan
Arsenal Osaka – staatlich
Niederlande
H.I.H. – Hollandsche Industrie en Handelmaatschappij, später
Siderius – Siderius AG
Österreich
Böhler – Gebrüder Böhler AG
Škoda – Škoda-Werke AG
Staatsfabrik Wien
Polen
Pocisk – Warschauer Werkstätten Pocisk
Stowarzyszenia Mechaników S.A.

Spanien
Spanische Gesellschaft für Schiffbau
Trubia – Staatsfabrik Trubia
Tschechoslowakei
Škoda – Škoda-Werke AG, jetzt staatlich
Ungarn
MÁVAG – Maschinenfabrik der ungarischen Staatseisenbahnen
Weiss Manfred R.T.
Vereinigte Staaten
Bethlehem – Bethlehem Steel Co
staatlich – Ordnance Department, Rock Island Arsenal, u. a.

1916–1918

Bezeichnung		3,7 cm TAK Fischer	3,7 cm TAK Rheinmetall	3,7 cm TAK Krupp
Herstellerfirma		Fischer/ Artillerie-Werkstatt München	Rheinmetall	Krupp
Kaliber	mm	37	37	37
Rohrlänge	Kal.	21,5	21,5	21,5
Richtbereich Höhe	°	.	−6 +9	.
Richtbereich Seite	°	.	21	.
Gewicht in Feuerstellung	kg	78	175	300
Panzergranate Gewicht	kg	0,465	0,465	0,465
Anfangsgeschwindigkeit	m/sec	400/506*	506	506
Panzerdurchschlag	mm/m/°	13–16/450/90*	15/500/90	15/500/90
Sprenggranate Gewicht	kg	–	0,465	0,465
Anfangsgeschwindigkeit	m/sec	–	506	506
Höchstschußweite	km	2,6	2,6	2,6
Lafette		Dreibein	Kasten	Kasten
Schutzschild		nein	nein	nein
Fortbewegung		verlastet, getragen	Pferde- und Mannschaftszug	Pferde- und Mannschaftszug
Eingeführt in		Deutsches Reich	Deutsches Reich	Deutsches Reich
Bemerkungen		Rohrvorlaufgeschütz	ohne Rohrrücklauf	Behelfskonstruktion

* im Zuge der Entwicklung erhöht

1916–1918

Bezeichnung		5,7 cm Kasemattkanone	7,7 cm F.K. 96 n./A.	7,5 cm I.M.W. mit Doppellauf	
Herstellerfirma		.	Krupp/Erhardt	Rheinmetall	
Kaliber	mm	57	77	37	75,85
Rohrlänge	Kal.	26,3	27,3	21,5	5,2
Richtbereich Höhe	°	+21	−12,9 +15,1	−10 +75	
Richtbereich Seite	°	360	24	10	
Gewicht in Feuerstellung	kg	.	5050	350	
Panzergranate					
Gewicht	kg	2,7	6,85	0,6–0,8	–
Anfangsgeschwindigkeit	m/sec	487	465	600	–
Panzerdurchschlag	mm/m/°	20/1000/90	40/2000/90	.	–
Sprenggranate					
Gewicht	kg	2,7	6,85	–	6,85
Anfangsgeschwindigkeit	m/sec	487	465	–	190–200
Höchstschußweite	km	6,4	7,8	4,0	.
Lafette		4-t-Lastkraftwagen	4-t-Lastkraftwagen	Kasten	
Schutzschild		ja	ja	ja	
Fortbewegung		Selbstfahrlafette	Selbstfahrlafette	Pferdezug, Mannschaftstraglasten	
Eingeführt in		Deutsches Reich	Deutsches Reich	Deutsches Reich	
Bemerkungen				nur Prototypen	

Von den Briten im Ersten Weltkrieg erbeutetes deutsches Tankgewehr. (National Library of Scotland, © PD)

Die Bedienungsmannschaft der deutschen 7,7-cm-Feldkanone 96 von Krupp/Erhardt zu Beginn des Ersten Weltkrieges. (© CC-BY-SA-2.0)

Britische Soldaten haben die deutsche 7,7-cm-Feldkanone 96 erobert, die anfangs auch zur Tankabwehr eingesetzt wurde. (Brooke, Imperial War Museum, © PD)

1919–1939

Bezeichnung		37 mm TAK	3,7 cm PAK 35/36	4,5 cm PAK L/50
Herstellerfirma		Rheinmetall	Rheinmetall	Krupp
Kaliber	mm	37	37	45
Rohrlänge	Kal.	45	45	50
Richtbereich Höhe	°	−8 +25	−8 +25	−10 +20
Richtbereich Seite	°	60	60	60
Gewicht in Feuerstellung	kg	330	450	500
Panzergranate				
Gewicht	kg	0,65	0,685	1,385
Anfangsgeschwindigkeit	m/sec	760	745	750
Panzerdurchschlag	mm/m/°	36/500/90	36/500/90	45/1000/90
Art der Granate		–	Hartkern	–
Gewicht	kg	–	0,354	–
Anfangsgeschwindigkeit	m/sec	–	1030	–
Panzerdurchschlag	mm/m/°	–	50/500/90	–
Sprenggranate				
Gewicht	kg	0,65	0,625	1,385
Anfangsgeschwindigkeit	m/sec	.	745	750
Höchstschußweite	km	7,0	7,2	7,0
Lafette		Spreiz	Spreiz	Spreiz
Schutzschild		ja	ja	ja
Fortbewegung		Pferde- oder Kraftzug	Kraftzug	Kraftzug
Eingeführt in		Export	Deutsches Reich, Estland, Finnland, Griechenland, Japan, Spanien, Tschechoslowakei, Türkei	–
Bemerkungen				nur Prototypen

Pak 36 im Einsatz in Nordfrankreich 1944. (Bundesarchiv Bild 101I-299-1831-26, Hähle, © CC-BY-SA-3.0)

Soldaten ziehen die Pak 36 während des Warschauer Aufstandes 1944 an ihren Einsatzort. (Bundesarchiv Bild 101I-695-0425-38, Leher, © CC-BY-SA-3.0)

Die Pak 36 während des Warschauer Aufstandes. (Bundesarchiv Bild 101I-695-0425-36, Leher, © CC-BY-SA-3.0)

1939–1945

Bezeichnung		5 cm PAK 38	7,5 cm PAK 40	7,5 cm PAK 50
Herstellerfirma		Rheinmetall	Rheinmetall	Rheinmetall
Kaliber	mm	50	75	75
Rohrlänge	Kal.	60	46	30
Richtbereich Höhe	°	−8 +27	−5 +22	−8 +27
Richtbereich Seite	°	65	65	65
Gewicht in Feuerstellung	kg	986	1425	1100
Panzergranate Gewicht	kg	2,18	6,8	.
Anfangsgeschwindigkeit	m/sec	823	792	.
Panzerdurchschlag	mm/m/°	75/500/90	132/500/90	.
Art der Granate		Hartkern	Hartkern	.
Gewicht	kg	0,975	3,2	.
Anfangsgeschwindigkeit	m/sec	1180	930	.
Panzerdurchschlag	mm/m/°	115/500/90	154/500/90	.
Sprenggranate Gewicht	kg	1,96	5,74	.
Anfangsgeschwindigkeit	m/sec	550	550	.
Höchstschußweite	km	9,4	10,0	.
Lafette		Spreiz	Spreiz	Spreiz
Schutzschild		ja	ja	ja
Fortbewegung		Kraftzug	Kraftzug	Kraftzug
Eingeführt in		Deutsches Reich, Bulgarien, Jugoslawien, Tschechoslowakei, Türkei, Ungarn	Deutsches Reich, Bulgarien, Jugoslawien Österreich, Spanien, Tschechoslowakei, Ungarn	Deutsches Reich
Bemerkungen				Notlösung unter Verwendung der Lafette der 5 cm PAK 38.

Diese Pak 38 wurde von den Deutschen 1943 in Nordafrika zurückgelassen. (Frank Hurley, Australian War Memorial, © PD)

Deutsche Soldaten mit der Pak 38 1943 in Tunesien. (Bundesarchiv Bild 101I-549-0743-13A, Appe, © CC-BY-SA-3.0)

Deutsche Stellung mit der Pak 40 von Rheinmetall auf einem Hügel in Italien. (Willi Ude, © CC-BY-SA-3.0)

Geschützstellung mit der 7,5-cm-Pak 40 an der Ostfront im Jahr 1944. (Bundesarchiv Bild 101I-024-3543-09, Heuberger, © CC-BY-SA-3.0)

Ein Sd.Kfz zieht diese Pak 40 1944 in Russland. (Bundesarchiv Bild 101I-280-1058-13, Jacob, © CC-BY-SA-3.0)

Bezeichnung		2,8 cm schwere Panzerbüchse 41	4,2 cm leichte PAK 41	7,5 cm PAK 41
Herstellerfirma		Krupp	Krupp	Krupp
Kaliber	mm	28/20	42/28	75/55
Rohrlänge	Kal.	61,3	53,5	57,5
Richtbereich Höhe	°	−5 +45	− 8 + 25	−10 +16,75
Richtbereich Seite	°	90	60	60
Gewicht				
in Feuerstellung	kg	229	560	1390
Panzergranate				
Gewicht	kg	0,121	0,375	2,50
Anfangsgeschwindigkeit	m/sec	1415	1265	1260
Panzerdurchschlag	mm/m/°	63/500/90	85/500/90	205/500/90
Sprenggranate				
Gewicht	kg	0,10	0,33	2,60
Anfangsgeschwindigkeit	m/sec	1500	950	900
Höchstschußweite	km	.	.	4,2
Lafette		Spreiz	Spreiz	Spreiz
Schutzschild		ja	ja	ja
Fortbewegung		Kraftzug, verlastet	Kraftzug	Kraftzug
Eingeführt in		Deutsches Reich	Deutsches Reich	Deutsches Reich
Bemerkungen		Kaliberlänge bezogen auf Anfangskaliber. Konisches Rohr. Ausführung für Fallschirmjäger ohne Schutzschild, Gewicht 118 kg.	Kaliberlänge bezogen auf Anfangskaliber. Konisches Rohr.	Kaliberlänge bezogen auf Anfangskaliber. Konisches Rohr.

Die 2,8-cm-sPzB 41 bei der Küstenüberwachung in Südfrankreich im Jahr 1942. (Bundesarchiv Bild 101I-258-1312-36, Micheljack, © CC-BY-SA-3.0)

Eine von Briten im Jahr 1943 auf Sizilien erbeutete 2,8-cm-SPzB 41. (© PD)

1939–1945

Bezeichnung		7,5 cm PAK 97/38	7,62 cm PAK 36 (r)	7,62 cm PAK 39 (r)
Herstellerfirma		Rheinmetall	Krupp	Krupp
Kaliber	mm	75	76,2	76,2
Rohrlänge	Kal.	36,3	51	42
Richtbereich Höhe	°	−8 +25	−6 +18	−6 +40
Richtbereich Seite	°	60	60	60
Gewicht in Feuerstellung	kg	1190	1710	1550
Panzergranate				
Gewicht	kg	6,7	7,54	7,54
Anfangsgeschwindigkeit	m/sec	570	740	~ 740
Panzerdurchschlag	mm/m/°	75/500/90	118/500/90	85/1000/60
Art der Granate		Hohlladung	Hartkern	Hartkern
Gewicht	kg	4,54	4,05	4,05
Anfangsgeschwindigkeit	m/sec	450	990	.
Panzerdurchschlag	mm/m/°	75/alle/90	155/500/90	.
Sprenggranate				
Gewicht	kg	6,07	6,2	6,2
Anfangsgeschwindigkeit	m/sec	577	565	.
Höchstschußweite	km	.	10,0	13,0
Lafette		Spreiz	Spreiz	Spreiz
Schutzschild		ja	ja	ja
Fortbewegung		Kraftzug, Mannschaftszug	Kraftzug	Kraftzug
Eingeführt in		Deutsches Reich, Rumänien, Tschechoslowakei	Deutsches Reich	Deutsches Reich
Bemerkungen		Französisches Rohr in deutscher Lafette.	Umbau erbeuteter sowjetischer Feldkanonen.	Umbau erbeuteter sowjetischer Feldkanonen.

Finnische Soldaten mit der deutschen Pak 97/38. (SA-Kuva, © PD)

7,5-cm-Pak 97/38 von Rheinmetall. (Balcer, © CC-BY-SA-3.0)

1939–1945

Bezeichnung		8 cm PWK 8H63	8,8 cm PAK 43	8,8 cm PAK 43/41
Herstellerfirma		Rheinmetall	Krupp	Krupp
Kaliber	mm	80	88	88
Rohrlänge	Kal.	36,9	71	71
Richtbereich Höhe	°	−6 +32	−8 +40	−5 +38
Richtbereich Seite	°	78	360	56
Gewicht				
in Feuerstellung	kg	630	3630	4380*
Panzergranate				
Gewicht	kg	–	10,4	10,4
Anfangs-geschwindigkeit	m/sec	–	1000	1000
Panzer-durchschlag	mm/m/°	–	205/500/90	205/500/90
Art der Granate		Hohlladung	Hartkern	Hartkern
Gewicht	kg	2,7	7,3	7,3
Anfangs-geschwindigkeit	m/sec	520	1130	1130
Panzer-durchschlag	mm/m/°	140/alle/90	270/500/90	270/500/90
Sprenggranate				
Gewicht	kg	4,46	9,4	9,4
Anfangs-geschwindigkeit	m/sec	420	750	750
Höchstschußweite	km	6,2	15,3	15,3
Lafette		Spreiz	Kreuz	Spreiz
Schutzschild		ja	ja	ja
Fortbewegung		Kraftzug	Kraftzug	Kraftzug
Eingeführt in		Deutsches Reich	Deutsches Reich	Deutsches Reich, Tschechoslowakei
Bemerkungen		Hoch- und Niederdruckkanone.		

* Gewicht in Fahrtstellung.

8,8-cm-Pak 43 von Krupp in Russland, 1943. (Bundesarchiv Bild 101I-698-0038-07, © CC-BY-SA-3.0)

Die 8,8-cm-Pak 43 war die modernste und leistungsfähigste Panzerabwehrkanone des Zweiten Weltkrieges. (Bundesarchiv Bild 101I-297-1722-34, Kurth, © CC-BY-SA-3.0)

Von den Deutschen aufgegebene Pak 43 in der Normandie, 1944. (Wilkes, Imperial War Museum, © PD)

1939–1945

Bezeichnung		12,8 cm Kanone 44	12,8 cm Kanone 81/1	12,8 cm Kanone 81/2
Herstellerfirma		Krupp	Krupp	Krupp
Kaliber	mm	128	128	128
Rohrlänge	Kal.	54,85	54,85	54,85
Richtbereich Höhe	°	− 7,85 +45,45	−5 +45	−5 +45
Richtbereich Seite	°	360	60	40
Gewicht				
in Feuerstellung	kg	10160	12197	8302
Panzergranate				
Gewicht	kg	28,3	28,3	28,3
Anfangs-geschwindigkeit	m/sec	920	920	920
Panzer-durchschlag	mm/m/°	202/1000/60	202/1000/60	202/1000/60
Sprenggranate				
Gewicht	kg	28	28	28
Anfangs-geschwindigkeit	m/sec	920	920	920
Höchstschußweite	km	24,4	24,4	24,4
Lafette		Kreuz	Spreiz	Spreiz
Schutzschild		ja	nein	nein
Fortbewegung		Kraftzug	Kraftzug	Kraftzug
Eingeführt in		Deutsches Reich	Deutsches Reich	Deutsches Reich
Bemerkungen			Französische Lafette	Sowjetische Lafette

1939–1945

Bezeichnung		5 cm autom. PAK 2,06/835	6,6 cm PAK 5/800	7,5 cm PAK
Herstellerfirma		Škoda	Škoda	Škoda
Kaliber	mm	50	66	75
Rohrlänge	Kal.	.	.	.
Richtbereich Höhe	°	−12 +20	−12 +20	−12 +20
Richtbereich Seite	°	65	65	65
Gewicht				
in Feuerstellung	kg	1300	1500	2000
Panzergranate				
Gewicht	kg	2,06	5,0	6,0
Anfangsgeschwindigkeit	m/sec	835	800	860
Panzerdurchschlag	mm/m/°	.	.	.
Sprenggranate				
Gewicht	kg	.	.	.
Anfangsgeschwindigkeit	m/sec	.	.	.
Höchstschußweite	km	.	.	.
Lafette		Spreiz	Spreiz	Spreiz
Schutzschild		ja	ja	ja
Fortbewegung		Kraftzug	Kraftzug	Kraftzug
Eingeführt in		–	–	–
Bemerkungen		Vollautomatische Waffe.	Prototyp	Prototyp

FRANKREICH

Bezeichnung		PAK 25 mm S.A. M. 1934	PAK 25 mm S.A. M. 1937	PAK 25 mm S.A. M. 34-39
Herstellerfirma		Hotchkiss	Atélier Puteaux	Hotchkiss
Kaliber	mm	25	25	25
Rohrlänge	Kal.	72	77	72
Richtbereich Höhe	°	−5 +15	−10 +15	.
Richtbereich Seite	°	60	60	60
Gewicht				
in Feuerstellung	kg	480	300	380
Panzergranate				
Gewicht	kg	0,32	0,32	0,32
Anfangsgeschwindigkeit	m/sec	918	918	918
Panzerdurchschlag	mm/m/°	40/500/90	40/500/90	40/500/90
Sprenggranate				
Gewicht	kg	–	–	–
Anfangsgeschwindigkeit	m/sec	–	–	–
Höchstschußweite	km	10,3	10,3	10,3
Lafette		Spreiz	Spreiz	Spreiz
Schutzschild		ja	ja	ja
Fortbewegung		Pferde- und Kraftzug	Pferdezug	Pferde- und Kraftzug
Eingeführt in		Frankreich, Finnland, Großbritannien, Polen, Spanien	Frankreich	Frankreich
Bemerkungen				

Die 25-mm-Panzerabwehrkanone M. 1934 von Hotchkiss zeichnete sich durch ihre hohe Durchschlagsleistung aus. (SA-kuva, © PD)

Außer den Franzosen setzten auch die Briten die 25-mm-Panzerabwehrkanone M. 1934 ein. (Davies, Imperial War Museum, © PD)

Bei der 25-mm-Panzerabwehrkanone M. 1937 gelang es, das Gewicht gegenüber der M. 1934 bei gleicher Leistung deutlich zu senken. (SA-kuva, © PD)

Deutsche Soldaten im Sommer 1942 mit der französischen 25-mm-Panzerabwehrkanone M. 1937 in Nordfrankreich. (Bundesarchiv Bild 101I-292-1283-03, Koll, © CC-BY-SA-3.0)

Bezeichnung		Infanteriekanone 37 mm M. 1916 T. R.	Schnellfeuer-PAK M 36	PAK 47 mm S.A. M. 1937
Herstellerfirma		Atélier Puteaux	Schneider	Atélier Puteaux
Kaliber	mm	37	47	47
Rohrlänge	Kal.	22	44	53
Richtbereich Höhe	°	−8 +17*	+15	−13 +16,5
Richtbereich Seite	°	33	45	68
Gewicht				
in Feuerstellung	kg	108/160**	628	1070
Panzergranate				
Gewicht	kg	0,56	2,3	1,725
Anfangsgeschwindigkeit	m/sec	363	.	855
Panzerdurchschlag	mm/m/°	12/500/90	.	70/800/90
Sprenggranate				
Gewicht	kg	0,46	1,48	.
Anfangsgeschwindigkeit	m/sec	402	675	.
Höchstschußweite	km	2,4	6,7	6,5
Lafette		Dreibein/Spreiz	Spreiz	Spreiz
Schutzschild		ja	ja	ja
Fortbewegung		Pferdezug, verlastet getragen	Pferde- und Kraftzug	Kraftzug
Eingeführt in		Frankreich, Belgien, Großbritannien, Jugoslawien, Polen, Spanien, USA	Rumänien	Frankreich, Polen
Bemerkungen		4 Mannschaftstraglasten.		Modell 39 geplant.

* z.T. bis +21°
** auf Dreibein/Spreizlafette

Die französische M1916 Infanteriekanone mit 37-mm-Kaliber war im Jahr 1916 das wirksamste Abwehrmittel gegen Tanks. (Megapixl, © PD)

Wurde speziell als schweres Modell für die Divisions-Panzerabwehreinheiten entwickelt: die 47-mm-Panzerabwehrkanone M. 1937. (Balcer, © CC-BY-SA-3.0 / EndurO, © CC-BY-SA-3.0)

GROSSBRITANNIEN

1919–1930

Bezeichnung		40 mm Infanteriegeschütz	40,4 mm Infanteriegeschütz	47 mm Infanteriegeschütz
Herstellerfirma		Beardmore	Vickers	Beardmore
Kaliber	mm	40	40,4	47
Rohrlänge	Kal.	.	15,5	32,4
Richtbereich Höhe	°	−5 +45	−10 +15	−10 +21/−5 +45***
Richtbereich Seite	°	40	20	40
Gewicht in Feuerstellung	kg	189	67	215/238***
Panzergranate Gewicht	kg	0,91	0,68	1,47
Anfangsgeschwindigkeit	m/sec	473/579*	305	494
Panzerdurchschlag	mm/m/°	30/300/90**	10/1000/90	25/1000/90
Sprenggranate Gewicht	kg	0,91	0,68	1,47
Anfangsgeschwindigkeit	m/sec	228	305	494
Höchstschußweite	km	3,4	2,5	6,6
Lafette		Spreiz	Spreiz	Spreiz
Schutzschild		ja	ja	ja
Fortbewegung		Pferde- und Mannschaftszug, Mannschaftstraglasten	Mannschaftstraglasten	Pferdezug, Mannschaftstraglasten
Eingeführt in		–	–	–
Bemerkungen		Versuchsgeschütz. Zerlegbar in 5 Mannschaftstraglasten.	Versuchsgeschütz. Zerlegbar in 4 Mannschaftstraglasten.	Versuchsgeschütz. Zerlegbar in 5 Mannschaftstraglasten.

* mit älterer/neuerer Munition
** mit der neueren Panzergranate
*** ohne/mit Rädern

1919–1939

Bezeichnung		47 mm Infanteriegeschütz	60/44 mm Infanteriegeschütz		2 pr. PAK Mark II
Herstellerfirma		Vickers	Vickers		Vickers
Kaliber	mm	47	60	44	40
Rohrlänge	Kal.	20	20	30	52
Richtbereich Höhe	°	−6 +15/−6 +45*	+45 +60	−5 +10	−13 +15
Richtbereich Seite	°	40	12	8	360
Gewicht					
in Feuerstellung	kg	254	218	216	797
Panzergranate					
Gewicht	kg	1,5	–	1,25	1,08
Anfangsgeschwindigkeit	m/sec	488	–	520	792
Panzerdurchschlag	mm/m/°	26/500/90	–	30/300/90	40/915/90
Sprenggranate					
Gewicht	kg	1,5	2,5	–	–
Anfangsgeschwindigkeit	m/sec	230	223	–	–
Höchstschußweite	km	6,8/3,0**	3,05	6,4	5,9
Lafette		Spreiz	Kasten		Dreiholm
Schutzschild		ja	ja		ja
Fortbewegung		Pferde- u. Mannschaftszug, Mannschaftstraglasten	Pferdezug, Mannschaftstraglasten		Kraftzug
Eingeführt in		Polen	–		Großbritannien, Polen, Spanien
Bemerkungen		Zerlegbar in 6 Mannschaftstraglasten.	Zerlegbar in 7 Mannschaftstraglasten. Auswechselbare Rohre.		

* als PAK/Infanteriegeschütz
** mit Panzergranate/Sprenggranate

Die sich im Frankreichfeldzug bewährte 2-Pfünder-Panzerabwehrkanone verwendeten die Briten auch 1941 in Nordafrika. (Vanderson / Keating, Imperial War Museum, © PD)

Die 40-mm-Panzerabwehrkanone (2 pr) wird über einen Bach gehievt. (O'Brien, Imperial War Museum, © PD)

2-Pfünder-Pak-Stellung 1940 in Nordafrika. (Keating, Imperial War Museum, © PD)

1939–1945

Bezeichnung		6 pr. PAK Mark II	6 pr. PAK Mark IV	17 pr. PAK Mark I
Herstellerfirma		Vickers	Vickers	Vickers
Kaliber	mm	57	57	76,2
Rohrlänge	Kal.	45	52	58,4
Richtbereich Höhe	°	−5 +15	−5 +15	−6 +16,5
Richtbereich Seite	°	90	90	60
Gewicht in Feuerstellung	kg	1143	882	2965
Panzergranate				
Gewicht	kg	2,83/3,18*	2,83/3,18*	7,68/7,71*
Anfangsgeschwindigkeit	m/sec	815/845*	823/.	884/884*
Panzerdurchschlag	mm/m/°	74/88/915/60*	106/104/183/90*	109/118/915/60*
Art der Granate		Treibspiegel	Treibspiegel	Treibspiegel
Gewicht	kg	1,45	1,45	3,7
Anfangsgeschwindigkeit	m/sec	1097	.	1204
Panzerdurchschlag	mm/m/°	146/1000/90	.	231/915/90
Sprenggranate				
Gewicht	kg	2,72	2,72	6,99
Anfangsgeschwindigkeit	m/sec	275	.	875
Höchstschußweite	km	5,03	5,03	10,5
Lafette		Spreiz	Spreiz	Spreiz
Schutzschild		ja	ja	ja
Fortbewegung		Kraftzug	Kraftzug	Kraftzug
Eingeführt in		Großbritannien, Dänemark, Griechenland, Italien, Polen, Spanien, Tschechoslowakei	Großbritannien	Großbritannien, Dänemark, Irland, Italien, Polen, Tschechoslowakei
Bemerkungen		Mit verschiedenen Lafetten.		

* Vollgeschoß/Panzergranate mit Kappe und ballistischer Haube

6 pr. Pak Mark II mit 57-mm-Kaliber in Libyen, 1942. (Flack, Imperial War Museum, © PD)

Geschützstellung mit mehreren 6-Pfünder-Panzerabwehrkanonen. (Tanner, Imperial War Museum, © PD)

Mit dieser 6-Pfünder-Panzerabwehrkanone wurden gerade zwei deutsche Panzer in Nordafrika abgeschossen. (Macdonald, Imperial War Museum, © PD)

17-Pfünder-Panzerabwehrkanone von Vickers im Kampfeinsatz 1944 in Italien. (Lambert, Imperial War Museum, © PD)

Dieser 17-Pfünder mit Kaliber 76,2 mm, der einen Brückenkopf in Anzio, Italien, bewacht, wird gerade mit einer Granate geladen. (© PD)

Britische 25-Pfünder-Panzerabwehrkanone wird von Australiern gegen Japaner schussbereit gemacht. (Australian War Memorial, © PD)

ITALIEN

Bezeichnung		Kanone 37 F	Kanone 47/32 Modell 35	Kanone 47/32 Modell 39
Herstellerfirma		./Škoda	Breda*	Breda
Kaliber	mm	37,2	47	47
Rohrlänge	Kal.	10	35,8	35,8
Richtbereich Höhe	°	−45 +45	−10 +58	−15 +56
Richtbereich Seite	°	20	60	60
Gewicht in Feuerstellung	kg	96	265	277
Panzergranate				
Gewicht	kg	0,70	1,42–1,50	1,42–1,50
Anfangsgeschwindigkeit	m/sec	185	630	630
Panzerdurchschlag	mm/m/°	.	50/400/90	40/500/90
Sprenggranate				
Gewicht	kg	0,63	2,37–2,45	2,37–2,45
Anfangsgeschwindigkeit	m/sec	175	250	250
Höchstschußweite	km	2,4	8,2	7,0
Lafette		Dreibein	Spreiz	Spreiz
Schutzschild		ja	nein	ja
Fortbewegung		Mannschaftstraglasten	Pferdezug, verlastet, getragen	Kraftzug
Eingeführt in		Italien	Italien, Finnland, Rumänien	Italien
Bemerkungen		z.T. umgebaute erbeutete österreichisch-ungarische Geschütze, z.T. in Italien nachgebaut.	Zerlegbar in 4 Tragtierlasten.	

* Lizenz Böhler

Die italienische Panzerabwehrkanone 47/32 Modell 35 wurde von der Firma Breda in Lizenz gefertigt. Das Modell 39 war verbessert und wurde noch kurz vor Kriegsende eingeführt. (Balcer, © CC-BY-SA-3.0)

Bezeichnung		M 11 37 mm Infanteriegeschütz (1922)	M 94 37 mm Kanone (1934)	M 1 47 mm Kanone (1941)
Herstellerfirma		Arsenal Osaka	Arsenal Osaka	Arsenal Osaka
Kaliber	mm	37	37	47
Rohrlänge	Kal.	25	45,5	54
Richtbereich Höhe	°	−5 +14	−7 +27	−11 +19
Richtbereich Seite	°	33	60	60
Gewicht in Feuerstellung	kg	93	324/369*	753
Panzergranate				
Gewicht	kg	0,65	0,69	1,59
Anfangsgeschwindigkeit	m/sec	450	701	824
Panzerdurchschlag	mm/m/°	.	34/915/90	69/457/90
Sprenggranate				
Gewicht	kg	0,65	0,71	1,40
Anfangsgeschwindigkeit	m/sec	.	.	834
Höchstschußweite	km	5,0	4,6	7,7
Lafette		Spreiz	Spreiz	Spreiz
Schutzschild		nein	ja	ja
Fortbewegung		verlastet, getragen	Pferde- oder Kraftzug	Kraftzug
Eingeführt in		Japan	Japan	Japan
Bemerkungen		Eine Last für 4 Mann.		

* für Pferde-/Kraftzug

Diese japanische 37-mm-Anti-Tank-Kanone, gefertigt nach deutschem Vorbild, wurde in Burma von den Briten erbeutet. (Imperial War Museum, © PD)

Eine japanische 47-mm-Panzerabwehrkanone auf Guam. Sie war Japans einzige Neuentwicklung auf diesem Gebiet während des Zweiten Weltkrieges. (National Park Service, © PD)

Erbeutete japanische Mk 9 mit 57-mm-Kaliber auf Burma. (Stubbs, Imperial War Museum, © PD)

1916–1930

Bezeichnung		37 mm Infanteriegeschütz M 15	37 mm Infanteriegeschütz M 17	45 mm Infanteriehaubitze 29
Herstellerfirma		Rosenberg	Maklen	staatlich
Kaliber	mm	37	37	45
Rohrlänge	Kal.	19	50	25?
Richtbereich Höhe	°	−5 +15	−10 +31	−5 +25
Richtbereich Seite	°	.	4,5	90?
Gewicht				
in Feuerstellung	kg	180	336	240
Panzergranate				
Gewicht	kg	0,512	0,48	1,15
Anfangsgeschwindigkeit	m/sec	442	650	600
Panzerdurchschlag	mm/m/°	12/1000/90	17/1000/90	.
Sprenggranate				
Gewicht	kg	0,512	0,48	1,15
Anfangsgeschwindigkeit	m/sec	442	650	600
Höchstschußweite	km	3,2	3,2	6,0
Lafette		Kasten	Rohr	Spreiz
Schutzschild		ja	ja	ja
Fortbewegung		verlastet, Mannschaftszug	Pferde- und Mannschaftszug	Pferdezug
Eingeführt in		Rußland/Sowjetunion	Rußland/Sowjetunion	Sowjetunion
Bemerkungen			Maschinenkanone	Auch bekannt unter dem Namen »Kalinin«.

Das russische 37-mm-Infanteriegeschütz M 15 von Rosenberg. (MKFI, © PD)

1930–1939

Bezeichnung		37 mm PAK 30	45 mm PAK 32	45 mm PAK 37
Herstellerfirma		staatlich	staatlich	staatlich
Kaliber	mm	47	45	45
Rohrlänge	Kal.	45	46	46
Richtbereich Höhe	°	−8 +25	−8 +25	−8 +25
Richtbereich Seite	°	60	60	60
Gewicht				
in Feuerstellung	kg	328	450/510*	450/510*
Panzergranate				
Gewicht	kg	0,665	1,43	1,43
Anfangs-geschwindigkeit	m/sec	800	760	760
Panzer-durchschlag	mm/m/°	38/350/60	60/500/90	60/500/90
Art der Granate		–	–	Hartkern
Gewicht	kg	–	–	0,85
Anfangs-geschwindigkeit	m/sec	–	–	970
Panzer-durchschlag	mm/m/°	–	–	.
Sprenggranate				
Gewicht	kg	.	2,14	2,14
Anfangs-geschwindigkeit	m/sec	.	335	335
Höchstschußweite	km	6,0	8,9	8,9
Lafette		Spreiz	Spreiz	Spreiz
Schutzschild		ja	ja	ja
Fortbewegung		Pferde- und Kraftzug	Pferde- oder Kraftzug	Pferde- oder Kraftzug
Eingeführt in		Sowjetunion, Spanien	Sowjetunion, Rumänien	Sowjetunion, Albanien
Bemerkungen		Nachbau der 37 mm PAK Rheinmetall.		

* für Pferde-/Kraftzug

45-mm-Panzerabwehrkanone Modell 1937 mit geringfügigen Verbesserungen gegenüber dem Modell 1932. (Bundesarchiv Bild 183-B21659, Lachmann, © CC-BY-SA-3.0)

Sowjetische Geschützstellung mit dem 45-mm-Pak M. (© PD)

1939–1945

Bezeichnung		45 mm PAK	45 mm PAK 42	57 mm PAK 41	57 mm PAK 43 (SIS-2)
Herstellerfirma		staatlich	staatlich	staatlich	staatlich
Kaliber	mm	45	45	57	57
Rohrlänge	Kal.	46	68	73	73
Richtbereich Höhe	°	−10 +10	−8 +25	−5 +18	−5 +25
Richtbereich Seite	°	15	60	56	54
Gewicht in Feuerstellung	kg	650	625	1125	1150
Panzergranate Gewicht	kg	1,43	1,43	3,14	3,14
Anfangsgeschwindigkeit	m/sec	760	870	990	990
Panzerdurchschlag	mm/m/°	60/500/90	66/500/90	86/500/60	86/500/60
Art der Granate		–	Hartkern	–	Hartkern
Gewicht	kg	–	0,85	–	1,76
Anfangsgeschwindigkeit	m/sec	–	1070	–	1270
Panzerdurchschlag	mm/m/°	–	95/300/90	–	100/500/60
Sprenggranate Gewicht	kg	2,14	2,14	4,2	3,75
Anfangsgeschwindigkeit	m/sec	335	343	.	700
Höchstschußweite	km	.	8,9	5,2	8,4
Lafette		Kasten	Spreiz	Spreiz	Spreiz
Schutzschild		ja	ja	ja	ja
Fortbewegung		Pferdezug	Kraftzug	Kraftzug	Kraftzug
Eingeführt in		Sowjetunion	Sowjetunion, Albanien, WAPA	Sowjetunion	Sowjetunion, Albanien, Jugoslawien, WAPA
Bemerkungen		Panzerkanone in Behelfslafette.			

Sowjetische 45-mm-Panzerabwehrkanone 42 mit vergrößerter Rohrlänge; hier in Nordkorea 1950. (Laitinen, © PD)

Entstand als Reaktion auf die Einführung der deutschen Tiger-Kampfpanzer: die sowjetische 57-mm-Panzerabwehrkanone 43 (Sis-2). (Pavlo1, © CC-BY-SA-4.0)

1939–1945

Bezeichnung		76 mm Kanone 42 (SIS-3)	85 mm Kanone 45 (D-44)	100 mm Kanone 44 (BS-3)
Herstellerfirma		staatlich	staatlich	staatlich
Kaliber	mm	76,2	85	100
Rohrlänge	Kal.	42,6	53	56
Richtbereich Höhe	°	−5 +37	−5 +35	−5 +45
Richtbereich Seite	°	54	54	55
Gewicht in Feuerstellung	kg	1116	1725	3455
Panzergranate				
Gewicht	kg	6,5	9,2	15,7
Anfangsgeschwindigkeit	m/sec	662	792	900
Panzerdurchschlag	mm/m/°	69/500/90	91/500/60	110/1000/60
Art der Granate		Hartkern	Hartkern	Hartkern
Gewicht	kg	3,05	5,0	10,2
Anfangsgeschwindigkeit	m/sec	965	1200	1200
Panzerdurchschlag	mm/m/°	92/500/90	113/500/60	185/1000/90
Sprenggranate				
Gewicht	kg	6,2	9,5	15,9
Anfangsgeschwindigkeit	m/sec	680	793	900
Höchstschußweite	km	13,3	15,6	20,0
Lafette		Spreiz	Spreiz	Spreiz
Schutzschild		ja	ja	ja
Fortbewegung		Kraftzug	Kraftzug	Kraftzug
Eingeführt in		Sowjetunion, Albanien, Jugoslawien, Österreich, WAPA	Sowjetunion, Albanien, WAPA	Sowjetunion, WAPA
Bemerkungen				

Kam auch noch nach dem Krieg bei zahlreichen Staaten zum Einsatz: die 76-mm-Kanone 42 (Sis-3). (AKA MBG, © PD)

Sowjetische 100-mm-Kanone 44 (BS-3). (Mike 1979 Russia, © CC-BY-Sa-4.0)

Die 85-mm-Panzerabwehrkanone 45 (D-44) konnte nicht mehr rechtzeitig vor Kriegsende fertiggestellt werden. (Skaarup.Ha, © CC-BY-SA-4.0)

VEREINIGTE STAATEN

1919–1930

Bezeichnung		45,7 mm Infanteriehaubitze	47 mm Infanteriegeschütz
Herstellerfirma		Ordnance Department	Bethlehem
Kaliber	mm	45,7	47
Rohrlänge	Kal.	.	32
Richtbereich Höhe	°	−5 +70	−5 +35
Richtbereich Seite	°	10	.
Gewicht			
in Feuerstellung	kg	.	175
Panzergranate			
Gewicht	kg	1,4	1,5
Anfangs-geschwindigkeit	m/sec	440	325
Panzerdurchschlag	mm/m/°	.	18/300/90
Sprenggranate			
Gewicht	kg	2,7	1,7
Anfangs-geschwindigkeit	m/sec	.	172
Höchstschußweite	km	.	5,0
Lafette		Kasten	Spreiz
Schutzschild		nein	nein
Fortbewegung		.	verlastet, Mannschaftszug, Mannschaftstraglasten
Eingeführt in		–	–
Bemerkungen		Versuchsgeschütz	Zerlegbar in 8 Mannschaftstraglasten

Erwies sich schon bald nach Kriegseintritt der USA als ungenügend: die 37-mm-Panzerabwehrkanone M3. (NARA, © PD)

1919–1939

Bezeichnung		37 mm Infanteriegeschütz M. 16	37 mm Infanteriekanone M I	37 mm PAK M3A1
Herstellerfirma		Ordnance Department	Rock Island Arsenal	Rock Island Arsenal
Kaliber	mm	37	37	37
Rohrlänge	Kal.	22	39,5	56,6
Richtbereich Höhe	°	−8 +21	.	−10 +15
Richtbereich Seite	°	40	.	60
Gewicht in Feuerstellung	kg	161	163	414
Panzergranate				
Gewicht	kg	0,56	0,546	0,87
Anfangsgeschwindigkeit	m/sec	402	609	792/884*
Panzerdurchschlag	mm/m/°	12/500/90	25/450/70	53/64/500/60*
Sprenggranate				
Gewicht	kg	0,455	0,55	0,56
Anfangsgeschwindigkeit	m/sec	402	609	838
Höchstschußweite	km	2,5	5,0	7,3
Lafette		Spreiz	Spreiz	Spreiz
Schutzschild		ja	ja	ja
Fortbewegung		Pferdezug, verlastet, getragen	Kraftzug, Mannschaftstraglasten	Kraftzug
Eingeführt in		USA	USA	USA
Bemerkungen		Zerlegbar in 4 Mannschaftstraglasten. Nachbau der französischen Infanteriekanone M. 1916.	Zerlegbar in 4 Mannschaftstraglasten. Auch als M 1925E bekannt.	Ähnlich 37 mm PAK M 3.

* für alte/neue Munition

1939–1945

Bezeichnung		57 mm Kanone M1	3″ Kanone M5	90 mm Kanone T8
Herstellerfirma		Ordnance Department	Ordnance Department	Ordnance Department
Kaliber	mm	57	76,2	90
Rohrlänge	Kal.	52,1	52,8	52,5
Richtbereich Höhe	°	−5 +15	−5 +31	−10 +20
Richtbereich Seite	°	90	45	60
Gewicht				
in Feuerstellung	kg	1225	2211	3084
Panzergranate				
Gewicht	kg	3,30/2,85*	7,0	10,95
Anfangsgeschwindigkeit	m/sec	823/899*	792	853
Panzerdurchschlag	mm/m/°	91/915/90**	105/500/60	150/1000/90
Art der Granate		–	–	Hartkern
Gewicht	kg	–	–	7,62
Anfangsgeschwindigkeit	m/sec	–	–	1021
Panzerdurchschlag	mm/m/°	–	–	254/1000/90
Sprenggranate				
Gewicht	kg	2,98	5,81	10,61
Anfangsgeschwindigkeit	m/sec	829	853	823
Höchstschußweite	km	12,4	13,0	19,6
Lafette		Spreiz	Spreiz	Spreiz
Schutzschild		ja	ja	ja
Fortbewegung		Kraftzug	Kraftzug	Kraftzug
Eingeführt in		USA, Frankreich, Jugoslawien, Österreich	USA	USA, Jugoslawien
Bemerkungen		Geänderter Nachbau der britischen 57 mm PAK.		Zahlreiche Versuchsausführungen.

* mit amerikanischer/britischer Munition
** mit amerikanischer Munition

Gepanzerte US-Division in Belgien mit dem 3-Zoll-Panzerabwehrgeschütz M5. (© PD)

105-mm-Panzerabwehrkanone T8. Nur 2 Versuchsexemplare hergestellt. (M. Pelligrinie, © CC-BY-SA-2.5)

Die amerikanische 57-mm-Kanone M1 war ein lediglich leicht weiterentwickeltes britisches 57-mm-Geschütz. Hier im Einsatz bei Saint-Malon in der Bretagne. (US Army, © PD)

Bezeichnung		76/47 mm Infanteriewerfer		PAK 47 mm S.A.
Herstellerfirma		F.R.C.		F.R.C.
Kaliber	mm	76	47	47
Rohrlänge	Kal.	9,2	.	33,6
Richtbereich Höhe	°	−6 +80	−6 +20	−3 +20
Richtbereich Seite	°	40		40
Gewicht				
in Feuerstellung	kg	245	275	568
Panzergranate				
Gewicht	kg	–	1,55	1,56
Anfangsgeschwindigkeit	m/sec	–	600	675
Panzerdurchschlag	mm/m/°	–	.	40/800/90
Sprenggranate				
Gewicht	kg	4,64	–	1,665
Anfangsgeschwindigkeit	m/sec	160	–	450
Höchstschußweite	km	2,2	7,0	5,2
Lafette		Spreiz		Spreiz
Schutzschild		ja/nein		ja
Fortbewegung		Kraftzug, Mannschaftstraglasten		Kraftzug (Pferdezug)
Eingeführt in		Belgien		Belgien, Ungarn
Bemerkungen		Zerlegbar in 7 Mannschaftstraglasten. Auswechselbare Rohre.		In Belgien nur mit Kettenzugmaschine, in Ungarn Pferdezug.

NIEDERLANDE

1919–1932

Bezeichnung		65/37 mm Infanteriegeschütz		70/47 mm Infanteriegeschütz		75/47 mm Infanteriegeschütz	
Herstellerfirma		H.I.H		H.I.H.		H.I.H.	
Kaliber	mm	65	37	70	47	75	47
Rohrlänge	Kal.	12	35	12	35	13	30
Richtbereich Höhe	°	−10 +75		−10 +75		−10 +43	
Richtbereich Seite	°	12		12		50	
Gewicht in Feuerstellung	kg	253		360		367	
Panzergranate							
Gewicht	kg	–	0,7	–	1,5	–	1,5
Anfangs-geschwindigkeit	m/sec	–	525	–	525	–	560
Panzerdurchschlag	mm/m/°	–	22/500/90	–	32/500/90	–	32/950/90
Sprenggranate							
Gewicht	kg	3,8	–	4,0	–	4,5	1,5
Anfangs-geschwindigkeit	m/sec	200	–	220	–	230	560
Höchstschußweite	km	3,0	4,2	3,2	6,0	3,7	6,0
Lafette		Kasten		Kasten		Spreiz	
Schutzschild		ja		ja		ja	
Fortbewegung		Pferdezug, Mannschaftstraglasten		Pferdezug, Mannschaftstraglasten		Pferde- und Kraftzug, Mannschafts- und Tragtierlasten	
Eingeführt in		–		–		–	
Bemerkungen		Zerlegbar in 8 Mannschafts-traglasten. Auswechselbare Rohre.		Zerlegbar in 8 Mannschafts-traglasten. Auswechselbare Rohre.		Zerlegbar in 10 Mannschaftstraglasten oder 4 Tragtierlasten. Auswechselbare Rohre.	

ÖSTERREICH

1915–1931

Bezeichnung		37 mm M. 15 Infanteriegeschütz	37 mm Infanterie-geschütz verb.	44 mm Infanteriegeschütz
Herstellerfirma		Škoda	Škoda	Böhler
Kaliber	mm	37,2	37,2	44
Rohrlänge	Kal.	10	.	39
Richtbereich Höhe	°	−45 +45	.	−10 +58
Richtbereich Seite	°	20	.	.
Gewicht in Feuerstellung	kg	118	.	283
Panzergranate Gewicht	kg	0,644*	0,675	1,2
Anfangs-geschwindigkeit	m/sec	172	250	550
Panzer-durchschlag	mm/m/°	6/100/90	8/100/90	29/500/90
Sprenggranate Gewicht	kg	0,625	0,675	1,2
Anfangs-geschwindigkeit	m/sec	185	250	.
Höchstschußweite	km	2,4	3,2	8,0
Lafette		Dreibein	Dreibein	Spreiz
Schutzschild		ja	ja	ja
Fortbewegung		Hunde- und Mannschaftszug, Traglasten	Mannschafts- und Tragtierlasten	Mannschaften, Tragtiere
Eingeführt in		Österreich-Ungarn, Italien	Österreich-Ungarn	–
Bemerkungen		Zerlegbar in 3 Mannschafts- oder 2 Tragtierlasten.	Versuchsgeschütze 1918 an der Front.	Versuchsgeschütz.

* Minengranate

Bemerkungen		4,7 cm M 35 Infanterie-kanone	4,7 cm Pan-zerabwehr-kanone 35 B	Kanone 4,7 cm
Herstellerfirma		Böhler	Böhler	Böhler/Siderius
Kaliber	mm	47	47	47
Rohrlänge	Kal.	40	39,4	39,4
Richtbereich Höhe	°	−10 +60	−5 +52	−10 +52
Richtbereich Seite	°	50	60	72
Gewicht in Feuerstellung	kg	290	336	350/373*
Panzergranate				
Gewicht	kg	1,50	1,45	1,495/1,47*
Anfangs-geschwindigkeit	m/sec	650	670	650/660*
Panzer-durchschlag	mm/m/°	44/500/90	44/500/90	44/500/90
Sprenggranate				
Gewicht	kg	1,50	.	1,565/2,45*
Anfangs-geschwindigkeit	m/sec	650	.	590/320*
Höchstschußweite	km	9,0	7,5	.
Lafette		Spreiz	Spreiz	Spreiz
Schutzschild		nein	nein	nein
Fortbewegung		Pferde- und Mannschaftszug	Pferde- und Kraftzug	Kraftzug
Eingeführt in		Österreich, Estland	Lettland	Niederlande
Bemerkungen		Sollte zu M 35/36 umgebaut werden, Gewicht 332 kg, Schutzschild, Kraftzug.		Teilweise von Siderius in Lizenz gefertigt.

* Fertigung Böhler/Siderius

Österreich-Ungarn besaß zu Beginn des Ersten Weltkriegs über das 37-mm-Infanteriegeschütz M. 15 von Škoda, das jedoch nicht in der Lage gewesen wäre, Tanks erfolgreich zu bekämpfen. (Österr. Nationalbibliothek, Bild-ID 15443603, © PD)

Bezeichnung		47 mm PAK M. 25	37 mm PAK Muster 37
Herstellerfirma		Pocisk	Stowarzyszenia Mechaników S.A.
Kaliber	mm	47	37
Rohrlänge	Kal.	.	47
Richtbereich Höhe	°	+43	−10 +25
Richtbereich Seite	°	40	50
Gewicht			
in Feuerstellung	kg	240	370
Panzergranate			
Gewicht	kg	1,5	0,70
Anfangs-geschwindigkeit	m/sec	465	800
Panzerdurchschlag	mm/m/°	26/500/90	25/1000/90
Sprenggranate			
Gewicht	kg	.	0,70
Anfangs-geschwindigkeit	m/sec	400	.
Höchstschußweite	km	6,5	7,1
Lafette		Spreiz	Spreiz
Schutzschild		ja	ja
Fortbewegung		Pferdezug, Mannschaftstraglasten	Pferdezug
Eingeführt in		Polen	Polen, Rumänien
Bemerkungen		Zerlegbar in 7 Lasten.	Lizenz Bofors

Polnische 37-mm-Panzerabwehrkanonen während einer Parade in Krakau, 1939. (Poln. Nationalarchiv, © PD)

Polnische 47-mm-Panzerabwehrkanone von Pocisk. (Wezyk Pawel, © CC-BY-SA-3.0)

SCHWEDEN

Bezeichnung		Infanteriegeschütz 37 mm L/37	Infanteriegeschütz 47 mm L/33	PAK 37 mm L/50
Herstellerfirma		Bofors	Bofors	Bofors
Kaliber	mm	37	47	37
Rohrlänge	Kal.	37	33	50
Richtbereich Höhe	°	−10 +45	−6 +70	−10 +25
Richtbereich Seite	°	10	40	10
Gewicht in Feuerstellung	kg	228	310	330
Panzergranate				
Gewicht	kg	0,6–0,8*	1,5	0,8
Anfangsgeschwindigkeit	m/sec	485–610*	560	800
Panzerdurchschlag	mm/m/°	19–32/500/90*	40/920/90	.
Sprenggranate				
Gewicht	kg	0,6	1,5	0,8
Anfangsgeschwindigkeit	m/sec	485	560	800
Höchstschußweite	km	3,3	6,6	6,4
Lafette		Kasten	Spreiz	Kasten mit Radkranz
Schutzschild		ja	ja	ja
Fortbewegung		Pferdezug, Tragtiere	verlastet, Traglasten	Pferdezug
Eingeführt in		–	–	–
Bemerkungen		Versuchsgeschütz	Zerlegbar in 9 Mannschaftstraglasten. Versuchsgeschütz.	Versuchsgeschütz

* alte – neue Panzergranate

Auch die Polen schätzten bereits 1939 die schwedische 37-mm-Kanone. (Polnisches Nationalarchiv, © PD)

Bezeichnung		75/47 mm Infanteriegeschütz		75/25 mm Infanteriegeschütz		81/37 mm Minenwerfer-Begleitgeschütz	
Herstellerfirma		Bofors		Bofors		Bofors	
Kaliber	mm	75	47	75	25	81	37
Rohrlänge	Kal.	12	33	12	35	20	45
Richtbereich Höhe	°	−5 +60		−5 +60		−8 +80	
Richtbereich Seite	°	50		50		50	
Gewicht							
in Feuerstellung	kg	365		.		450	
Panzergranate							
Gewicht	kg	–	1,5	–	0,25	–	0,7
Anfangsgeschwindigkeit	m/sec	–	560	–	600	–	800
Panzerdurchschlag	mm/m/°	–	29/1500/90	–	.	–	20/1000/90
Sprenggranate							
Gewicht	kg	4,5	–	4,5	–	4,4	–
Anfangsgeschwindigkeit	m/sec	300	–	300	–	320	–
Höchstschußweite	km	5,1	6,7	5,1	4,7	6,0	7,1
Lafette		Spreiz		Spreiz		Spreiz	
Schutzschild		ja		ja		ja	
Fortbewegung		Pferdezug, Mannschafts- und Tragtierlasten		Pferdezug, Mannschafts- und Tragtierlasten		Pferdezug, Mannschafts- und Tragtierlasten	
Eingeführt in		–		–		–	
Bemerkungen		Auswechselbare Rohre. Zerlegbar in 12 Mannschafts- oder 6 Tragtierlasten.		Auswechselbare Rohre. Zerlegbar in 12 Mannschafts- oder 6 Tragtierlasten.		Doppelrohrwaffe mit gemeinsamem Verschluß. Zerlegbar in 12 Mannschafts- oder 6 Tragtierlasten.	

Bezeichnung		37 mm PAK M 1934	57 mm PAK M 1943	75 mm PAK M 1943
Herstellerfirma		Bofors	Bofors	Bofors
Kaliber	mm	37	57	75
Rohrlänge	Kal.	45	50	54
Richtbereich Höhe	°	−10 +25	−10 +20	+20
Richtbereich Seite	°	50	56	30
Gewicht				
in Feuerstellung	kg	335/385*	925	2150
Panzergranate				
Gewicht	kg	0,70	2,5	6,5
Anfangsgeschwindigkeit	m/sec	800	850	815
Panzerdurchschlag	mm/m/°	20/1000/90	.	.
Sprenggranate				
Gewicht	kg	0,70	.	.
Anfangsgeschwindigkeit	m/sec	.	.	.
Höchstschußweite	km	7,4	10,5	9,8
Lafette		Spreiz	Spreiz	Spreiz
Schutzschild		ja	ja	ja
Fortbewegung		Pferde- oder Kraftzug	Pferde- und Kraftzug	Pferde- und Kraftzug
Eingeführt in		Schweden, Dänemark, Finnland	Schweden	Schweden
Bemerkungen		Ähnlich Modell 38, Gewicht 410 kg.		

* für Pferde-/Kraftzug

Die schwedische 37-mm-Panzerabwehrkanone von Bofors in der Nähe von Kairo im Einsatz bei den Neuseeländern im Jahre 1941. (© PD)

Bezeichnung		4,7 cm Infanterie-kanone 35	4,7 cm Infanterie-kanone 35/41	9 cm PAK Modell 50	9 cm PAK Modell 57
Herstellerfirma		Konstruktions-werkstätte Thun	Konstruktions-werkstätte Thun	Konstruktions-werkstätte Thun	Konstruktions-werkstätte Thun
Kaliber	mm	47	47	90	90
Rohrlänge	Kal.	31	31	32,2	33,7
Richtbereich Höhe	°	−17 +55	−17 +55	−10 +32	−15 +23
Richtbereich Seite	°	66/48*	66/38–48*	66/34*	70/44**
Gewicht in Feuerstellung	kg	254	349	556	570
Panzergranate					
Gewicht	kg	1,75	1,75	–	–
Anfangs-geschwindigkeit	m/sec	567	567	–	–
Panzer-durchschlag	mm/m/°	30/1000/90	30/1000/90	–	–
Art der Granate		–	–	Hohlladung	Hohlladung
Gewicht	kg	–	–	3,15	3,15
Anfangs-geschwindigkeit	m/sec	–	–	600	600
Panzer-durchschlag	mm/m/°	–	–	250/alle/60	250/alle/60
Sprenggranate					
Gewicht	kg	2,4	2,4	.	.
Anfangs-geschwindigkeit	m/sec	400	400	.	.
Höchstschußweite	km	8,2	8,2	.	.
Lafette		Spreiz	Spreiz	Spreiz	Spreiz
Schutzschild		nein	ja	ja	ja
Fortbewegung		Pferde- und Kraftzug, Tragtiere	Pferde- und Kraftzug	Kraftzug	Kraftzug
Eingeführt in		Schweiz	Schweiz	Schweiz	Schweiz
Bemerkungen		Lizenz Böhler.		Niederdruck-kanone	Niederdruck-kanone

* unter/über 11° Rohrerhöhung.
** unter/über 10° Rohrerhöhung.

SPANIEN

Bezeichnung		60/40 mm Infanteriegeschütz		40 mm Infanteriegeschütz Arellano
Herstellerfirma		Span. Ges. f. Schiffbau		Trubia
Kaliber	mm	60	40	40
Rohrlänge	Kal.	.	.	32,5
Richtbereich Höhe	°	.	.	−10 +20
Richtbereich Seite	°	.	.	.
Gewicht				
in Feuerstellung	kg	.	.	196
Panzergranate				
Gewicht	kg	–	1,0	0,553
Anfangsgeschwindigkeit	m/sec	–	550	500
Panzerdurchschlag	mm/m/°	–	21/1000/90	19/500/90
Sprenggranate				
Gewicht	kg	2,5	–	0,553
Anfangsgeschwindigkeit	m/sec	200	–	500
Höchstschußweite	km	3,0	6,4	4,0
Lafette		Kasten		Spreiz
Schutzschild		.		ja
Fortbewegung		.		Pferdezug, Tragtiere
Eingeführt in		–		Spanien
Bemerkungen		Gebaut nach Angaben der englischen Firma Vickers.		Zerlegbar in 2 Tragtierlasten.

TSCHECHOSLOWAKEI

1919–1932

Bezeichnung		37 mm Infanteriegeschütz L/27	47 mm Infanteriegeschütz L/22	66/40 mm Infanteriegeschütz	
Herstellerfirma		Škoda	Škoda	Škoda	
Kaliber	mm	37	47	66	40
Rohrlänge	Kal.	27	22	.	.
Richtbereich Höhe	°	−8 +25	−10 +80	+30 +75	−5 +75
Richtbereich Seite	°	16	50	8	8
Gewicht in Feuerstellung	kg	210	275	250	
Panzergranate					
Gewicht	kg	0,825	1,5	–	1,1
Anfangs-geschwindigkeit	m/sec	460	560	–	500
Panzer-durchschlag	mm/m/°	22/500/90	38/500/90	–	25/500/90
Sprenggranate					
Gewicht	kg	0,825	1,5	5,0	–
Anfangs-geschwindigkeit	m/sec	460	225	200	–
Höchstschußweite	km	6,5	6,8	3,2	8,0
Lafette		Kasten	Spreiz	Kasten	
Schutzschild		.	nein	.	
Fortbewegung		Mannschaftstraglasten	Tragtiere, Mannschaftstraglasten	Mannschaftstraglasten	
Eingeführt in		–	Rumänien	–	
Bemerkungen		Zerlegbar in 3 Lasten.	Zerlegbar in 3 Tragtier- oder 10 Mannschaftstraglasten.	Zerlegbar in 8 Mannschaftstraglasten. Rohre übereinander, gemeinsamer Verschluß.	

1919–1932

Bezeichnung		50/37 mm Infanteriegeschütz		70/32 mm Infanteriegeschütz		70/37 mm Infanteriegeschütz	
Herstellerfirma		Škoda		Škoda		Škoda	
Kaliber	mm	50	37	70	32	70	37,2
Rohrlänge	Kal.	.	.	11,4	.	11,4	32,3
Richtbereich Höhe	°	+15 +70	−3 +70	−0 +75		−0 +75	−0 +45
Richtbereich Seite	°	8		150		8/360*	
Gewicht in Feuerstellung	kg	190		158	177	170	188
Panzergranate Gewicht	kg	–	0,825	–	0,5	–	0,8
Anfangsgeschwindigkeit	m/sec	–	460	–	600	–	600
Panzerdurchschlag	mm/m/°	–	22/500/90	–	22/500/90	–	29/500/90
Sprenggranate Gewicht	kg	1,5	–	3,0	–	3,0	–
Anfangsgeschwindigkeit	m/sec	350	–	190	–	190	–
Höchstschußweite	km	4,0	6,0	2,5	.	2,5	6,9
Lafette		Kasten		Ringlafette mit Gabel		Kasten mit Gabel*	
Schutzschild		.		ja		ja	
Fortbewegung		Mannschaftstraglasten		Tragtier- und Mannschaftstraglasten		Pferdezug, Mannschaftstraglasten	
Eingeführt in		–		Litauen		AB_1: Jugoslawien BA_1: Rumänien	
Bemerkungen		Zerlegbar in 8 Mannschaftstraglasten. Rohre übereinander, gemeinsamer Verschluß		Zerlegbar in 2 Tragtier- oder 5 bis 6 Mannschaftstraglasten. 32 mm Einstecklauf.		Zerlegbar in 5 Mannschaftstraglasten. 37 mm Einstecklauf.	

* Daten für AB_1, BA_1 Richtbereich Seite 19°. 360° für AB_1 durch Drehen um den eingeschlagenen Sporn.

1930–1939

Bezeichnung		37 mm PAK M 34 (A 3)	37 mm PAK M 37 (A 4)	47 mm PAK M 38 (A 5)
Herstellerfirma		Škoda	Škoda	Škoda
Kaliber	mm	37,2	37,2	47
Rohrlänge	Kal.	39,2	47,8	43,4
Richtbereich Höhe	°	−5 +30	−8 +26	−8 +26
Richtbereich Seite	°	50	50	50
Gewicht in Feuerstellung	kg	275/285/295*	370/390/390**	570
Panzergranate				
Gewicht	kg	0,85	0,85	1,65
Anfangsgeschwindigkeit	m/sec	675	750	775
Panzerdurchschlag	mm/m/°	30/550/90	32/1100/90	32/1500/90
Sprenggranate				
Gewicht	kg	.	.	1,50
Anfangsgeschwindigkeit	m/sec	.	.	660
Höchstschußweite	km	5,0	5,0	5,8
Lafette		Spreiz	Spreiz	Spreiz
Schutzschild		ja	ja	ja
Fortbewegung		Mannschafts-, Pferde- oder Kraftzug	Mannschafts-, Pferde- oder Kraftzug	Mannschafts-, oder Kraftzug
Eingeführt in		Tschechoslowakei	Tschechoslowakei, Bulgarien, Jugoslawien	Tschechoslowakei, Deutsches Reich, Jugoslawien
Bemerkungen				

* für Mannschafts-/Pferde-/Kraftzug
** für Mannschafts-/Pferde-/Kraftzug, 405 kg für Jugoslawien

37-mm-Panzerabwehrkanone M 37 von Škoda mit Bedienmannschaft. (© PD)

Bereits 1938 löste die tschechische 47-mm-Panzerabwehrkanone M 38 ihren Vorgänger M 37 ab. (RomanM32, © CC-BY-SA-3.0)

Škoda 47-mm-Modell 38. (CS93, © CC-BY-SA-3.0)

Bezeichnung		37 mm 36 M. PAK	40 mm 40 M. PAK	50 mm 38 M. PAK	75 mm 40 M. PAK
Herstellerfirma		MÁVAG	MÁVAG	MÁVAG	MÁVAG
Kaliber	mm	37	40	50	75
Rohrlänge	Kal.	50/47,7*	52	63,5	46
Richtbereich Höhe	°	−8 +25	−8 +25	−8 +27	−5 +22
Richtbereich Seite	°	58	56	65	65
Gewicht in Feuerstellung	kg	357	495/540*	930	1425
Panzergranate					
Gewicht	kg	0,685	0,965	2,6	6,8
Anfangsgeschwindigkeit	m/sec	750/730*	824	835	770
Panzerdurchschlag	mm/m/°	36/300/90	38/500/60	53/600/60	.
Art der Granate		Hartkern	Hartkern	Hartkern	Hartkern
Gewicht	kg	.	.	.	3,2
Anfangsgeschwindigkeit	m/sec	.	.	.	930
Panzerdurchschlag	mm/m/°	.	.	.	.
Sprenggranate					
Gewicht	kg	0,645	0,965	1,80	8,2
Anfangsgeschwindigkeit	m/sec	785/765*	824	535	550
Höchstschußweite	km	6,0	8,6	.	.
Lafette		Spreiz	Spreiz	Spreiz	Spreiz
Schutzschild		ja	ja	ja	ja
Fortbewegung		Pferde- oder Kraftzug	Pferde- oder Kraftzug	Kraftzug	Kraftzug
Eingeführt in		Ungarn	Ungarn	Ungarn	Ungarn
Bemerkungen		Lizenzbau der 3,7 cm PAK Rheinmetall.	Lafette der 37 mm 36 M. PAK.	Lizenzbau der 5 cm PAK 38 Rheinmetall.	Lizenzbau der 7,5 cm PAK 40 Rheinmetall.

* Ausführung für Pferde-/Kraftzug

Ungarische Pfeilkreuzler (faschistische Bewegung in Ungarn während des Zweiten Weltkrieges) schleppen eine 40-mm-Pak von Mavag in Budapest im Jahr 1944. (Bundesarchiv Bild 101I-680-8283A-18A, Faupel, © CC-BY-SA-3.0)

Herstellerland		**Dänemark**	**Rumänien**
Bezeichnung		37 mm PAK 35	schnellfeuernde PAK M 43
Herstellerfirma		Madsen	Resita
Kaliber	mm	37	75
Rohrlänge	Kal.	60	.
Richtbereich Höhe	°	−10 +24	.
Richtbereich Seite	°	60	.
Gewicht			
in Feuerstellung	kg	340	1450
Panzergranate			
Gewicht	kg	0,8	6,6
Anfangs-geschwindigkeit	m/sec	900	.
Panzerdurchschlag	mm/m/°	.	60/./.
Sprenggranate			
Gewicht	kg	.	.
Anfangs-geschwindigkeit	m/sec	.	.
Höchstschußweite	km	9,0	11,5
Lafette		Spreiz	Spreiz
Schutzschild		ja	ja
Fortbewegung		Pferde- und Kraftzug	Kraftzug
Eingeführt in		Dänemark	Rumänien
Bemerkungen			

Zerstörte dänische 37-mm-Kanone von Madsen. 1940 beim Einmarsch der Wehrmacht in Dänemark war diese Waffe in der Lage, deutsche Panzer I auszuschalten. (The Museum of Danish Resistance, © PD)

LITERATURVERZEICHNIS

John Batchelor und Ian Hogg: Artillery
Giulio Benussi: Armi portatili, artiglieri e semoventi del regio esercito italiano 1900–1943
Peter Chamberlain und Terry Gander: Anti-Tank Weapons
Christopher F. Foss: Artillery of the World
Ian V. Hogg: The guns 1939–45
Ian V. Hogg: German Artillery of World War Two
Nicolas Jaquet: Panzerangriff und Panzerabwehr
Vladimir Karlicky: Československé dělostřelecké zbraně
Dipl.-Ing. Franz Kosar: Taschenbuch der Artillerie, Band I Leichte Feldgeschütze
Dr. Zoltán Kováts und István Lörincz: A páncélelhárítás eszközei
Janusz Magnuski: Prezentuj bron!
Alfred Muther: Das Gerät der leichten Artillerie vor, im und nach dem Weltkrieg. II. Teil Infanteriegeschütze,Tankabwehr und Tankbestückung
Kurt Passow: Taschenbuch der Heere, Ausgabe 1939
Ronald T. Pretty: Jane's Weapon Systems 1977
Rheinmetall GmbH: Waffentechnisches Taschenbuch
F. M. von Senger und Etterlin: Die deutschen Geschütze 1939–1945
W. H. Tantum und E. J. Hoffschmidt: Japanese Combat Weapons
War Department: Handbook on Japanese Military Forces

Wehrmachtssoldaten beladen die Pak 40 in Italien, 1943. (Bundesarchiv Bild 183-J15460, Lüthge, © CC-BY-SA-3.0)

Briten beim Übungsschießen mit der 6-Pfünder-Panzerabwehrkanone. (Hardy, Imperial War Museum, © PD)

Kolonne von Highlander mit der 6-Pfünder-Pak. (Laing, Imperial War Museum, © PD)

Britische Stellung mit 6-Pfünder-Panzerabwehrkanone, 1942. (Tanner, Imperial War Museum, © PD)